安徽省高等学校"十三五"省级规划教材

对口招生大学系列
规|划|教|材

U0241126

工程应用数学
（一）

微积分

主　编◎赵开斌

副主编◎夏　静　唐　剑　刘洋

编　委◎（按姓氏笔画排序）

刘　洋　许　玲　赵开斌

夏　静　唐　剑

北京师范大学出版集团
BEIJING NORMAL UNIVERSITY PUBLISHING GROUP
安徽大学出版社

图书在版编目（CIP）数据

工程应用数学. 一，微积分/赵开斌主编. —合肥：安徽大学出版社，2019.8
（2022.8 重印）

对口招生大学系列规划教材

ISBN 978-7-5664-1797-8

Ⅰ. ①工… Ⅱ. ①赵… Ⅲ. ①工程数学－高等学校－教材②微积分－高等学校－教材 Ⅳ. ①TB11②O172

中国版本图书馆 CIP 数据核字（2019）第 046341 号

工程应用数学（一）　微积分　　　　　　　　　　赵开斌 **主编**

出版发行：北京师范大学出版集团
　　　　　安 徽 大 学 出 版 社
　　　　　（安徽省合肥市肥西路 3 号 邮编 230039）
　　　　　www. bnupg. com
　　　　　www. ahupress. com. cn
印　　刷：合肥图腾数字快印有限公司
经　　销：全国新华书店
开　　本：710 mm×1010 mm　1/16
印　　张：20.75
字　　数：419 千字
版　　次：2019 年 8 月第 1 版
印　　次：2022 年 8 月第 2 次印刷
定　　价：59.00 元
ISBN 978-7-5664-1797-8

策划编辑：刘中飞　杨　洁　张明举　　　　装帧设计：李　军
责任编辑：刘中飞　　　　　　　　　　　　美术编辑：李　军
责任印制：赵明炎

编审委员会名单

（按姓氏笔画排序）

叶　飞（铜陵学院）

宁　群（宿州学院）

余宏杰（安徽科技学院）

张　海（安庆师范大学）

汪宏健（黄山学院）

周本达（皖西学院）

赵开斌（巢湖学院）

梅　红（蚌埠学院）

盛兴平（阜阳师范大学）

董　毅（蚌埠学院）

谢广臣（蒙城建筑工业学校）

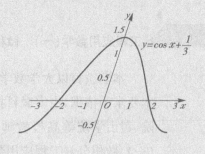

总　序

　　2014年6月，国务院印发《国务院关于加快发展现代职业教育的决定》，提出引导一批普通本科高校向应用技术型高校转型，并明确了地方院校要"重点举办本科职业教育". 2019年中共中央、国务院印发《中国教育现代化2035》，明确提出推进中等职业教育和普通高中教育协调发展，持续推动地方本科高等学校转型发展. 地方本科院校转型发展，培养应用型人才，是国家对高等教育做出的战略调整，是我国本世纪中叶以前完成优良人力资源积累并实现跨越式发展的重大举措.

　　安徽省应用型本科高校面向中职毕业生对口招生已经实施多年. 在培养对口招生本科生过程中，各高校普遍感到这类学生具有明显不同于普高生的特点，学校必须改革原有的针对普高生的培养模式，特别是课程体系. 2017年12月，由安徽省教育厅指导、安徽省应用型本科高校联盟主办的对口招生专业通识教育课程教学改革研讨会在安徽科技学院举行，会议围绕对口招生专业大学英语、高等数学课程教学改革、课程标准研制、教材建设等议题，开展专题报告和深入研讨. 会议决定，由安徽科技学院、宿州学院牵头，联盟各高校协作，研制出台对口招生专业高等数学课程标准，且组织对口招生专业高等数学课程教材的编写工作，并成立对口招生专业高等数学教材编审委员会.

本套教材以大学数学教学指导委员会颁布的最新高等数学课程教学基本要求为依据,由安徽科技学院、宿州学院、巢湖学院、阜阳师范大学、蚌埠学院、黄山学院等高校教师协作编写.本套教材共 6 册,包括《工程应用数学(一) 微积分》《工程应用数学(二) 线性代数》《工程应用数学(三) 概率论与数理统计》《经济应用数学(一) 微积分》《经济应用数学(二) 线性代数》和《经济应用数学(三) 概率论与数理统计》.2018 年,本套教材通过安徽省应用型本科高校联盟对口招生专业高等数学教材编审委员会的立项与审定,且被安徽省教育厅评为安徽省高等学校"十三五"省级规划教材(项目名称:应用数学,项目编号:2017ghjc177)(皖教秘高〔2018〕43 号).

本套教材按照本科教学要求,参照中职数学教学知识点,注重中职教育与本科教育的良好衔接,结合对口招生本科生的基本素质、学习习惯与信息化教学趋势,编写老师充分吸收国内现有的工程类应用数学以及经济管理类应用数学教材的长处,对传统的教学内容和结构进行了整合.本套教材具有如下特色:

1.注重数学素养的养成.本套教材体现了几何观念与代数方法之间的联系,从具体概念抽象出公理化的方法以及严谨的逻辑推证、巧妙的归纳综合等,对于强化学生的数学训练,培养学生的逻辑推理和抽象思维能力、空间直观和想象能力,以及对数学素养的养成等方面具有重要的作用.

2.注重基本概念的把握.为了帮助学生理解学习,编者力求从一些比较简单的实际问题出发,引出基本概念.在教学理念上不强调严密论证与研究过程,而要求学生理解基本概念并加以应用.

3.注重运算能力的训练.本套教材剔除了一些单纯技巧性和难度较大的习题,配有较大比例的计算题,目的是让学生在理解基本概念的基础上掌握一些解题方法,熟悉计算过程,从而提高运算能力.

4.注重应用能力的培养.每章内容都有相关知识点的实际应用题,以培养学生应用数学方法解决实际问题的意识,掌握解决问题的方法,提高解决问题的能力.

5.注重学习兴趣的激发.例题和习题注意与专业背景相结合,增添实用性和趣味性的应用案例.每章内容后面都有相关的数学文化拓展阅读,一方面是对所学知识进行补充,另一方面是提高学生的学习兴趣.

本套教材适用于对口招生本科层次的学生,可以作为应用型本、专科学生的教学用书,亦可供工程技术以及经济管理人员参考选用.

安徽省应用型本科高校联盟 2009 年就出台了《高校联盟教学资源共建共享若干意见》,安徽省教育厅李和平厅长多次强调"要解决好课程建设与培养目标适切性问题,要加强应用型课程建设",储常连副厅长反复要求向应用型转型要落实到课程层面.这套教材的面世,是安徽省应用型本科高校联盟落实安徽省教育厅要求,深化转型发展的具体行动,也是安徽省应用型本科高校联盟的物化成果之一.

针对培养对口招生本科人才,编写教材还是首次尝试,不尽如意之处在所难免,但有安徽省应用型本科高校联盟的支持,有联盟高校共建共享的机制,只要联盟高校在使用中及时总结,不断完善,一定能将这套教材打造成为应用型教材的精品,在向应用型高校的转型发展、从"形似"到"神似"上,不仅讲好"安徽故事",而且拿出"安徽方案".

编审委员会
2019 年 3 月

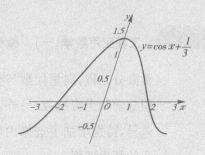

前　言

　　高等数学课程作为高校各专业的基础课程,对培养学生思维能力、创新能力、科学精神以及利用数学知识分析解决实际问题的能力,具有重要的作用.

　　目前,国内高校在对口招生本科生培养过程中普遍缺乏合适的高等数学教材.因此,编写一本高质量的对口招生本科层次高等数学教材是培养对口招生本科生亟需解决的问题.

　　本教材以培养对口招生本科生为目标,以大学数学教指委公布的最新高等数学课程教学基本要求为依据,参照中职数学教学知识点,把中职教育与本科教育良好衔接作为主要编写任务.同时,考虑到对口招生本科生专业技能水平较强,文化基础课水平较弱,因此,编写过程中在保证知识体系完整的前提下着重注意降低内容难度.

　　在本教材的编写过程中,充分吸收国内现有的工程类高等数学教材的长处,结合对口招生本科生的实际学习情况,努力编出具有自身特色,并且适合工程类对口招生本科生或具有相当知识水平的人士使用的高等数学教材.

　　本教材共11章,考虑到中职教育与本科教育的衔接,特别增设了第1章预备知识,为后续的学习打下基础;其他内容包括:极限与连续,导数与微分,导数的应用,不定积分,定积分及其应用,常微分方程,向量代数与空间解析几何,多元函数微分学及其应用,多元函数积分学和无穷级数.另外,考虑到不同学校学时差异与不同专业学习需要的差异,特别增加了选修内容篇幅(课本中带 * 的内容),供不同学校和不同专业的师生选择.

由于编者水平有限,加之时间仓促,本教材难免有错漏不足之处,敬请广大读者批评指正.

编　者
2019 年 3 月

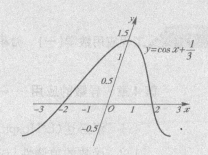

目　录

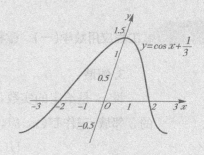

第1章

预备知识

初等数学主要研究的是常量及其运算,而高等数学所研究的是变量及变量之间的依赖关系.函数正是这种依赖关系的体现,是微积分学的理论基础.本章作为高等数学学习的预备知识,除了介绍函数的概念,还补充本书学习过程中所需要的一些初等数学知识,并列出了一些常用的数学公式.通过本章知识的学习,为后续知识的学习奠定坚实的基础.

§1.1 函 数

1.1.1 数集、区间和邻域

1. 数集

高等数学研究的函数都是实变量函数,即函数中涉及的变量都取实数,如果将某一变量所取到的所有实数构成集合 D ,则 D 是一个由实数组成的数集,它往往是实数域的子集,即 $D \subseteq \mathbf{R}$.

2. 区间

区间是指数轴上介于某两点之间的线段上点的全体,这两点称为区间的端点,两端点间的距离称为区间的长度,包括有限区间 $[a,b]$,$[a,b)$,$(a,b]$,(a,b) 和无限区间 $[a,+\infty)$,$(a,+\infty)$,$(-\infty,b]$,$(-\infty,b)$,$(-\infty,+\infty)$,其中 a,b 为任意实数,它们都是满足一定条件的实数构成的数集,如 $[a,b] = \{x \mid a \leqslant x \leqslant b\}$.

3. 邻域

设 x_0 是给定的实数，δ 是给定的正数，称数集 $\{x \mid |x-x_0| < \delta\}$ 为点 x_0 的 δ 邻域，记作 $U(x_0, \delta)$，即

$$U(x_0, \delta) = \{x \mid |x-x_0| < \delta\}.$$

由于

$$|x-x_0| < \delta \Longleftrightarrow x_0 - \delta < x < x_0 + \delta,$$

因此，点 x_0 的 δ 邻域是开区间 $(x_0 - \delta, x_0 + \delta)$，两个端点关于 x_0 对称，x_0 称为邻域的中心，δ 称为邻域的半径.

将邻域中心 x_0 去掉的数集，称为点 x_0 的去心 δ 邻域，记作 $\overset{\circ}{U}(x_0, \delta)$.

1.1.2　函数的概念

> **定义 1.1.1**　设 x 和 y 是两个变量，D 为一个非空实数集，如果对属于 D 中的每个 x，依照某个对应法则 f，变量 y 都有确定的数值与之对应，那么 y 就叫作 x 的**函数**，记作 $y = f(x)$. x 称为函数的自变量，y 称为因变量，数集 D 称为函数的**定义域**，函数 y 的取值范围 $M = \{y \mid y = f(x), x \in D\}$ 称为函数的**值域**.

如果对于每一个 $x \in D$，都有且仅有一个 $y \in M$ 与之对应，则称这种函数为单值函数. 如果对于给定 $x \in D$，有多个 $y \in M$ 与之对应，则称这种函数为多值函数. 一个多值函数通常可看成是由一些单值函数组成的. 本书中，若无特别的说明，所研究的函数都是指单值函数.

(1)记号 f 和 $f(x)$ 的含义是有区别的，前者表示自变量 x 和因变量 y 之间的对应法则，而后者表示与自变量 x 对应的函数值. 但为叙述方便，习惯上常用记号 "$f(x), x \in D$" 或 "$y = f(x), x \in D$" 来表示定义在 D 上的函数，这时应理解为由它所确定的函数 f.

(2)函数符号：函数 $y = f(x)$ 中表示对应关系的记号 f 也可改用其他字母，例如 F, φ 等，此时函数就记作 $y = F(x), y = \varphi(x)$.

(3)函数的两要素：函数是从实数集到实数集的映射，其值域总在 **R** 内，因此构成函数的要素是定义域 D 及对应法则 f. 如果两个函数的定义域相同，对应法则也相同，那么这两个函数就是相同的，否则就是不同的.

（4）函数的定义域通常按以下两种情形来确定：一是对有实际背景的函数，根据实际背景中变量的实际意义确定．二是用数学式表示的函数，其定义域由表达式本身来确定，即使得运算有意义．

例 1.1.1　判断下列每组函数是否相同.

（1）函数 $y = \lg x^2$ 与函数 $y = 2\lg x$；

（2）函数 $y = \sin^2 x + \cos^2 x$ 与函数 $y = 1$.

解　（1）$y = \lg x^2$ 的定义域为 $(-\infty, 0) \bigcup (0, +\infty)$，而 $y = 2\lg x$ 的定义域为 $(0, +\infty)$，二者不同，故函数 $y = \lg x^2$ 与函数 $y = 2\lg x$ 不相同.

（2）虽然两个函数的表面形式不一样，但他们的定义域都是实数 **R**，且对 **R** 中任意实数 x 都对应唯一的实数 1，所以二者表示的是同一函数.

例 1.1.2　求下列函数的定义域.

（1）$y = \sqrt{x^2 - 3x + 2}$；　（2）$y = \lg \dfrac{x-1}{x}$.

解　（1）要使函数 $y = \sqrt{x^2 - 3x + 2}$ 有意义，须使 $x^2 - 3x + 2 \geqslant 0$，解此不等式得 $y = \sqrt{x^2 - 3x + 2}$ 的定义域为 $(-\infty, 1] \bigcup [2, +\infty)$.

（2）要使函数 $y = \lg \dfrac{x-1}{x}$ 有意义，只要 $\dfrac{x-1}{x} > 0$，所以函数的定义域为 $(-\infty, 0) \bigcup (1, +\infty)$.

常用函数的表示方法有三种：

（1）公式法（解析法）：将自变量和因变量之间的关系用数学表达式来表示的方法．这种方法是最利于函数的理论研究和计算的，因此我们在分析和研究函数时大部分情况都是用这种方法表示的.

（2）表格法：把一系列自变量的值与对应的函数值列成表格的方法．例如平方表、三角函数表等.

（3）图像法（图形法）：在坐标系中用图形来表示函数关系的方法.

在一些实际问题的解决中，一些函数在定义域的不同区间具有不同的解析式，这样的函数被称为分段函数.

> **定义 1.1.2**　定义域分成若干部分，函数关系由不同的式子分段表达的函数称为**分段函数**.

例如：$y = |x| = \begin{cases} x, x \geqslant 0, \\ -x, x < 0. \end{cases}$

例 1.1.3 符号函数 $y = \operatorname{sgn} x = \begin{cases} -1, x < 0, \\ 0, x = 0, \\ 1, x > 0. \end{cases}$

解 易知，它恰好表示自变量 x 的符号，定义域为 $(-\infty, +\infty)$，如图 1.1.1 所示.

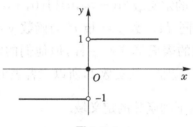

图 1.1.1

例 1.1.4 2011 年 9 月 1 日起，实行 7 级超额累积个人所得税税率，个税免征额(起征点 3500 元)见表 1.1.1.

表 1.1.1　工薪阶层个人所得税税率表

全月应纳税额	税率	速算扣除数(元)
不超过 1500 元的部分	3%	0
超过 1500 元至 4500 元的部分	10%	105
超过 4500 元至 9000 元的部分	20%	555
超过 9000 元至 35000 元的部分	25%	1005
超过 35000 元至 55000 元的部分	30%	2755
超过 55000 元至 80000 元的部分	35%	5505
超过 80000 元的部分	45%	13505

解 设某人缴纳三险一金后的工资收入为 x 元，应缴纳税款为 y 元，则有分段函数：

(1) $y = (x - 3500) \times 3\% - 0, 3500 \leqslant x < 5000$；

(2) $y = (x - 3500) \times 10\% - 105, 5000 \leqslant x < 8000$；

(3) $y = (x - 3500) \times 20\% - 555, 8000 \leqslant x < 12500$；

(4) $y = (x - 3500) \times 25\% - 1005, 12500 \leqslant x < 38500$；

(5) $y = (x - 3500) \times 30\% - 2755, 38500 \leqslant x < 58500$；

(6) $y = (x - 3500) \times 35\% - 5505, 58500 \leqslant x < 83500$；

(7) $y = (x - 3500) \times 45\% - 13505, x \geqslant 83500$.

1.1.3　反函数

在研究变量之间的函数关系时,有时函数的因变量和自变量的地位会相互转换,于是就有了反函数的概念.

> **定义 1.1.3**　设函数 $y = f(x)$ 定义域为 D, 值域为 M. 如果对于 M 中的每一个 y 值,都可由 $y = f(x)$ 确定唯一的 x 与之对应,则得到一个定义在 M 上的以 y 为自变量, x 为因变量的新函数,称为 $y = f(x)$ 的**反函数**,记为 $x = f^{-1}(y)$,并称原来的函数 $y = f(x)$ 为**直接函数**.

注意:(1)为了表述方便,通常将 $x = f^{-1}(y)$ 改写为 $y = f^{-1}(x)$；

(2) $y = f(x)$ 也是 $x = f^{-1}(y)$ 的反函数；

(3)函数 $y = f(x)$ 与其反函数 $y = f^{-1}(x)$ 的图像关于直线 $y = x$ 对称,定义域和值域互换.

反函数存在性的充要条件:函数的定义域和值域是一一对应的,即每个 y 对应唯一的 x 值. 因此,若函数 $y = f(x)$ 定义在某个区间 I 上,且在该区间上单调(增加或减少),则它的反函数必定存在.

求反函数的过程如下:

第一步:从 $y = f(x)$ 解出 $x = f^{-1}(y)$；

第二步:将 x 和 y 交换,得到函数 $y = f^{-1}(x)$.

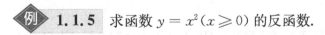 **1.1.5**　求函数 $y = x^2 (x \geqslant 0)$ 的反函数.

解　由 $y = x^2$ 解得 $x = \pm\sqrt{y}$,其中 $x = -\sqrt{y}$ 舍去. 故函数 $y = x^2 (x \geqslant 0)$ 的反函数为 $x = \sqrt{y}(y \geqslant 0)$,写作 $y = \sqrt{x}(x \geqslant 0)$.

1.1.4　基本初等函数

通常,把常函数、幂函数、指数函数、对数函数、三角函数和反三角函数这六种函数称为基本初等函数.

1. 常数函数

常数函数 $y = C(C$ 为常数$)$.

2. 幂函数

幂函数形如 $y = x^a$, 其中 x 为自变量, α 是常数.

3. 指数函数

指数函数形如 $y = a^x(a > 0, a \neq 1)$.

运算性质:

① $a^r \cdot a^s = a^{r+s}(a > 0, r, s \in \mathbf{R})$;

② $(a^r)^s = a^{rs}(a > 0, r, s \in \mathbf{R})$;

③ $(ab)^r = a^r b^r(a > 0, b > 0, r \in \mathbf{R})$.

4. 对数函数

对数函数形如 $y = \log_a x(a > 0, a \neq 1)$.

注意:(1)负数和零没有对数;

(2)对数式与指数式的互化: $x = \log_a N \Leftrightarrow a^x = N(a > 0, a \neq 1, N > 0)$.

几个重要的对数恒等式: $\log_a 1 = 0, \log_a a = 1, \log_a a^b = b$.

常用对数: $\lg N$, 即 $\log_{10} N$;自然对数: $\ln N$, 即 $\log_e N$(其中 $e = 2.71828\cdots$).

对数的运算性质:如果 $a > 0, a \neq 1, M > 0, N > 0$, 那么

①加法: $\log_a M + \log_a N = \log_a(MN)$;

②减法: $\log_a M - \log_a N = \log_a \dfrac{M}{N}$;

③数乘: $n\log_a M = \log_a M^n (n \in \mathbf{R})$;

④换底公式: $\log_a N = \dfrac{\log_b N}{\log_b a}(b > 0$, 且 $b \neq 1)$.

5. 三角函数

三角函数有六种: $y = \sin x$; $y = \cos x$; $y = \tan x$; $y = \cot x$;

$y = \sec x = \dfrac{1}{\cos x}$; $y = \csc x = \dfrac{1}{\sin x}$.

(1)同角三角函数的基本关系:

$\sin \alpha \csc \alpha = 1,$ $\cos \alpha \sec \alpha = 1,$

$\tan \alpha \cot \alpha = 1,$ $\tan \alpha = \dfrac{\sin \alpha}{\cos \alpha},$

$$\cot\alpha=\frac{\cos\alpha}{\sin\alpha}, \qquad\qquad \sin^2\alpha+\cos^2\alpha=1,$$

$$1+\tan^2\alpha=\sec^2\alpha, \qquad\qquad 1+\cot^2\alpha=\csc^2\alpha.$$

(2)积化和差公式:

$$\sin\alpha\cos\beta=\frac{1}{2}\big[\sin(\alpha+\beta)+\sin(\alpha-\beta)\big],$$

$$\cos\alpha\sin\beta=\frac{1}{2}\big[\sin(\alpha+\beta)-\sin(\alpha-\beta)\big],$$

$$\cos\alpha\cos\beta=\frac{1}{2}\big[\cos(\alpha+\beta)+\cos(\alpha-\beta)\big],$$

$$\sin\alpha\sin\beta=\frac{1}{2}\big[\cos(\alpha+\beta)-\cos(\alpha-\beta)\big].$$

(3)和差化积公式:

$$\sin\alpha+\sin\beta=2\sin\frac{(\alpha+\beta)}{2}\cos\frac{(\alpha-\beta)}{2},$$

$$\sin\alpha-\sin\beta=2\cos\frac{(\alpha+\beta)}{2}\sin\frac{(\alpha-\beta)}{2},$$

$$\cos\alpha+\cos\beta=2\cos\frac{(\alpha+\beta)}{2}\cos\frac{(\alpha-\beta)}{2},$$

$$\cos\alpha-\cos\beta=2\sin\frac{(\alpha+\beta)}{2}\sin\frac{(\alpha-\beta)}{2}.$$

(4)倍角公式:

$$\sin2\alpha=2\sin\alpha\cos\alpha,$$

$$\cos2\alpha=\cos^2\alpha-\sin^2\alpha=2\cos^2\alpha-1=1-2\sin^2\alpha.$$

6. 反三角函数

三角函数的反函数就是反三角函数,常用的有以下四种:

(1)反正弦函数:正弦函数 $y=\sin x$ 在 $\left[-\frac{\pi}{2},\frac{\pi}{2}\right]$ 上的反函数叫作反正弦函数,记作 $\arcsin x$,表示一个正弦值为 x 的角,该角的范围在 $\left[-\frac{\pi}{2},\frac{\pi}{2}\right]$ 区间内. 定义域为 $[-1,1]$,值域为 $\left[-\frac{\pi}{2},\frac{\pi}{2}\right]$.

(2)反余弦函数:余弦函数 $y=\cos x$ 在 $[0,\pi]$ 上的反函数叫作反余弦函数,记作 $\arccos x$,表示一个余弦值为 x 的角,该角的范围在 $[0,\pi]$ 区间内. 定义域为 $[-1,1]$,值域为 $[0,\pi]$.

(3)反正切函数:正切函数 $y = \tan x$ 在 $\left(-\dfrac{\pi}{2}, \dfrac{\pi}{2}\right)$ 上的反函数叫作反正切函数,记作 $\arctan x$,表示一个正切值为 x 的角,该角的范围在 $\left(-\dfrac{\pi}{2}, \dfrac{\pi}{2}\right)$ 区间内. 定义域为 **R**,值域为 $\left(-\dfrac{\pi}{2}, \dfrac{\pi}{2}\right)$.

(4)反余切函数:余切函数 $y = \cot x$ 在 $(0, \pi)$ 上的反函数叫作反余切函数,记作 $\operatorname{arccot} x$,表示一个余切值为 x 的角,该角的范围在 $(0, \pi)$ 区间内. 定义域为 **R**,值域为 $(0, \pi)$.

(5)余角关系:$\arcsin x + \arccos x = \dfrac{\pi}{2}$;$\arctan x + \operatorname{arccot} x = \dfrac{\pi}{2}$.

以上六种函数统称为基本初等函数. 为了便于应用,将它们的定义域、值域、图形及特性列于表 1.1.2 中.

表 1.1.2　基本初等函数的图像及其性质

函数名称	表达式	定义域	图像	主要性质
常数函数	$y = c$（c 为常数）	$(-\infty, +\infty)$		图像过点 $(0, c)$,为平行于 x 轴的一条直线
幂函数	$y = x^\alpha$（α 为实数）	随 α 的不同而不同,但在 $(0, +\infty)$ 内总有定义		1. 图像过点 $(1, 1)$. 2. 若 $\alpha > 0$,函数在 $(0, +\infty)$ 内单调增加;若 $\alpha < 0$,函数在 $(0, +\infty)$ 内单调减少
指数函数	$y = a^x$（$a > 0$, $a \neq 1$）	$(-\infty, +\infty)$		1. 当 $a > 1$ 时,函数单调增加;当 $0 < a < 1$ 时,函数单调减少. 2. 图像在 x 轴上方,且都过点 $(0, 1)$

函数名称	表达式	定义域	图像	主要性质
对数函数	$y = \log_a x$ ($a > 0$, $a \neq 1$)	$(0, +\infty)$		1. 当 $a > 1$ 时,函数单调增加;当 $0 < a < 1$ 时,函数单调减少. 2. 图像在 y 轴右侧,且都过点 $(1,0)$
三角函数	$y = \sin x$	$(-\infty, +\infty)$		1. 奇函数,周期为 2π,有界. 2. 在 $\left(2k\pi - \dfrac{\pi}{2}, 2k\pi + \dfrac{\pi}{2}\right)$ 内单调增加;在 $\left(2k\pi + \dfrac{\pi}{2}, 2k\pi + \dfrac{3\pi}{2}\right)$ 内单调减少. ($k \in \mathbf{Z}$)
	$y = \cos x$	$(-\infty, +\infty)$		1. 偶函数,周期为 2π,有界. 2. 在 $((2k-1)\pi, 2k\pi)$ 内单调增加;在 $(2k\pi, (2k+1)\pi)$ 内单调减少. ($k \in \mathbf{Z}$)
	$y = \tan x$	$x \neq k\pi + \dfrac{\pi}{2}$ ($k \in \mathbf{Z}$)		1. 奇函数,周期为 π,无界. 2. 在 $\left(k\pi - \dfrac{\pi}{2}, k\pi + \dfrac{\pi}{2}\right)$ 内单调增加. ($k \in \mathbf{Z}$)
	$y = \cot x$	$x \neq k\pi$ ($k \in \mathbf{Z}$)		1. 奇函数,周期为 π,无界. 2. 在 $(k\pi, k\pi + \pi)$ 内单调减少. ($k \in \mathbf{Z}$)

函数名称	表达式	定义域	图像	主要性质
反三角函数	$y = \arcsin x$	$[-1,1]$		1. 奇函数,单调增加函数,有界. 2. $\arcsin(-x) = -\arcsin x$
	$y = \arccos x$	$[-1,1]$		1. 非奇非偶函数,单调减少函数,有界. 2. $\arccos(-x) = \pi - \arccos x$
	$y = \arctan x$	$(-\infty, +\infty)$		1. 奇函数,单调增加函数,有界. 2. $\arctan(-x) = -\arctan x$
	$y = \text{arccot}\, x$	$(-\infty, +\infty)$		1. 非奇非偶函数,单调减少函数,有界. 2. $\text{arccot}(-x) = \pi - \text{arccot}\, x$

1.1.5　函数的几种特性

1. 单调性

设函数 $y = f(x)$ 的定义域为 D, 区间 $I \subset D$. 如果对于区间 I 上任意两

点 x_1 及 x_2，当 $x_1 < x_2$ 时，有 $f(x_1) < f(x_2)$，则称函数 $y = f(x)$ 在区间 I 内是单调增加的，区间 I 叫作函数 $f(x)$ 的单调增加区间；如果对于 I 内的任意两点 x_1 和 x_2，当 $x_1 < x_2$ 时，有 $f(x_1) > f(x_2)$，则称函数 $y = f(x)$ 在区间 I 内是单调减少的，区间 I 叫作函数 $f(x)$ 的单调减少区间.

单调增加和单调减少的函数统称为单调函数.

例如，函数 $y = x^2$ 在区间 $(-\infty, 0]$ 上是单调增加的，在区间 $[0, +\infty)$ 上是单调减少的，在 $(-\infty, +\infty)$ 上不是单调的. 需要指出的是，函数的单调性是依赖于区间的，同一函数在定义域的不同范围内单调性可能是不同的.

2. 奇偶性

设函数 $y = f(x)$ 在关于原点对称集合 D 上有定义，如果对于任意的 $x \in D$，恒有 $f(-x) = f(x)$，则称函数 $f(x)$ 为偶函数；如果对于任意的 $x \in D$，恒有 $f(-x) = -f(x)$，则称函数 $f(x)$ 为奇函数.

偶函数的图像关于 y 轴对称，奇函数的图像关于原点对称.

函数 $y = \cos x + \dfrac{1}{3}$ 和函数 $y = \sin x + x$ 图像分别如图 1.1.2 和图 1.1.3 所示.

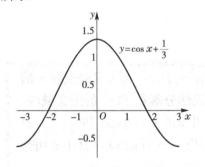

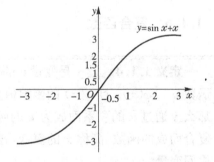

图 1.1.2　偶函数示意图　　　　　图 1.1.3　奇函数示意图

3. 周期性

对于函数 $y = f(x)$，如果存在正数 T，使得 $f(x) = f(x + T)$ 恒成立，则称 $f(x)$ 为周期函数，称 T 为函数周期. 显然 nT（n 是整数）也为函数 $f(x)$ 的周期，一般提到的周期均指最小正周期 T.

三角函数 $y = \sin x$ 和 $y = \cos x$ 的周期都为 2π；$y = \tan x$ 和 $y = \cot x$ 的周期都是 π.

4. 有界性

$y = f(x)$ 在集合 D 上有定义，如果存在一个正数 M，对于所有的 $x \in D$ 恒有 $|f(x)| \leqslant M$，则称函数 $f(x)$ 在 D 上是有界的；如果不存在这样的正数 M，则称函数 $f(x)$ 在 D 上是无界的，M 称作函数的界. 对每一个具备上述性质的 M，都是函数的界，因此，函数的界不唯一.

例如，函数 $y = \sin x$ 在其定义域 **R** 内都是有界的，$M = 1$ 就是它的一个界，如图 1.1.4 所示；函数 $y = \tan x$ 在其定义域内是无界的，如图 1.1.5 所示.

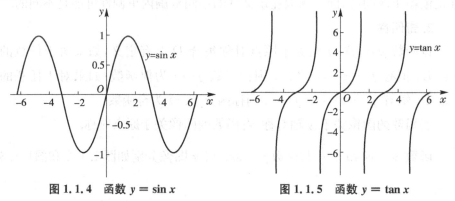

图 1.1.4　函数 $y = \sin x$　　　　　图 1.1.5　函数 $y = \tan x$

1.1.6　复合函数

> **定义 1.1.4**　设 y 是变量 u 的函数 $y = f(u)$，而 u 又是变量 x 的函数 $u = \varphi(x)$，且 $\varphi(x)$ 的函数值全部或部分落在 $f(u)$ 的定义域内，那么 y 通过 u 的联系而成为 x 的函数，叫作由 $y = f(u)$ 和 $u = \varphi(x)$ 复合而成的函数，简称 x 的**复合函数**，记作 $y = f[\varphi(x)]$，其中 u 叫作**中间变量**.

并不是说任意两个函数都能复合，如函数 $y = \arcsin u$ 与函数 $y = 2 + x^2$ 是不能复合成一个函数的. 因为对于 $y = 2 + x^2$ 的定义域 $(-\infty, +\infty)$ 中的任何 x 值所对应的 u 值（都大于或等于 2）使得 $y = \arcsin u$ 都没有定义.

一个复合函数也可以由三个或三个以上的函数复合，即中间变量可以有多个. 例如，$y = \ln u, u = \sin v, v = 1 + x^2$ 三个函数复合成函数 $y = \ln \sin(1 + x^2)$.

与函数的复合对应的是函数的分解，能够把一个复杂的函数分解成有限个简单函数的组合，这是后面求函数的导数、积分等的必要保证，这里说的简单函数一般指高中数学中介绍的几种函数.

例 1.1.6 将下列复合函数分解成简单函数.

(1) $y = \cos \sqrt{1+x^2}$；　(2) $y = \ln^2 x$.

解 (1) $y = \cos \sqrt{1+x^2}$ 是由 $y = \cos u, u = \sqrt{v}, v = 1+x^2$ 这三个函数复合而成.

(2) $y = \ln^2 x$ 是由 $y = u^2, y = \ln x$ 这两个函数复合而成.

1.1.7 初等函数

> **定义 1.1.5** 由基本初等函数经过有限次四则运算和有限次复合步骤所构成的,并用一个解析式表达的函数称为**初等函数**.

例如，$y = \dfrac{\ln \sin 2^x}{\cos x + e^x}, y = \sqrt{1 + \cos^2 x} - 4x + 1, y = e^{3x+2} - x \tan x + 1$ 等都是初等函数.

微积分学中所涉及的函数,绝大多数都是初等函数,因此,掌握初等函数的特性和各种运算是非常重要的. 不是初等函数的函数叫作**非初等函数**.

一般情况下,分段函数不是初等函数. 例如,符号函数 $y = \operatorname{sgn} x = \begin{cases} -1, & x < 0, \\ 0, & x = 0, \\ 1, & x > 0 \end{cases}$ 不是初等函数；

但 $y = |x| = \begin{cases} x, & x \geqslant 0, \\ -x, & x < 0 \end{cases}$ 是初等函数,因为 $y = |x| = \sqrt{x^2}$,它可以看作由 $y = \sqrt{u}, u = x^2$ 复合而成(图1.1.6).

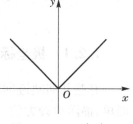

图 1.1.6 $y = |x|$

习题 1.1

1.下列各题中 $f(x)$ 与 $g(x)$ 是否表示同一个函数,为什么?

(1) $f(x) = \lg x^2, g(x) = 2\lg x$；　(2) $f(x) = \dfrac{x^2 - 1}{x - 1}, g(x) = x + 1$.

2.设 $f(x) = x^2 + 1, \varphi(x) = \sin 2x.$ 求 $f(0), f(\frac{1}{a}), f(2t), f[\varphi(x)], \varphi[f(x)].$

3.求下列函数的定义域.

(1) $y = \sqrt{x^2 - 4x + 3}$; (2) $y = \sqrt{4 - x^2} + \frac{1}{\sqrt{x+1}}$; (3) $y = \lg(x+2) + 1.$

4.设 $f(x) = \begin{cases} 2+x, x < 0, \\ 0, x = 0, \\ x^2 - 1, 0 < x \leqslant 4, \end{cases}$ 求 $f(x)$ 的定义域及 $f(-1), f(2)$ 的值,并作出它的图像.

5.判断下列函数的奇偶性.

(1) $f(x) = \frac{3^x + 3^{-x}}{2}$; (2) $f(x) = \lg(x + \sqrt{1+x^2})$; (3) $f(x) = xe^x.$

6.下列函数能否构成复合函数? 若能构成,写出 $y = f[u(x)]$,并求其定义域.

(1) $y = u^2, u = 3x - 1$; (2) $y = \lg u, u = 1 - x^2$; (3) $y = \sqrt{u}, u = -1 - x^2.$

7.写出下列复合函数的复合过程.

(1) $y = \sin^3(8x + 5)$;   (2) $y = \tan(\sqrt[3]{x^2 + 5})$;

(3) $y = 2^{1-x^2}$;   (4) $y = \lg(3 - x).$

8.作出分段函数 $f(x) = \begin{cases} 2^x, -1 < x < 0, \\ 2, 0 \leqslant x < 1, \\ x - 1, 1 \leqslant x \leqslant 3 \end{cases}$ 的图像,并求出 $f(2), f(0), f(-0.5)$ 的值.

§1.2 极坐标与参数方程

1.2.1 极坐标系

有些几何轨迹问题如果用极坐标法处理,它的方程比用直角坐标法来得简单,描图也较方便.

定义 1.2.1 在平面内取一个定点 O,叫作**极点**,引一条射线 Ox,叫作**极轴**,再选一个长度单位和角度的正方向(通常取逆时针方向). 对于平面内的任意一点 M,用 ρ 表示线段 OM 的长度,θ 表示从 Ox 到 OM 的角,ρ 叫作点 M 的**极径**,θ 叫作点 M 的**极角**,有序数对 (ρ, θ) 就叫作点 M 的**极坐标**. 这样建立的坐标系叫作**极坐标系**,如图 1.2.1 所示.

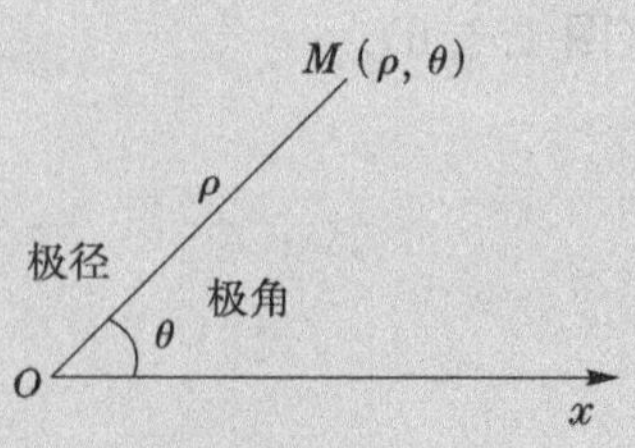

图 1.2.1

极坐标有四个要素:①极点;②极轴;③长度单位;④角度单位及它的方向. 极坐标与直角坐标都是一对有序实数确定平面上一个点,在极坐标系下,一对有序实数 ρ、θ 对应唯一一点 $P(\rho,\theta)$,但平面内任一个点 P 的极坐标不唯一. 一个点可以有无数个坐标,这些坐标又是有规律可循的,点 $P(\rho,\theta)$(极点除外)的全部坐标为 $(\rho,\theta+2k\pi)$ 或 $(-\rho,\theta+(2k+1)\pi)(k\in\mathbf{Z})$. 极点的极径为 0,而极角取任意值. 若对 ρ、θ 的取值范围加以限制,则除极点外,平面上点的极坐标就唯一了,如限定 $\rho>0,0\leqslant\theta<2\pi$ 或 $\rho<0,-\pi<\theta\leqslant\pi$ 等.

1. 极坐标和直角坐标的互换

(1)极坐标系坐标转换为直角坐标系下坐标公式:

$$\begin{cases} x=\rho\cos\theta \\ y=\rho\sin\theta \end{cases}$$

(2)直角坐标系坐标转换为极坐标系下坐标公式:

$$\begin{cases} \rho=\sqrt{x^2+y^2} \\ \theta=\arctan\dfrac{y}{x}(x\neq0) \end{cases}$$

互换公式使用的前提条件:(1)极点与直角坐标系原点重合;(2)极轴与直角坐标系 x 轴正向重合;(3)两种坐标系单位长度相同.

例 1.2.1 求直角坐标系下圆 $x^2+y^2=1$ 的极坐标方程.

解 令 $x=\rho\cos\theta,y=\rho\sin\theta$,代入直角坐标方程 $x^2+y^2=1$,得

$$\rho^2\cos^2\theta+\rho^2\sin^2\theta=1$$

即 $\rho=1$.

2. 极坐标方程

用极坐标系描述的曲线方程称作**极坐标方程**,通常将 ρ 表示为自变量 θ 的函数. 例如,在极坐标系中,圆心在 (ρ_0,θ_0),半径为 a,则圆的方程为

$$\rho^2-2\rho\rho_0\cos(\theta-\theta_0)+\rho_0{}^2=a^2$$

根据圆心和半径的不同,该方程可简化为不同形式. $\rho=a$ 表示圆心在原点、半径为 a 的圆的极坐标方程;$\rho=2a\cos\theta$ 表示圆心在 x 轴正向、半径为 a 的圆的极坐标方程;$\rho=2a\sin\theta$ 表示圆心在 y 轴正向、半径为 a 的圆的极坐标方程.

1.2.2 参数方程

一般地,在平面直角坐标系中,如果曲线上任意一点的坐标 x,y 都是某个变数 t 的函数:

$$\begin{cases} x = f(t) \\ y = g(t) \end{cases}$$

并且对于 t 的每一个允许的取值,由方程组确定的点 (x,y) 都在这条曲线上,那么这个方程就叫作**曲线的参数方程**,联系变数 x,y 的变数 t 叫作**参变数**,简称**参数**. 相对而言,直接给出点坐标之间关系的方程叫作**普通方程**. 常见曲线的参数方程有:

(1)过 (h,k)、斜率为 m 的直线参数方程:

$$\begin{cases} x = h + t, \\ y = k + mt; \end{cases}$$

(2)过定点 (x_0,y_0)、倾角为 α 的直线:

$$\begin{cases} x = x_0 + t\cos\alpha, \\ y = y_0 + t\sin\alpha. \end{cases}$$

其中参数 t 是以定点 $P(x_0,y_0)$ 为起点、对应于 t 点 $M(x,y)$ 为终点的有向线段 PM 的数量,又称为点 P 与点 M 之间的有向距离.

根据 t 的几何意义,有以下结论.

①设 A、B 是直线上任意两点,它们对应的参数分别为 t_A 和 t_B,则

$$|AB| = |t_B - t_A| = \sqrt{(t_B - t_A)^2 - 4t_A \cdot t_B}.$$

②线段 AB 的中点所对应的参数值等于 $\dfrac{t_A + t_B}{2}$.

(3)中心在 (x_0,y_0)、半径等于 r 的圆:

$$\begin{cases} x = x_0 + r\cos\theta, \\ y = y_0 + r\sin\theta. \end{cases} \quad (\theta \text{ 为参数})$$

习题 1.2

1.已知点 M 的直角坐标是 $(-1,\sqrt{3})$,求点 M 的极坐标.

2.已知曲线的极坐标方程为 $\rho = a\sin 2\theta \left(0 < \theta < \dfrac{\pi}{2}\right)$，将其化为直角坐标系下的方程.

3.写出椭圆 $\dfrac{x^2}{a^2} + \dfrac{y^2}{b^2} = 1$ 的参数方程.

§1.3 常用的初等数学公式

在本章 1.1.4 中，已经给出了一些基本初等函数的运算公式，以下再补充一些常用的公式.

1. 乘法公式及因式分解

(1) $(a \pm b)^2 = a^2 \pm 2ab + b^2$；

(2) $(x + a)(x + b) = x^2 + (a + b)x + ab$；

(3) $(a \pm b)^3 = a^3 \pm 3a^2 b + 3ab^2 \pm b^3$；

(4) $a^2 - b^2 = (a - b)(a + b)$；

(5) $a^3 \pm b^3 = (a \pm b)(a^2 \mp ab + b^2)$.

2. 常用不等式

(1)若以下量均取正值，则

$$\frac{a + b}{2} \geqslant \sqrt{ab}, \frac{a + b + c}{3} \geqslant \sqrt[3]{abc}.$$

一般地，$\dfrac{a_1 + a_2 + \cdots + a_n}{n} \geqslant \sqrt[n]{a_1 a_2 \cdots a_n}$.

(2)绝对值不等式.

$$- |a| \leqslant a \leqslant |a|;$$

$$\big||a| - |b|\big| \leqslant |a \pm b| \leqslant |a| + |b|;$$

$$|a| < b(b > 0) \Leftrightarrow -b < a < b;$$

$$|a| > b(b > 0) \Leftrightarrow a > b \text{ 或 } a < -b.$$

3. 平面解析几何中常用公式

(1)斜率.

直线斜率 $k = \tan\alpha$（α 为直线与 x 轴正向所成的角），$\alpha = \dfrac{\pi}{2}$ 时，直线与 x 轴正向垂直，k 不存在；若已知直线上两点 $(x_1, y_1), (x_2, y_2)$，则斜率 $k = \dfrac{y_2 - y_1}{x_2 - x_1}(x_2 \neq x_1)$.

(2)直线方程.

点斜式：$y - y_1 = k(x - x_1)$（k 为直线斜率，(x_1, y_1) 为直线上一点）；

两点式：$\dfrac{y - y_1}{x - x_1} = \dfrac{y_2 - y_1}{x_2 - x_1}$（$x_2 \neq x_1$）（$(x_1, y_1)$，$(x_2, y_2)$ 为直线上两点）；

斜截式：$y = kx + b$（k 为直线斜率，b 为 y 轴上截距）；

截距式：$\dfrac{x}{a} + \dfrac{y}{b} = 1$（$a$ 为 x 轴上截距，b 为 y 轴上截距）；

一般式：$Ax + By + C = 0$（A, B 不同时为零）.

(3)距离公式.

平面内任意两点 $P_1(x_1, y_1)$、$P_2(x_2, y_2)$ 的距离公式为

$$|P_1 P_2| = \sqrt{(x_2 - x_1)^2 + (y_2 - y_1)^2}$$

直线 $Ax + By + C = 0$ 外一点 $P(x_0, y_0)$ 到直线的距离

$$d = \frac{|Ax_0 + By_0 + C|}{\sqrt{A^2 + B^2}}$$

相关阅读

高等数学与初等数学的联系和区别

高等数学是理工、经管类各专业大学生的一门重要基础课,近年来有些文科专业如英语、法律也开设相应的文科高等数学课程,这说明高等数学的广泛应用性得到越来越多人的认同.如何学好高等数学是人们共同关注的问题.由于高等数学与初等数学所处历史时期不同,因此它们的研究对象、研究方法有着很大的不同.这使得有些学生在开始学习高等数学时有些迷茫,不明白数学怎么突然变了样子,对高等数学产生抵触情绪,学不好高等数学.注意高等数学与初等数学的区别与联系是学好高等数学课程的重要环节,可以让学生顺利进入高等数学课程的学习,为专业课程的学习打好基础.

1. 初等数学与高等数学处在不同历史时期

数学来源于人类的生产实践,又随着人类社会的发展而发展.数学是研究现实世界的数量关系与空间几何形状的科学,是研究数与形的科学.数学的发展经历了几个重要的历史时期.

(1)数学的萌芽时期.

远古时代至公元前6世纪,人类处于原始社会,社会实践活动主要是打猎与采集野果.这一时期的数学成果是零碎的,人类只能形成整数概念,建立简单运算,产生几何上的一些简单知识,没有命题的证明和演绎推理.小学数学的内容基本是这一时期的数学成果.

(2)常量数学时期.

公元前6世纪至17世纪上半叶,人类处于原始社会和封建社会,依靠感观认识世界,对自然的认识主要限于陆地.所以这一时期数学研究的主要是常量和不变的图形,形成了比较系统的知识体系、比较抽象的并有独立的演绎体系的学科.中国古代数学名著《九章算术》和古希腊的《几何原本》是这一时期数学成果的代表作.中学数学课程的主要内容基本上是这一时期的成果.

(3)变量数学时期.

公元17世纪上半叶至19世纪20年代,人类处于封建社会末期资本主义初期,经历了著名的文艺复兴.为了通商的需要,人类开始大规模地、看不见陆地地航海,所以这一时期数学研究的主要内容是数量的变化及几何变换.笛卡尔的解析几何学、牛顿-莱布尼茨的微积分及围绕微积分的理论和应用而发展起来的一大批数学理论分支,使数学进入一个繁荣的时代.大学的高等数学课程的主要内容基本上是这一时期的成果.

(4)近代数学时期.

19世纪20年代至20世纪40年代为近代数学时期,空前的创造精神和严格化是其主要特点.微积分基础的严格化、近世代数的问世、非欧几何的诞生、集合论的创立都是这一时期的成就.

(5)现代数学时期.

20世纪40年代至今,以数学理论为基础的计算机的发明使数学得到空前广泛的应用,形成了泛函分析、模糊数学、分形几何、混沌理论等一批新兴数学理论分支.这些理论已进入大学高年级及研究生的学位课程中.

2. 初等数学与高等数学的研究对象不同

初等数学研究的是规则、平直的几何对象和均匀有限过程的常量.高等数学在初等数学的基础上研究的是不规则、弯曲的几何对象和非均匀无限变化过程的变量.比如,初等数学里面我们求圆的切线,高等数学里我们求不规则曲线上某点处的切线;初等数学里求矩形、圆等规则平面图形的面积,高等数学里我们求不规则的图形的面积;初等数学里我们求规则立体的体积(如长方体、圆柱等),高等数学里我们求不规则立体的体积.

3. 高等数学与初等数学在思想方法上的区别与联系

借用几个例题来说明高等数学与初等数学在思想方法上的区别与联系.

【例1】　求曲线上某点处切线的斜率.

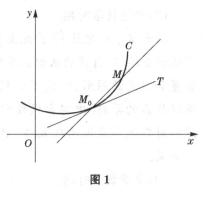

图1

首先我们看如何作出曲线上某点的切线. 设曲线 C 及 C 上一点 M_0,作出 C 在 M_0 处切线的过程如下:

在点 M_0 外另取 C 上一点 M,作割线 M_0M,当点 M 沿曲线 C 趋向于点 M_0 时,割线 M_0M 绕点 M_0 旋转,趋于一个极限位置 M_0T,直线 M_0T 就为曲线 C 在点 M_0 处的切线,如图1所示.

现就图1讨论曲线 $C(C$ 对应函数 $y=f(x))$ 上的点 $M_0(x_0,y_0)$ 处切线的斜率,在 C 上另取一点 $M(x,y)$.

根据上述叙述过程可知, M_0 处的切线 M_0T 为割线 M_0M 绕点 M_0 旋转的极限位置,而

$$k_{M_0M}=\frac{f(x)-f(x_0)}{x-x_0}$$

当点 M 沿曲线 C 趋向于点 M_0 时, $x\to x_0$. 此时,若上式极限存在,此极限(设为 k)就是 M_0 点处切线的斜率 k_{M_0T},即

$$k_{M_0T}=k=\lim_{x\to x_0}\frac{f(x)-f(x_0)}{x-x_0}$$

在这个问题中,割线斜率的定义与计算属于初等数学的内容,在割线斜率的基础上考虑点 M 沿曲线无限靠近点 M_0,用极限的方法得到点 M_0 的切线的斜率,这一定义与方法属于高等数学的内容.

【例2】　求曲边形的面积.

在直角坐标系中,由连续曲线 $y=f(x)(f(x)\geqslant0)$、 x 轴、直线 $x=a$、 $x=b$ 所围成的图形称为曲边梯形,如图2所示.

如何求曲边梯形的面积呢? 对于矩形或直角梯形的面积,我们是会计算

的;而曲边梯形的高 $f(x)$ 随着 x 在区间 $[a,b]$ 的变动而变动,故它的面积不能利用矩形或直角梯形的面积公式求得.但是,由于曲线 $y=f(x)$ 为连续曲线,在很小一段区间上它的变化很小,近似于不变.因此,我们可以先将梯形分成许多小曲边梯形,如图3所示,再把每个小曲边梯形近似地看作一个小矩形,则所有这些小矩形面积的和就是曲边梯形面积的一个近似值.小曲边梯形分得越多,这个近似值就越接近曲边梯形面积的精确值.因而可通过取极限的方法得到曲边梯形面积的精确值.

　　上述求曲边梯形主要步骤是:①分割;②近似代替;③求和;④取极限.现在把上述求曲边梯形的思想详述于求曲边梯形的面积.

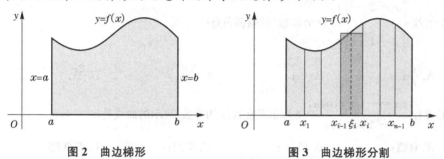

图2　曲边梯形　　　　　　　　图3　曲边梯形分割

　　分割后每个小矩形面积近似值的求法与计算属于初等数学的内容,在近似值基础上让 n 趋于无穷从而求得准确值的方法属于高等数学的内容.从以上例子可以看出,用初等数学的方法解决这类问题,只能得到近似值,得不到最终答案;要得到精确答案,必须在一个无限变化的过程中来考察问题,这正是高等数学的思想方法.

　　总之,高等数学与初等数学的区别在于研究对象和方法上的不同.初等数学研究的是规则、平直的几何对象和均匀有限过程的常量,亦称常量数学,思想方法片面、孤立、静止;高等数学在初等数学的基础上研究的是不规则、弯曲的几何对象和非均匀无限变化过程的变量,思想方法是在变化运动中考虑问题,也就是极限的方法.高等数学与初等数学因其所处历史时期不同,故研究对象不同,研究方法不同.学习时可随着这种不同转变思想方法,把初等数学的片面、孤立、静止的思想方法转变成在变化运动中考虑问题的极限方法,这样就能很快适应高等数学课程的学习,迅速入门,学好高等数学.

　　(摘自《中国教育技术装备》,2011年第15期,杨立敏、赵嵩卿,高等数学与初等数学的区别和联系)

复习题 1

1. 选择题.

(1) 已知函数 $y = e^x$ 的图像与函数 $y = f(x)$ 的图像关于直线 $y = x$ 对称,则(　　).

　　A. $f(2x) = e^{2x}(x \in \mathbf{R})$;　　　　　　　　B. $f(2x) = \ln 2 \cdot \ln x(x > 0)$;

　　C. $f(2x) = 2e^x(x \in \mathbf{R})$;　　　　　　　　D. $f(2x) = \ln 2 + \ln x(x > 0)$.

(2) $y = x^{a^2 - 4a - 9}$ 是偶函数,且在 $(0, +\infty)$ 是减函数,则整数 a 组成的集合为(　　).

　　A. $\{1, 3, 5\}$;　　　　B. $\{-1, 3, 5\}$;　　　　C. $\{-1, 1, 3\}$;　　　　D. $\{-1, 1, 3, 5\}$.

(3) 直线 $\begin{cases} x = 3 - \dfrac{\sqrt{3}}{2}t, \\ y = 1 + \dfrac{1}{2}t \end{cases}$ (t 为参数)的倾斜角是(　　).

　　A. $\dfrac{\pi}{6}$;　　　　　　B. $\dfrac{\pi}{3}$;　　　　　　C. $\dfrac{5\pi}{6}$;　　　　　　D. $\dfrac{2\pi}{3}$.

(4) 方程 $\begin{cases} x = -1 + t\cos\alpha, \\ y = 3 + t\sin\alpha \end{cases}$ (t 为非零常数,α 为参数)表示的曲线是(　　).

　　A. 直线;　　　　　　B. 圆;　　　　　　C. 椭圆;　　　　　　D. 双曲线.

2. 试问函数 $y = \arcsin 2x, (1 \leqslant x \leqslant 2)$ 是否有意义? 为什么?

3. 下列各题中 $f(x)$ 与 $g(x)$ 是否表示同一个函数,为什么?

(1) $f(x) = x, g(x) = (\sqrt{x})^2$;

(2) $f(x) = \ln \sqrt{x-1}, g(x) = \dfrac{1}{2}\ln(x-1)$.

4. $f(x) = 3x^2 + 2, \varphi(x) = \ln x$. 求 $f(0), f\left(\dfrac{1}{a}\right), f(2t), f[\varphi(x)], \varphi[f(x)]$.

5. 求下列函数的定义域.

(1) $y = \sec x + 1$;　　　　　　　　(2) $y = \lg \sin x$;

(3) $y = \dfrac{\sqrt{3-x}}{x} + \arcsin \dfrac{3-2x}{5}$;　　　(4) $y = \arccos \dfrac{1+2x}{3}$.

6. 已知函数 $f(x) = \dfrac{1}{2^x - 1} + \dfrac{1}{2}$.

(1) 求 $f(x)$ 的定义域;

(2) 判断 $f(x)$ 在区间 $(0, +\infty)$ 上的单调性并证明.

7. 把点 $A\left(-5, \dfrac{\pi}{6}\right)$,点 $B\left(3, -\dfrac{\pi}{4}\right)$ 的极坐标化为直角坐标.

8. 化圆的直角方程 $x^2 + y^2 - 2ax = 0$ 为极坐标方程.

9. 把下列参数方程化为普通方程，并说明它们各表示什么曲线.

(1) $\begin{cases} x = 5\cos\varphi, \\ y = 4\sin\varphi, \end{cases}$ (φ 为参数)；　　(2) $\begin{cases} x = 1 - 3t, \\ y = 4t, \end{cases}$ (t 为参数).

10. 用铁皮制作一个容积为 V 的圆柱形罐头筒，试将其全面积 A 表示成底半径 r 的函数，并确定此函数的定义域.

11. 某停车场收费标准为：凡停车不超过 2 h，收费 2 元，以后每多停车 1 h(不到 1 h 以 1 h 计)增加收费 0.5 元，但停车时间最长不超过 5 h，试建立停车费与停车时间之间的函数关系.

扫一扫，获取参考答案

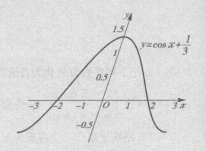

第2章 极限与连续

极限是从有限中认识无限，从近似中认识精确，从量变中认识质变的一种数学方法，是贯穿高等数学的主线，是微积分的基本思想方法. 微积分学中的一些重要概念，如导数、积分、级数等，都是借助极限来定义的. 本章将从极限的概念入手，描述性地介绍数列极限和函数极限的概念，重点介绍函数极限；然后介绍函数极限的一些重要性质和运算法则，常见函数极限的求解方法；最后介绍函数连续的概念和闭区间上连续函数的一些主要性质.

§2.1 极限的概念

2.1.1 数列的极限

数列的极限概念最早可以追溯到战国时期《庄子》中的一句名言"一尺之棰，日取其半，万世不竭"，即第一天剩下 1/2，第二天剩下 $1/2^2$，…，第 n 天剩下 $1/2^n$，…，随着时间的推移，剩下木棰的长度显然越来越短，虽然不等于 0，但是会越来越趋向于 0，也即当 n 无限增大时，数列 $\{1/2^n\}$ 以 0 为极限，如图 2.1.1 所示.

定义 2.1.1 对于数列 $\{x_n\}$，当项数 n 无限增大时，数列的相应项 x_n 无限逼近常数 A，则称 A 是数列 $\{x_n\}$ 的**极限**，记为 $\lim\limits_{n\to\infty} x_n = A$ 或 $x_n \to A(n \to \infty)$，并称数列 $\{x_n\}$ 收敛于 A. 若数列 $\{x_n\}$ 没有极限，则称数列 $\{x_n\}$ 是发散的.

注意：此定义为极限的描述性定义，非严格极限定义.

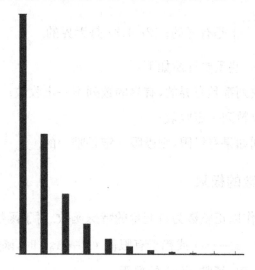

图 2.1.1

例 2.1.1 考察下列数列是否收敛，若收敛，求其极限.

(1) $a_n = \dfrac{n+1}{n}, n = 1, 2, \cdots$

(2) $a_n = (-1)^n, n = 1, 2, \cdots$

(3) $a_n = \dfrac{(-1)^n}{n}, n = 1, 2, \cdots$

解 (1) $a_n = \dfrac{n+1}{n} = 1 + \dfrac{1}{n}$，随着 n 的增大，数列通项与常数 1 无限接近. 所以 $\left\{\dfrac{n+1}{n}\right\}$ 收敛，且 $\lim\limits_{n\to\infty} \dfrac{n+1}{n} = 1$.

(2) $\{(-1)^n\}$ 即 $1, -1, 1, -1, 1, -1, \cdots$ 无论项数怎么增大，该数列通项总是在 1 与 -1 之间摆动，并没有与固定常数无限接近，所以 $\{(-1)^n\}$ 发散.

(3) $\left\{\dfrac{(-1)^n}{n}\right\}$ 即 $-1, \dfrac{1}{2}, -\dfrac{1}{3}, \dfrac{1}{4}, -\dfrac{1}{5}, \cdots$ 随着 n 无限增大，数列通项与

常数 0 无限接近，所以 $\left\{\dfrac{(-1)^n}{n}\right\}$ 收敛，且 $\lim\limits_{n\to\infty}\dfrac{(-1)^n}{n}=0$.

> **定义 2.1.2**　如果存在常数 $M>0$，对任何项数 $n\in\mathbf{N}$，有 $|a_n|\leqslant M$，则称数列 $\{a_n\}$ 是有界的，否则就是无界的.

例如，$\left\{\dfrac{(-1)^n}{n}\right\}$ 是有界的；$\{2n+3\}$ 是无界的.

数列极限的一些重要性质如下：

(1) 收敛的数列都是有界的，有界的数列不一定收敛；

(2) 单调有界数列一定收敛；

(3) 一个数列如果有极限，则极限一定是唯一的.

2.1.2　函数的极限

数列可以看作以正整数为自变量的特殊函数. 对于函数 $y=f(x)$，当自变量趋于无穷大 $(x\to\infty)$ 或趋于有限值 $(x\to x_0)$ 时，函数的极限如下.

1. 当 $x\to\infty$ 时，函数 $f(x)$ 的极限

> **定义 2.1.3**　如果 $|x|$ 无限增大时，函数 $f(x)$ 的值无限趋近于一个确定的常数 A，则称 A 是函数 $f(x)$ 当 $x\to\infty$ 时的**极限**，记作 $\lim\limits_{x\to\infty}f(x)=A$，或者 $f(x)\to A\,(x\to\infty)$.

上述定义中，当 $x\to+\infty$ 时，函数 $f(x)$ 无限趋近于一个常数 A，则称 A 为函数 $f(x)$ 当 $x\to+\infty$ 时的极限，记为 $\lim\limits_{x\to+\infty}f(x)=A$. 例如，$\lim\limits_{x\to+\infty}\arctan x=\dfrac{\pi}{2}$，$\lim\limits_{x\to+\infty}\dfrac{1}{x}=0$.

当 $x\to-\infty$ 时，函数 $f(x)$ 无限趋近于一个常数 A，则称 A 为函数 $f(x)$ 当 $x\to-\infty$ 时的极限，记为 $\lim\limits_{x\to-\infty}f(x)=A$. 例如，$\lim\limits_{x\to-\infty}\arctan x=-\dfrac{\pi}{2}$，$\lim\limits_{x\to-\infty}\dfrac{1}{x}=0$.

> **定理 2.1.1** $\lim\limits_{x\to\infty} f(x) = A$ 的充分必要条件是 $\lim\limits_{x\to+\infty} f(x) = \lim\limits_{x\to-\infty} f(x) = A$.

例如，$\lim\limits_{x\to\infty} \dfrac{1}{x} = 0$，$\lim\limits_{x\to\infty} \arctan x$ 不存在.

2. $x \to x_0$ 时，函数 $f(x)$ 的极限

与 $x \to \infty$ 的情形类似，$x \to x_0$ 表示 x 无限趋近于 x_0，它包含以下两种情况：

(1) x 是从大于 x_0 的方向趋近于 x_0，记作 $x \to x_0^+$（或 $x \to x_0 + 0$）；

(2) x 是从小于 x_0 的方向趋近于 x_0，记作 $x \to x_0^-$（或 $x \to x_0 - 0$）.

显然 $x \to x_0$ 是指以上两种情况同时存在.

考察 $x \to 2$ 时，函数 $f(x) = \dfrac{x^2 - 4}{x - 2}$ 的变化趋势，见表 2.1.1 和表 2.1.2.

表 2.1.1

x	$f(x)$
2.1	4.1
2.01	4.01
2.001	4.001
2.0001	4.0001
……	……
↓	↓
2	4

表 2.1.2

x	$f(x)$
1.9	3.9
1.99	3.99
1.999	3.999
1.9999	3.9999
……	……
↓	↓
2	4

从表 2.1.1 和表 2.1.2 可以发现，x 的值越接近 2，$f(x)$ 的值越接近 4.（如图 2.1.2 所示）

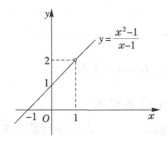

图 2.1.2

针对这种当 $x \to x_0$ 时，函数 $f(x)$ 的变化趋势，我们有如下定义：

定义 2.1.4　设函数 $f(x)$ 在点 x_0 的左右近旁有定义（x_0 点可除外），如果当自变量 x 趋近于 x_0（$x \neq x_0$）时，函数 $f(x)$ 的值无限趋近于一个确定的常数 A，则称 A 为函数 $f(x)$ 当 $x \to x_0$ 时的**极限**，记作 $\lim\limits_{x \to x_0} f(x) = A$ 或者 $f(x) \to A$（$x \to x_0$）.

例 2.1.2　求 $\lim\limits_{x \to 3} \dfrac{x-3}{x^2-9}$.

解　$\lim\limits_{x \to 3} \dfrac{x-3}{x^2-9} = \lim\limits_{x \to 3} \dfrac{1}{x+3}$，无论 x 从左侧还是从右侧靠近 3，$\dfrac{1}{x+3}$ 均

靠近 $\dfrac{1}{6}$，因此 $\lim\limits_{x \to 3} \dfrac{x-3}{x^2-9} = \lim\limits_{x \to 3} \dfrac{1}{x+3} = \lim\limits_{x \to 3} \dfrac{1}{x+3} = \dfrac{1}{6}$.

下面，再考察 $x \to 1$ 时，函数 $g(x) = \dfrac{x+3}{x-1}$ 的变化趋势.

表 2.1.3

x	$g(x)$
1.1	41
1.01	401
1.001	4001
1.0001	40001
……	……
↓	↓
1	$+\infty$

表 2.1.4

x	$g(x)$
0.9	-39
0.99	-399
0.999	-3999
0.9999	-39999
……	……
$\downarrow$	$\downarrow$
1	$-\infty$

　　从表 2.1.3 和表 2.1.4 可以发现，x 的值在趋近于 1 的过程中，$f(x)$ 的值并没有趋近于一个固定常数.

　　对于 $x \to x_0{}^{+}$ 或 $x \to x_0{}^{-}$ 时的情形，有如下定义：

> **定义 2.1.5**　如果当 $x \to x_0{}^{+}$（$x \to x_0{}^{-}$）时，函数 $f(x)$ 的值无限趋近于一个确定的常数 A，则称 A 为函数 $f(x)$ 当 $x \to x_0{}^{+}$（$x \to x_0{}^{-}$）时的右（左）极限，记作 $\lim\limits_{x \to x_0^{+}} f(x) = A$（$\lim\limits_{x \to x_0^{-}} f(x) = A$），或 $f(x_0+0) = A$（$f(x_0-0) = A$）.

　　左极限和右极限统称为单侧极限. 显然，函数的极限与左右极限有如下关系：

> **定理 2.1.2**　$\lim\limits_{x \to x_0} f(x) = A$ 成立的充分必要条件是
> $$\lim\limits_{x \to x_0^{+}} f(x) = \lim\limits_{x \to x_0^{-}} f(x) = A.$$

这个定理常用来判断函数在某一点的极限是否存在.

例 2.1.3　讨论函数 $f(x) = \begin{cases} x+1, & x < 0, \\ x^2, & 0 \leqslant x < 1, \\ 1, & x \geqslant 1 \end{cases}$ 在 $x \to 0$ 时的极限.

解　$f(0-0) = \lim\limits_{x \to 0^{-}} f(x) = \lim\limits_{x \to 0^{-}} (x+1) = 1$,

　　　$f(0+0) = \lim\limits_{x \to 0^{+}} f(x) = \lim\limits_{x \to 0^{+}} x^2 = 0$,

由于 $f(0-0) \neq f(0+0)$，因此 $\lim\limits_{x \to 0} f(x)$ 不存在.

思考题:设 $f(x) = \dfrac{x}{x}, \varphi(x) = \dfrac{|x|}{x}$,问 $\lim\limits_{x \to 0} f(x), \lim\limits_{x \to 0} \varphi(x)$ 是否存在?

习题 2.1

1.讨论下列各函数的极限.

(1) $\lim\limits_{x \to \infty} \dfrac{1}{1+x}$;　　　　(2) $\lim\limits_{x \to +\infty} \left(\dfrac{1}{3}\right)^x$;　　　　(3) $\lim\limits_{x \to -\infty} 5^x$;　　　　(4) $\lim\limits_{x \to \infty} C$;

(5) $\lim\limits_{x \to \infty} \cos x$;　　(6) $\lim\limits_{x \to \infty} \mathrm{arccot}\, x$;　　(7) $\lim\limits_{x \to 1}(2+x^2)$;　　(8) $\lim\limits_{x \to 2} \dfrac{x^2-4}{x+2}$;

(9) $\lim\limits_{x \to 0^+} \sqrt{x}$;　　　　(10) $\lim\limits_{x \to 0} \sin x$;　　　　(11) $\lim\limits_{x \to 0} \cos \dfrac{1}{x}$;　　(12) $\lim\limits_{x \to 0^+} \lg x$.

2.作出函数 $f(x) = \begin{cases} x^2, 0 < x \leqslant 3, \\ 2x-1, 3 < x < 5 \end{cases}$ 的图像,并求出当 $x \to 3$ 时 $f(x)$ 的左、右极限.

§2.2　无穷小与无穷大

2.2.1　无穷小

在实际问题中,我们经常遇到极限为零的变量. 例如,单摆离开垂直位置摆动时,由于受到空气阻力和机械摩擦力的作用,它的振幅随着时间的增加而逐渐减少并逐渐趋于零. 又例如,电容器放电时,其电压随着时间的增加而逐渐减少并趋于零. 对于这类变量,我们有如下定义:

> **定义 2.2.1**　在自变量的某种变化趋势 $(x \to \triangledown)$ 下,如果函数 $f(x)$ 的极限为零,则称 $f(x)$ 为 $x \to \triangledown$ 时的**无穷小量**,简称无穷小,记为 $\lim\limits_{x \to \triangledown} f(x) = 0$. 其中, $x \to \triangledown$ 表示 $x \to x_0, x \to x_0^+, x \to x_0^-, x \to \infty$, $x \to +\infty, x \to -\infty$ 中的任意一种情形.(后文中的 $x \to \triangledown$ 含义与之相同)

说明:(1)无穷小与自变量变化过程有关. 例如,当 $x \to \infty$ 时, $\lim\limits_{x \to \infty} \dfrac{1}{x} = 0$,

函数 $f(x) = \dfrac{1}{x}$ 为无穷小;但当 $x \to 1$ 时, $\dfrac{1}{x} \to 1$, $f(x) = \dfrac{1}{x}$ 就不是无穷小.

因此,说一个函数 $f(x)$ 是无穷小时,必须指出自变量 x 的变化趋向.

(2)无穷小不是一个数,而是一个特殊的函数(极限为 0),不要将其与非常小的数混淆,但数字 0 本身是唯一可以看作无穷小的常数.

1. 无穷小的性质

> **性质 1**　在自变量的同一变化过程中,有限个无穷小的代数和仍是无穷小.
>
> **性质 2**　在自变量的同一变化过程中,有限个无穷小的乘积仍是无穷小.
>
> **性质 3**　有界函数与无穷小的乘积为无穷小. 特别地,常数与无穷小的乘积也为无穷小。

例如,$\lim\limits_{x \to 0}(x^2 + x^3) = 0, \lim\limits_{x \to 0} x\sin x = 0.$

例 2.2.1　求 $\lim\limits_{x \to 0} \dfrac{\sin x}{x}$.

解　由于 $\lim\limits_{x \to \infty} \dfrac{1}{x} = 0, |\sin x| \leqslant 1.$ 由性质 3 得 $\lim\limits_{x \to \infty} \dfrac{\sin x}{x} = 0.$

2. 无穷小的比较

无穷小虽然都是以零为极限的量,但不同的无穷小趋近于零的"速度"却不一定相同,有时可能差别很大.

例如,当 $x \to 0$ 时,$x, 2x, x^2$ 都是无穷小量,但是 $\lim\limits_{x \to 0} \dfrac{x^2}{2x} = 0, \lim\limits_{x \to 0} \dfrac{x}{x^2} = \infty,$

$\lim\limits_{x \to 0} \dfrac{x}{2x} = \dfrac{1}{2}.$

> **定义 2.2.2**　设 α 和 β 都是当 $x \to 0$(或 $x \to \infty$)时的无穷小.
>
> (1)如果 $\lim \dfrac{\beta}{\alpha} = 0$,则称 β 是比 α **高阶**的无穷小;
>
> (2)如果 $\lim \dfrac{\beta}{\alpha} = \infty$,则称 β 是比 α **低阶**的无穷小;
>
> (3)如果 $\lim \dfrac{\beta}{\alpha} = c$($c$ 为非零常数),则称 α 与 β 为**同阶无穷小**;特别地,当 $c = 1$ 时,称 α 与 β 为**等价无穷小**,记为 $\alpha \sim \beta$.

由于 $\lim\limits_{x\to 0}\dfrac{x^2}{2x}=0$,$\lim\limits_{x\to 0}\dfrac{x}{x^2}=\infty$,$\lim\limits_{x\to 0}\dfrac{x}{2x}=\dfrac{1}{2}$,因此,当 $x\to 0$ 时,x^2 是比 $2x$ 高阶的无穷小,x 是比 x^2 低阶的无穷小,x 和 $2x$ 是同阶无穷小.

定理 2.2.1(等价无穷小的代换定理)　若 $\alpha\sim\alpha'$,$\beta\sim\beta'$,且 $\lim\dfrac{\alpha'}{\beta'}$ 存在,则有 $\lim\dfrac{\beta}{\alpha}=\lim\dfrac{\alpha'}{\beta'}$.

这个定理表明,求两个无穷小比值的极限时,分子和分母都可以用与之等价的无穷小来替换.

下面是几个常用的等价的无穷小.当 $x\to 0$ 时,有 $\sin x\sim x$,$\tan x\sim x$,$\arcsin x\sim x$,$\arctan x\sim x$,$(1-\cos x)\sim\dfrac{x^2}{2}$,$\ln(1+x)\sim x$,$(\mathrm{e}^x-1)\sim x$,$(\sqrt[n]{1+x}-1)\sim\dfrac{1}{n}x$.

例 2.2.2　求 $\lim\limits_{x\to 0}\dfrac{\sin 3x}{\tan 5x}$.

解　$\lim\limits_{x\to 0}\dfrac{\sin 3x}{\tan 5x}=\lim\limits_{x\to 0}\dfrac{3x}{5x}=\dfrac{3}{5}$.

例 2.2.3　求 $\lim\limits_{x\to 0}\dfrac{\ln(1+x^2)}{x^2}$.

解　$\lim\limits_{x\to 0}\dfrac{\ln(1+x^2)}{x^2}=\lim\limits_{x\to 0}\dfrac{x^2}{x^2}=1$.

例 2.2.4　求 $\lim\limits_{x\to 0}\dfrac{\tan x-\sin x}{x^3}$.

解　因为 $\tan x-\sin x=\tan x(1-\cos x)$,

当 $x\to 0$ 时,$\tan x\sim x$,$1-\cos x\sim\dfrac{x^2}{2}$,

所以 $\lim\limits_{x\to 0}\dfrac{\tan x-\sin x}{x^3}=\lim\limits_{x\to 0}\dfrac{\tan x(1-\cos x)}{x^3}=\lim\limits_{x\to 0}x\cdot\dfrac{x^2}{2}/x^3=\dfrac{1}{2}$.

应用等价无穷小求极限时,要注意以下两点:

(1)分子、分母都是无穷小;

(2)用等价的无穷小代替时,只能替换整个分子或者分母中的因子,而不能替换分子或分母中的项.

2.2.2 无穷大

与无穷小量相对应的是无穷大量,且具有相似的定义和性质.

> **定义 2.2.3** 在自变量的某种变化趋势($x \to \triangledown$)下,函数 $f(x)$ 的绝对值无限增大,则称 $f(x)$ 为 $x \to \triangledown$ 时的**无穷大量**,简称**无穷大**,记为 $\lim\limits_{x \to \triangledown} f(x) = \infty$.

如果 $x \to \triangledown$ 时,函数 $f(x) > 0$ 且 $f(x)$ 无限增大,则称 $f(x)$ 为当 $x \to \triangledown$ 时的**正无穷大**,记为 $\lim\limits_{x \to \triangledown} f(x) = +\infty$.

类似地,可以定义 $\lim\limits_{x \to \triangledown} f(x) = -\infty$.

例如,当 $a > 1$ 时,有 $\lim\limits_{x \to 0^+} \log_a x = -\infty$, $\lim\limits_{x \to +\infty} \log_a x = +\infty$, $\lim\limits_{x \to +\infty} a^x = +\infty$.

与无穷小相同,说一个函数是无穷大时,必须要指明自变量变化的趋向;"极限为 ∞"说明这个极限不存在,只是借用记号" ∞ "来表示 $|f(x)|$ 无限增大的这种趋势,虽然用等式表示,但并不是"真正的"相等.

2.2.3 无穷大与无穷小的关系

> **定理 2.2.2** 如果 $\lim\limits_{x \to \triangledown} f(x) = \infty$, 则 $\lim\limits_{x \to \triangledown} \dfrac{1}{f(x)} = 0$; 反之,如果 $\lim\limits_{x \to \triangledown} f(x) = 0$ 且 $f(x) \neq 0$,则 $\lim\limits_{x \to \triangledown} \dfrac{1}{f(x)} = \infty$.

因此,无穷大的问题可通过倒数变换转化为无穷小的问题,反之亦然.

例如, $\lim\limits_{x \to +\infty} a^{-x} = \lim\limits_{x \to +\infty} \dfrac{1}{a^x} = 0$ ($a > 1$).

例 2.2.5 求 $\lim\limits_{x \to 1} \dfrac{2x-1}{x-1}$.

解 由于极限 $\lim\limits_{x \to 1} \dfrac{x-1}{2x-1} = 0$,即当 $x \to 1$ 时, $\dfrac{1}{f(x)} = \dfrac{x-1}{2x-1}$ 是无穷小,

那么 $f(x) = \dfrac{2x-1}{x-1}$ 在 $x \to 1$ 时是无穷大,因此 $\lim\limits_{x \to 1} \dfrac{2x-1}{x-1} = \infty$.

习题 2.2

1. 判断题.

(1) 无穷小是一个很小的数;

(2) 无穷大是一个很大的数;

(3) 无穷小和无穷大是互为倒数的量;

(4) 一个函数乘以无穷小后为无穷小.

2. 在下列试题中,哪些是无穷小? 哪些是无穷大?

(1) $y_n = (-1)^{n+1} \dfrac{1}{2^n} (n \to \infty)$;

(2) $y = 5^{-x} (x \to +\infty)$;

(3) $y = \ln x (x > 0, x \to 0)$;

(4) $y = \dfrac{x+1}{x^2-4} (x \to 2)$;

(5) $y = 2^{\frac{1}{x}} (x \to -\infty)$;

(6) $y = \dfrac{x^2}{3x} (x \to 0)$.

3. 求下列各函数极限.

(1) $\lim\limits_{x \to \infty} \dfrac{\sin x}{x^2}$;

(2) $\lim\limits_{x \to \infty} x \cos \dfrac{1}{x}$;

(3) $\lim\limits_{x \to 0} \dfrac{\arcsin x}{\dfrac{1}{x^2}}$;

(4) $\lim\limits_{n \to \infty} \dfrac{\cos n^2}{n}$;

(5) $\lim\limits_{x \to 0} \dfrac{\sin 2x \tan 3x}{1 - \cos 2x}$;

(6) $\lim\limits_{x \to 0} \dfrac{1 - \cos x}{\tan 2x^2}$.

4. 试比较下列各对无穷小的阶.

(1) 当 $x \to 0$ 时, $x^3 + 30x^2$ 与 x^2;

(2) 当 $x \to 1$ 时, $1 - \sqrt{x}$ 与 $1 - x$;

(3) 当 $x \to \infty$ 时, $\dfrac{1}{x}$ 与 $\dfrac{1}{x^2}$;

(4) 当 $x \to 0$ 时, x 与 $x \cos x$.

§2.3　极限的运算

2.3.1　极限的四则运算法则

设 $\lim\limits_{x \to \nabla} f(x) = A, \lim\limits_{x \to \nabla} g(x) = B$, 则

(1) $\lim\limits_{x \to \nabla} (f(x) \pm g(x)) = \lim\limits_{x \to \nabla} f(x) \pm \lim\limits_{x \to \nabla} g(x) = A \pm B$;

(2) $\lim\limits_{x \to \nabla} (f(x) g(x)) = \lim\limits_{x \to \nabla} f(x) \lim\limits_{x \to \nabla} g(x) = AB$;

(3) $\lim\limits_{x \to \nabla} \dfrac{f(x)}{g(x)} = \dfrac{\lim\limits_{x \to \nabla} f(x)}{\lim\limits_{x \to \nabla} g(x)} = \dfrac{A}{B} (B \neq 0)$.

在实际解题中,极限的四则运算法则还有几个有用的推论:

推论 2.3.1 $\lim\limits_{x \to \nabla} f^n(x) = \lim\limits_{x \to \nabla} [f(x)]^n = A^n (n \text{ 为正整数}).$

推论 2.3.2 $\lim\limits_{x \to \nabla} Cf(x) = C \lim\limits_{x \to \nabla} f(x) = CA (C \text{ 为常数}).$

例 2.3.1 计算下面函数的极限.

(1) $\lim\limits_{x \to 1}(2x^3 - x^2 + 3x - 1)$；   (2) $\lim\limits_{x \to 2} \dfrac{3x^4 + 2}{1 - x}$.

解 (1) $\lim\limits_{x \to 1}(2x^3 - x^2 + 3x - 1) = \lim\limits_{x \to 1} 2x^3 - \lim\limits_{x \to 1} x^2 + \lim\limits_{x \to 1} 3x - \lim\limits_{x \to 1} 1 =$
$2 (\lim\limits_{x \to 1} x)^3 - \lim\limits_{x \to 1}(x)^2 + 3 \lim\limits_{x \to 1} x - 1 = 3.$

(2) 由于 $\lim\limits_{x \to 2}(1 - x) = \lim\limits_{x \to 2} 1 - \lim\limits_{x \to 2} x = 1 - 2 = -1 \neq 0, \lim\limits_{x \to 2}(3x^4 + 2) =$
$3(\lim\limits_{x \to 2} x)^4 + \lim\limits_{x \to 0} 2 = 50,$ 因此 $\lim\limits_{x \to 2} \dfrac{3x^4 + 2}{1 - x} = -50.$

一般地,如果 $f(x)$ 是一个多项式函数或有理函数, x_0 为其定义域里的一点,则有 $\lim\limits_{x \to x_0} f(x) = f(x_0).$ 也就是说,对于这类函数,求极限时直接替换就行.

例 2.3.2 求 $\lim\limits_{x \to 2} \dfrac{x^2 - 4}{x - 2}$.

解 由于 $\lim\limits_{x \to 2}(x - 2) = 0$,因此不能直接用法则(3),求此式极限时,可以首先约去零因子 $(x - 2)$,于是

$$\lim\limits_{x \to 2} \frac{x^2 - 4}{x - 2} = \lim\limits_{x \to 2}(x + 2) = 4.$$

例 2.3.3 求 $\lim\limits_{x \to 0} \dfrac{x}{1 - \sqrt{1 - x}}$.

解 由于分母的极限为零,不能直接用法则(3),可用初等代数方法使分母有理化,再约去零因子. $\lim\limits_{x \to 0} \dfrac{x}{1 - \sqrt{1 - x}} = \lim\limits_{x \to 0} \dfrac{x(1 + \sqrt{1 - x})}{(1 - \sqrt{1 - x})(1 + \sqrt{1 - x})} =$
$\lim\limits_{x \to 0} \dfrac{x(1 + \sqrt{1 - x})}{x} = \lim\limits_{x \to 0}(1 + \sqrt{1 - x}) = 2.$

例 2.3.4 求 $\lim\limits_{x \to \infty} \dfrac{x^3 - 5x + 1}{2x^3 + 4x^2 + 3x - 3}$.

解　$\lim\limits_{x \to \infty} \dfrac{x^3 - 5x + 1}{2x^3 + 4x^2 + 3x - 3} = \lim\limits_{x \to \infty} \dfrac{1 - \dfrac{5}{x^2} + \dfrac{1}{x^3}}{2 - \dfrac{4}{x} + \dfrac{3}{x^2} - \dfrac{3}{x^3}} = \dfrac{1}{2}.$

对于有理函数,在无穷远处的极限都可以仿效以上方法求解.一般有三种情况,规律总结如下:

设 $a_0 \neq 0, b_0 \neq 0, m, n$ 为正整数,则有

$$\lim_{x \to \infty} \frac{a_0 x^n + a_1 x^{n-1} + \cdots + a_n}{b_0 x^m + b_1 x^{m-1} + \cdots + b_m} = \begin{cases} a_0/b_0, \text{当 } m = n \text{ 时}; \\ 0, \text{当 } m > n \text{ 时}; \\ \infty, \text{当 } m < n \text{ 时}. \end{cases}$$

以上是一些简单的直接求极限的方法,对于一些复杂的函数极限,还可以使用下面的判定方法来确定极限.

定理 2.3.1(夹逼定理)　对于点 x_0 的某一邻域内的一切 x, x_0 点本身可以除外(或绝对值大于某一正数的一切 x),有 $g(x) \leqslant f(x) \leqslant h(x)$,且 $\lim\limits_{x \to x_0} g(x) = A, \lim\limits_{x \to x_0} h(x) = A$,那么 $\lim\limits_{x \to x_0} f(x)$ 存在,且等于 A.

例 2.3.5　求 $\lim\limits_{x \to 0} x \sin \dfrac{1}{x}$.

解　由于 $-1 \leqslant \sin \dfrac{1}{x} \leqslant 1$,所以 $-x \leqslant x \sin \dfrac{1}{x} \leqslant x, \lim\limits_{x \to 0}(-x) = \lim\limits_{x \to 0} x = 0$.

由夹逼定理得 $\lim\limits_{x \to 0} x \sin \dfrac{1}{x} = 0$.

习题 2.3

1.求下列函数极限.

(1) $\lim\limits_{x \to -2}(2x^2 - 5x + 3)$;

(2) $\lim\limits_{x \to 0}\left(2 - \dfrac{3}{x-1}\right)$;

(3) $\lim\limits_{x \to 2} \dfrac{x-2}{x^2 - x - 2}$;

(4) $\lim\limits_{x \to 0} \dfrac{5x^3 - 2x^2 + x}{4x^2 + 2x}$;

(5) $\lim\limits_{x \to \infty} \dfrac{3x^2 + 5x + 1}{4x^2 - 2x + 5}$;

(6) $\lim\limits_{x \to \infty} \dfrac{3x^2 + x + 6}{x^4 - 3x^2 + 3}$;

(7) $\lim\limits_{n\to\infty} \dfrac{1+2+\cdots+n}{n^2}$;　　　　　(8) $\lim\limits_{x\to0} \dfrac{x^2}{1-\sqrt{1+x^2}}$;

(9) $\lim\limits_{x\to4} \dfrac{\sqrt{2x+1}-3}{\sqrt{x-2}-\sqrt2}$;　　　　(10) $\lim\limits_{x\to1}\left(\dfrac{2}{x^2-1}-\dfrac{1}{x-1}\right)$.

2. 若 $\lim\limits_{x\to3} \dfrac{x^2-2x+k}{x-3}=4$, 求 k 的值.

3. 若 $\lim\limits_{x\to\infty}\left(\dfrac{x^2+1}{x+1}-ax-b\right)=0$, 求 a,b 的值.

§2.4　两个重要极限

在求函数极限时, 经常要用到两个重要极限.

1. $\lim\limits_{x\to0} \dfrac{\sin x}{x}=1$（$x$ 取弧度单位）

当 $x\to0$ 时, 观察函数 $\dfrac{\sin x}{x}$ 的变化趋势. 如表 2.4.1 所示.

表 2.4.1

x	1	0.5	0.1	0.05	0.01	0.005	⋯
$\sin x$	0.8415	0.4794	0.0998	0.04998	0.0099998	0.0049999	⋯
x	-1	-0.5	-0.1	-0.05	-0.01	-0.005	⋯
$\sin x$	-0.8415	-0.4794	-0.998	-0.4998	-0.0099998	-0.0049999	⋯

可以看到, 随着 x 趋近于 0, x 与 $\sin x$ 的值越来越靠近. 事实上, 可以证明当 $x\to0$ 时, $\dfrac{\sin x}{x}\to1$.

注意: 此极限形式的特点: (1) 这是一个 $\dfrac{0}{0}$ 型的极限; (2) 形如 $\lim\limits_{\Delta\to0} \dfrac{\sin\Delta}{\Delta}$ 结果均为 1（Δ 表示同一变量）.

例 2.4.1　求 $\lim\limits_{x\to0} \dfrac{\sin4x}{3x}$.

解　$\lim\limits_{x\to0} \dfrac{\sin4x}{3x}=\lim\limits_{x\to0} \dfrac{\sin4x}{4x}\cdot\dfrac{4}{3}=\dfrac{4}{3}\lim\limits_{x\to0} \dfrac{\sin4x}{4x}=\dfrac{4}{3}$.

例 2.4.2　求 $\lim\limits_{x\to0} \dfrac{\tan x}{x}$.

解　$\lim\limits_{x\to0} \dfrac{\tan x}{x}=\lim\limits_{x\to0}\left(\dfrac{\sin x}{x}\cdot\dfrac{1}{\cos x}\right)=\lim\limits_{x\to0} \dfrac{\sin x}{x}\lim\limits_{x\to0} \dfrac{1}{\cos x}=1$.

例 2.4.3 证明:当 $x \to 0$ 时, $1 - \cos x \sim \dfrac{x^2}{2}$.

证明 因为 $\lim\limits_{x \to 0} \dfrac{1 - \cos x}{\dfrac{x^2}{2}} = \lim\limits_{x \to 0} \dfrac{2 \sin^2 \dfrac{x}{2}}{2 \left(\dfrac{x}{2}\right)^2} = \lim\limits_{x \to 0} \left(\dfrac{\sin \dfrac{x}{2}}{\dfrac{x}{2}}\right)^2 = 1.$ 所以,当

$x \to 0$ 时, $1 - \cos x \sim \dfrac{x^2}{2}$ 成立.

当 $x \to 0$ 时,有 $\sin x \sim x, \tan x \sim x, 1 - \cos x \sim \dfrac{x^2}{2}$;类似可得 $\sin ax \sim ax$,

$\tan ax \sim ax$.

2. $\lim\limits_{x \to \infty} \left(1 + \dfrac{1}{x}\right)^x = \mathrm{e}(\mathrm{e} = 2.71828\cdots$ **是无理数)**

列出数值表,观察 $\left(1 + \dfrac{1}{x}\right)^x$ 变化趋势,如表 2.4.2 所示.

表 2.4.2

x	10	10^2	10^3	10^4	10^5	10^6	$\cdots$
$\left(1 + \dfrac{1}{x}\right)^x$	2.59374	2.70481	2.71692	2.71815	2.71827	2.71828	$\cdots$
x	-10	-10^2	-10^3	-10^4	-10^5	-10^6	$\cdots$
$\left(1 + \dfrac{1}{x}\right)^x$	2.86792	2.73200	2.71964	2.71841	2.71830	2.71828	$\cdots$

由上表可以看出,当 $x \to \infty$ 时,函数 $\left(1 + \dfrac{1}{x}\right)^x$ 的值无限地接近于常数

$2.71828\cdots$ 记这个常数为 e, 即

$$\lim\limits_{x \to \infty} \left(1 + \dfrac{1}{x}\right)^x = \mathrm{e}.$$

注意:(1)这种形式的极限的特点:①为 1^∞ 型;② $\lim\limits_{\Delta \to \infty} \left(1 + \dfrac{1}{\Delta}\right)^\Delta = \mathrm{e}$

(Δ 表示同一变量).

(2)这种极限的另一常用等价形式为: $\lim\limits_{x \to 0} (1 + x)^{\frac{1}{x}} = \mathrm{e}$, 一般形式特点

可表示为 $\lim\limits_{\Delta \to 0} (1 + \Delta)^{\frac{1}{\Delta}} = \mathrm{e}$ (Δ 表示同一变量).

例 2.4.4 求 $\lim\limits_{x \to \infty} \left(1 + \dfrac{k}{x}\right)^x$. (k 为非零常数)

解 $\lim\limits_{x \to \infty} \left(1 + \dfrac{k}{x}\right)^x = \lim\limits_{x \to \infty} \left[\left(1 + \dfrac{k}{x}\right)^{\frac{x}{k}}\right]^k$,当 $x \to \infty$ 时, $\dfrac{k}{x} \to 0$,令 $\dfrac{k}{x} = t$,

则 $\lim\limits_{x\to\infty}\left[\left(1+\dfrac{k}{x}\right)^{\frac{x}{k}}\right]^{k}=\lim\limits_{t\to 0}\left[(1+t)^{\frac{1}{t}}\right]^{k}=\mathrm{e}^{k}.$

例 2.4.5 求 $\lim\limits_{x\to\infty}\left(1-\dfrac{1}{x}\right)^{x}.$

解 $\lim\limits_{x\to\infty}\left(1-\dfrac{1}{x}\right)^{x}=\lim\limits_{-x\to\infty}\left[\left(1+\dfrac{1}{(-x)}\right)^{(-x)}\right]^{(-1)}=\mathrm{e}^{-1}.$

例 2.4.6 求 $\lim\limits_{x\to\infty}\left(\dfrac{x+3}{x-1}\right)^{x+3}.$

解 $\lim\limits_{x\to\infty}\left(\dfrac{x+3}{x-1}\right)^{x+3}=\lim\limits_{x\to\infty}\left(1+\dfrac{4}{x-1}\right)^{x+3},$

令 $t=\dfrac{4}{x-1}$, 则 $x=\dfrac{4}{t}+1, x+3=\dfrac{4}{t}+4,$

由于当 $x\to\infty$ 时, $t\to 0$, 所以

$\lim\limits_{x\to\infty}\left(\dfrac{x+3}{x-1}\right)^{x+3}=\lim\limits_{t\to 0}(1+t)^{\frac{4}{t}+4}=\lim\limits_{t\to 0}(1+t)^{\frac{4}{t}}\cdot(1+t)^{4}$

$=\left[\lim\limits_{t\to 0}(1+t)^{\frac{1}{t}}\right]^{4}\left[\lim\limits_{t\to 0}(1+t)\right]^{4}=\mathrm{e}^{4}.$

习题 2.4

求下列函数极限.

(1) $\lim\limits_{x\to 0}\dfrac{\sin 4x}{\tan 5x};$

(2) $\lim\limits_{x\to 0}\dfrac{\sin mx}{\sin nx};$

(3) $\lim\limits_{x\to 0}\dfrac{a^{x}-1}{x};$

(4) $\lim\limits_{x\to 0}\dfrac{2(1-\cos x)}{x\sin x};$

(5) $\lim\limits_{x\to 0^{+}}\dfrac{x}{\sqrt{1-\cos x}};$

(6) $\lim\limits_{x\to\frac{\pi}{2}}(1+2\cos x)^{-\sec x};$

(7) $\lim\limits_{x\to 0}x^{2}\sin^{2}\dfrac{1}{x};$

(8) $\lim\limits_{x\to\infty}\left(1-\dfrac{3}{x}\right)^{x};$

(9) $\lim\limits_{x\to 0}\sqrt[x]{1+3x};$

(10) $\lim\limits_{x\to 0}\dfrac{\arcsin x}{x};$

(11) $\lim\limits_{x\to 0}\dfrac{\sin(x^{2})}{(\sin x)^{3}};$

(12) $\lim\limits_{x\to\infty}\left(\dfrac{2x-1}{2x+1}\right)^{x}.$

§ 2.5 函数的连续性

自然界中许多现象都是连续不断的过程,如空气的流动、气温的变化、动植物的生长等,这些现象反映在数学上就是函数的连续性.

2.5.1 函数连续性的概念

1. 增量

设变量 x 从它的初值 x_0 变到终值 x_1，则终值与初值之差 $x_1 - x_0$ 就叫作变量 x 的增量，记作 Δx，即 $\Delta x = x_1 - x_0$.

说明：增量不是增加的量，而是变量的改变量，故 Δx 可正可负.

2. 函数 $f(x)$ 在点 x_0 处的连续性

为说明函数 $y = f(x)$ 在 x_0 处连续，给出函数在图像 x_0 处连续和不连续的示意图.（如图 2.5.1 和 2.5.2 所示）

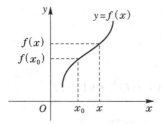 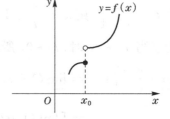

图 2.5.1　$y = f(x)$ 在 x_0 处连续　　　**图 2.5.2　$y = f(x)$ 在 x_0 处间断**

比较两图在 x_0 左右两边对应的函数值的差值 Δy，若函数 $y = f(x)$ 在 x_0 处连续，可以看出 $\Delta y \to 0$；若函数 $y = f(x)$ 在 x_0 处间断，$\lim\limits_{\Delta x \to 0} \Delta y \neq 0$.

> **定义 2.5.1**　设函数 $y = f(x)$ 在点 x_0 某邻域内有定义，当 $\Delta x \to 0$ 时如果有 $\Delta y \to 0$，即 $\lim\limits_{\Delta x \to 0} \Delta y = \lim\limits_{\Delta x \to 0}[f(x_0 + \Delta x) - f(x_0)] = 0$，那么称函数 $f(x)$ 在点 x_0 处连续.

令 $x = x_0 + \Delta x$，则当 $\Delta x \to 0$ 时，$x \to x_0$，则

$$\lim_{\Delta x \to 0} \Delta y = \lim_{\Delta x \to 0}[f(x_0 + \Delta x) - f(x_0)] = \lim_{x \to x_0}[f(x) - f(x_0)].$$

由于 $\Delta y \to 0$ 时，即 $f(x) - f(x_0) \to 0$，也就是 $f(x) \to f(x_0)$. 因此得到 $y = f(x)$ 在 x_0 处连续的另一个定义.

> **定义 2.5.2**　设函数 $y = f(x)$ 在点 x_0 及其左右近旁有定义，且有 $\lim\limits_{x \to x_0} f(x) = f(x_0)$，则称函数 $y = f(x)$ 在点 x_0 的某邻域内有定义.

由定义式 $\lim\limits_{x \to x_0} f(x) = f(x_0)$ 可知，$f(x)$ 在点 x_0 处连续必须同时满足三个条件：① 函数 $f(x)$ 在点 x_0 处有定义；② $\lim\limits_{x \to x_0} f(x)$ 存在；③ $\lim\limits_{x \to x_0} f(x) = f(x_0)$.

三个条件中有一个不满足，x_0 就为函数的间断点，即函数 $f(x)$ 在点 x_0 处有下列三种情形之一，x_0 就为函数的间断点：① $f(x)$ 在点 x_0 处没有定义；② $\lim\limits_{x \to x_0} f(x)$ 不存在；③ 虽然 $f(x_0)$ 有定义，且 $\lim\limits_{x \to x_0} f(x)$ 存在，但 $\lim\limits_{x \to x_0} f(x) \neq f(x_0)$.

如果函数 $y = f(x)$ 在区间 (a,b) 内每一点连续，则称函数在区间 (a,b) 内连续，区间 (a,b) 称为函数 $y = f(x)$ 的连续区间. 对于区间端点，如果 $\lim\limits_{x \to a^+} f(x) = f(a)$，称函数 $f(x)$ 在 a 点右连续；如果 $\lim\limits_{x \to b^-} f(x) = f(b)$，称函数 $f(x)$ 在 b 点左连续.

如果函数 $f(x)$ 在闭区间 $[a,b]$ 上连续，要求函数 $f(x)$ 在区间 (a,b) 内连续，并且在区间左端点右连续和右端点左连续即 $\lim\limits_{x \to a^+} f(x) = f(a)$，$\lim\limits_{x \to b^-} f(x) = f(b)$，区间 $[a,b]$ 称为函数 $y = f(x)$ 的连续区间.

例 2.5.1 判断函数 $f(x) = \begin{cases} x^2 + 1, & x \geqslant 1, \\ 3x - 1, & x < 1 \end{cases}$ 在点 $x = 1$ 处是否连续.

解　$f(x)$ 在点 $x = 1$ 处及其附近有定义，$f(1) = 1^2 + 1 = 2$，且

$$f(1 - 0) = \lim_{x \to 1^-} f(x) = \lim_{x \to 1^-}(3x - 1) = 2 = f(1),$$

$$f(1 + 0) = \lim_{x \to 1^+} f(x) = \lim_{x \to 1^+}(x^2 + 1) = 2 = f(1),$$

于是 $f(1 - 0) = f(1 + 0) = f(1)$，因此，函数 $f(x)$ 在 $x = 1$ 处连续.

2.5.2　初等函数的连续性

1. 基本初等函数的连续性

基本初等函数在其定义域内都是连续的.

2. 连续函数的和、差、积、商的连续性

如果 $f(x)$，$g(x)$ 都在点 x_0 处连续，则 $f(x) \pm g(x)$，$f(x)g(x)$，$\dfrac{f(x)}{g(x)}$ $(g(x) \neq 0)$ 都在点 x_0 处连续.

3. 复合函数的连续性

设函数 $y = f(u)$ 在点 u_0 处连续，函数 $u = \varphi(x)$ 在点 x_0 处连续，且 $u_0 = \varphi(x_0)$，则复合函数 $y = f[\varphi(x)]$ 在点 x_0 处连续.

这个法则说明了连续函数的复合函数仍为连续函数，并可得到如下结论：

$$\lim_{x \to x_0} f[\varphi(x)] = f[\varphi(x_0)] = f[\lim_{x \to x_0} \varphi(x)].$$

特别地，当 $\varphi(x) = x$ 时，$\lim\limits_{x \to x_0} f(x) = f(x_0) = f(\lim\limits_{x \to x_0} x)$，这表示对连续函数极限符号与函数符号可以交换次序.

4. 初等函数的连续性

一切初等函数在其定义域内都是连续的.

因此，求初等函数在其定义域内某点处的极限时，只需求出函数在该点的函数值即可.

例 2.5.2 求下列函数极限.

(1) $\lim\limits_{x \to \frac{\pi}{2}} \ln \sin x$；　　　　　　　　(2) $\lim\limits_{x \to 2} \dfrac{\sqrt{2+x} - 2}{x - 2}$；

(3) $\lim\limits_{x \to 0} \dfrac{\log_a(1+x)}{x}$ （$a > 0, a \neq 1$）；　　(4) $\lim\limits_{x \to 0} \dfrac{e^x - 1}{x}$.

解 (1) 因为 $x = \dfrac{\pi}{2}$ 是函数 $y = \ln \sin x$ 定义区间 $(0, \pi)$ 内的一个点，所以

$$\lim_{x \to \frac{\pi}{2}} \ln \sin x = \ln \sin\left(\frac{\pi}{2}\right) = 0.$$

(2) 因为 $x = 2$ 不是函数 $\dfrac{\sqrt{2+x} - 2}{x - 2}$ 定义域 $[-2, 2) \cup (2, +\infty)$ 内的点，自然不能将 $x = 2$ 代入函数计算.

当 $x \neq 2$ 时，我们先作变形，再求其极限：

$$\lim_{x \to 2} \frac{\sqrt{2+x} - 2}{x - 2} = \lim_{x \to 2} \frac{(\sqrt{2+x} - 2)(\sqrt{2+x} + 2)}{(x-2)(\sqrt{2+x} + 2)}$$

$$= \lim_{x \to 2} \frac{x - 2}{(x-2)(\sqrt{2+x} + 2)} = \lim_{x \to 2} \frac{1}{\sqrt{2+x} + 2}$$

$$= \frac{1}{\sqrt{2+2} + 2} = \frac{1}{4}.$$

(3) $\lim\limits_{x \to 0} \dfrac{\log_a(1+x)}{x} = \lim\limits_{x \to 0} \log_a (1+x)^{\frac{1}{x}} = \log_a\left[\lim\limits_{x \to 0} (1+x)^{\frac{1}{x}}\right]$

$$= \log_a e = \frac{1}{\ln a}.$$

(4)令 $e^x - 1 = t$,则 $x = \ln(1+t)$,且当 $x \to 0$ 时,$t \to 0$.由上题得

$$\lim_{x \to 0} \frac{e^x - 1}{x} = \lim_{t \to 0} \frac{t}{\ln(1+t)} = \lim_{t \to 0} \frac{1}{\dfrac{\ln(1+t)}{t}} = \frac{1}{\ln e} = 1.$$

2.5.3 闭区间上连续函数的性质

闭区间上的连续函数有一些重要性质,这些性质比较明显,我们在此只做介绍,不予证明.

> **定理 2.5.1(最值定理)** 设函数 $f(x)$ 在闭区间 $[a,b]$ 上连续,则函数 $f(x)$ 在 $[a,b]$ 上一定能取得最大值和最小值.

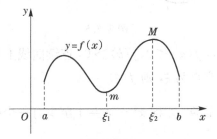

图 2.5.3

如图 2.5.3 所示,函数 $y = f(x)$ 在区间 $[a,b]$ 上连续,在 ξ_1 处取得最小值 $f(\xi_1) = m$,在 ξ_2 处取得最大值 $f(\xi_2) = M$.

推论 2.5.1 闭区间上的连续函数是有界的.

> **定理 2.5.2(介值性定理)** 如果 $f(x)$ 在 $[a,b]$ 上连续,u 是介于 $f(x)$ 的最小值和最大值之间的任一实数,则在点 a 和 b 之间至少可找到一点 ξ,使得 $f(\xi) = u$(如图 2.5.4 所示).

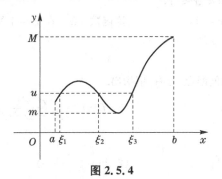

图 2.5.4

可以看出,水平直线 $y=u$ ($m \leqslant u \leqslant M$)与 $[a,b]$ 上的连续曲线 $y=f(x)$ 至少相交一次,如果交点的横坐标为 $x=\xi$,则有 $f(\xi)=u$. 当 $u=0$ 时,即有下面经常使用的结论.

推论 2.5.2(零点定理)　如果函数 $f(x)$ 在闭区间 $[a,b]$ 上连续,且 $f(a)$ 与 $f(b)$ 异号,则至少存在一点 $\xi \in (a,b)$ 使得 $f(\xi)=0$.

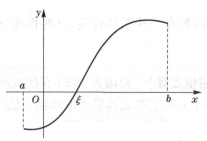

图 2.5.5

如图 2.5.5 所示,$f(a)<0,f(b)>0$,连续曲线上的点由左到右至少要与 x 轴相交一次.设交点为 ξ,则 $f(\xi)=0$.

例 2.5.3　证明:方程 $x^4+x=1$ 至少有一个根介于 0 和 1 之间.

证明　设 $f(x)=x^4+x-1$,则 $f(x)$ 在 $[0,1]$ 上连续,且 $f(0)=-1<0$,$f(1)=1>0$. 根据推论 2.5.2,至少存在一点 $\xi \in (0,1)$,使 $f(\xi)=0$,此即说明方程 $x^4+x=1$ 至少有一个根介于 0 和 1 之间.

习题 2.5

1. 设函数 $f(x)=\begin{cases} x,0<x<1, \\ 2,x=1, \\ 2-x,1<x<2, \end{cases}$　讨论函数 $f(x)$ 在 $x=1$ 处的连续性,并求函数的连续区间.

2. 试问下列函数是否有间断点,若有,请指出.

(1) $f(x)=x\cos\dfrac{1}{x}$;　　　　　　　(2) $f(x)=\dfrac{x^2-1}{x^2-3x+2}$.

3. 求下列函数极限:

(1) $\lim\limits_{x \to 0} \sqrt{x^2-2x+1}$;　　　　　(2) $\lim\limits_{x \to 1}(2^{-\frac{1}{x}}+1)$;

(3) $\lim\limits_{x \to \frac{\pi}{4}} \dfrac{\sin 2x}{5\cos(\pi - x)}$；　　　　(4) $\lim\limits_{x \to \frac{\pi}{4}} \ln \sin 2x$.

4. 在下列函数中,当 a 取何值时,函数 $f(x)$ 在其定义域内连续?

(1) $f(x) = \begin{cases} x + a, & 0 < x \leqslant 1, \\ 2 - x, & 1 < x \leqslant 3; \end{cases}$　　　　(2) $f(x) = \begin{cases} \dfrac{\sin 2x}{x}, & x < 0, \\ 3x^2 - 2x + a, & x \geqslant 0. \end{cases}$

5. 证明:方程 $x^3 - 4x^2 + 1 = 0$ 在开区间 $(0, 1)$ 内至少有一个根.

相关阅读

极限思想的形成与发展

极限是高等数学中最重要的概念.高等数学中许多深层次的理论及其应用都是极限的延拓与深化.离开了极限的思想,高等数学就失去了基础,失去了价值.不仅如此,极限思想已经向现代学科扩张和渗透,有力地刺激了跨学科和边缘学科的产生、发展和深化.

1. 极限思想的形成

作为研究函数最基本的方法——极限方法,早在古代就有比较清楚的描述.我国古代杰出的数学家刘徽于魏景元四年(公元 263 年)注《九章算术》时,订正了圆周率(圆的周长与其直径之比)是"圆三径一"之误.他在计算圆周率的过程中,创立并使用了极限方法.他在割圆术中提到"割之弥细,所失弥小,割之又割,以至于不可割,则与圆和体而无所失矣".这段话是对极限思想的生动描述.而且这些都是朴素的,也很典型的极限的原始概念.但那时还没有建立起极限的概念,只是人们不自觉地应用到极限思想罢了.《庄子》一书中的"一尺之棰,日取其半,万世不竭"、古希腊芝诺的"二分法"和阿基里斯追龟中都蕴藏着早期的极限思想.

2. 极限思想发展过程

到了十七世纪,有许多科学问题急需解决,这些问题中就有两个类型:第一类是研究物质运动的时候直接出现的即时速度的问题;第二类问题是求曲线的切线问题.由于当时没有严格极限思想,这些问题都被迫搁置.

到了牛顿时代,极限的概念仅限于直观地描述,缺乏严格定义.应该指出,历史上任何一项重大理论的完成都需要经历一段时间.牛顿和莱布尼茨创建极限的出发点是直观的无穷小量,也称无穷小量分析法.牛顿的无穷小量,有时是零,有时候不是零,而是有限的小量.莱布尼茨的理论也不能自圆其说.这些基础方面的缺陷,最终导致了数学史上所谓的第二数学危机的产生.

19 世纪,柯西根据微积分研究的需要,改进了极限方法.柯西给出的极限定义为:若代表某变量的一串数值无限接近一固定值,其差可以任意小,该固定值称为这一串数值的极限.虽然这种对极限的定性描述很直观、形象、易于理解,但也有其不足之处,不能作为科学论证的逻辑基础.这个定义没有解决以下问题:①什么是一串数值无限接近某个固定值;②什么是其差可以任意小.

魏尔斯特拉斯对极限给出了严格的定义,他所使用的方法即是现代数学上描述极限的 $\varepsilon-\delta$ 语言.在 $x \rightarrow x_0$, $f(x) \rightarrow a$ (a 是常数)形式定义中将无限接近问题量化:①给出任意小正数 δ,用 $|x-x_0|<\delta$ 来刻画 x 与 x_0 无限接近的程度;②给定任意小的正数 ε, $f(x)$ 与某个常数 a 的接近程度用 $|f(x)-a|<\varepsilon$ 来描述.在特殊函数—数列极限的定义中采用 $\varepsilon-N$ 语言,对于数列 $\{a_n\}$,存在 N, $N=n(\varepsilon)$,当 $n>N$ 时, $|a_n-a|<\varepsilon$ 恒成立,则这个常数 a 就是数列 $\{a_n\}$ 的极限.从这个定义可以看出:对数列 $\{a_n\}$,在 $|a_n-a|<\varepsilon$ 中,并不是所有的 a_n 都满足这个式子,但是这样的 a_n 不是很多,至多有 N 个即有限个, N 项以后都满足 $|a_n-a|<\varepsilon$.

关于极限的思想及其方法在高等数学中无处不在.讨论函数的连续性必然要使用极限方法.导数和积分也是用极限的方式来精确定义的.可以说极限是高等数学的基石与坚强后盾.

(摘自《中共合肥市委党校学报》,2004 年第 3 期,汪晓梦,极限思想的形成、发展及其哲学意义)

复习题 2

1.填空题.

(1) $x \rightarrow 0$ 时, $\tan x - \sin x$ 是 x 的 _____ 阶无穷小.

(2) $\lim\limits_{x \rightarrow 0} x^k \sin \dfrac{1}{x} = 0$ 成立的 k 为 _____.

(3) $\lim\limits_{x \rightarrow \infty} \mathrm{e}^x \arctan x =$ _____.

(4) $f(x) = \begin{cases} \mathrm{e}^x + 1, & x > 0, \\ x+b, & x \leqslant 0 \end{cases}$ 在 $x=0$ 处连续,则 $b=$ _____.

(5) $\lim\limits_{x \rightarrow 0} \dfrac{\ln(3x+1)}{6x} =$ _____.

2.单项选择题.

(1) $\lim\limits_{x \to x_0^+} f(x) = \lim\limits_{x \to x_0^-} f(x)$ 是 $\lim\limits_{x \to x_0} f(x)$ 存在的_____.

　　A. 充分必要条件；　　　B. 充分条件；　　　C. 必要条件；　　　D. 以上都不是.

(2)按给定 x 的变化趋势,下列函数中是无穷小的是_____.

　　A. $\dfrac{x^2}{\sqrt{x^4-1}}(x \to \infty)$；　　　　　　　B. $(1+x)^{\frac{1}{x}}-1(x \to 0)$；

　　C. $1-2^{-x}(x \to 0)$；　　　　　　　　　D. $\dfrac{\sin x}{x}(x \to 0)$.

(3)函数 $f(x) = \begin{cases} x^2+a, & x \geqslant 1, \\ \cos \pi x, & x < 1 \end{cases}$ 在 **R** 上连续,则 $a =$ _____.

　　A. -1；　　　　　　B. 2；　　　　　　C. 1；　　　　　　D. 0.

(4)数列 $0, \dfrac{1}{3}, \dfrac{2}{4}, \dfrac{3}{5}, \dfrac{4}{6}, \cdots$ 的极限是_____.

　　A. 1；　　　　　　　B. -1；　　　　　　C. ∞；　　　　　(D)不存在但非 ∞.

(5)函数 $\ln x(x \to 0^+)$ 与函数 $\dfrac{\sin x}{1+\cos x}(x \to 0)$ 分别是_____.

　　A. 无穷大,无穷小；　　　　　　　　B. 无穷大,无穷大；

　　C. 无穷小,无穷小；　　　　　　　　D. 无穷小,无穷大.

3.用自己的语言解释等式 $\lim\limits_{x \to 2} f(x) = 1$ 的含义.如果 $f(2) = 3$,那么这个论断成立吗？请解释.

4.计算下列函数极限.

(1) $\lim\limits_{n \to \infty} 2^n \sin \dfrac{x}{2^{n-1}}$；

(2) $\lim\limits_{x \to 0} \dfrac{\cos x - \cot x}{x}$；

(3) $\lim\limits_{x \to \infty} x(e^{\frac{1}{x}}-1)$；

(4) $\lim\limits_{x \to \infty} \left(\dfrac{2x+1}{2x-1}\right)^{3x}$；

(5) $\lim\limits_{t \to 9} \dfrac{9-t}{3-\sqrt{t}}$；

(6) $\lim\limits_{h \to 0} \dfrac{\sqrt{1+h}-1}{h}$；

(7) $\lim\limits_{x \to \frac{\pi}{4}} \dfrac{8\cos^2 x - 2\cos x - 1}{2\cos^2 x + \cos x - 1}$；

(8) $\lim\limits_{x \to 0} \dfrac{\sqrt{1+x\sin x}-\sqrt{\cos x}}{x\tan x}$；

(9) $\lim\limits_{n \to \infty}\left[\dfrac{1}{1 \times 2} + \dfrac{1}{2 \times 3} + \cdots + \dfrac{1}{n(n+1)}\right]$；

(10) $\lim\limits_{n \to \infty} n[\ln(n-1) - \ln n]$；

(11) $\lim\limits_{x \to +\infty} \dfrac{9-x}{x^2+3x+1}$；

(12) $\lim\limits_{x \to +\infty} \dfrac{9x-x^2}{x^2+3x+1}$；

(13) $\lim\limits_{x \to +\infty}(x - \sqrt{x})$；

(14) $\lim\limits_{x \to -\infty}(x^4 - x^5)$；

(15) $\lim\limits_{x \to 0} \dfrac{\sqrt{1+x^2}-1}{x}$；

(16) $\lim\limits_{x \to 0}(1+\sin x)^x$；

(17) $\lim\limits_{x \to 0} \dfrac{(1-\cos x)\arcsin x}{x^3}$；

(18) $\lim\limits_{x \to 0} \ln \dfrac{\sin x}{x}$.

5. 试确定 a、b 的值,使 $\lim\limits_{x \to \infty}\left(\dfrac{x^2+1}{x+1}ax-b\right)=\dfrac{1}{2}$.

6. 求极限:$\lim\limits_{n \to \infty}\dfrac{1+\dfrac{1}{2}+\dfrac{1}{3}+\cdots+\dfrac{1}{n}+\dfrac{1}{n+1}}{1+\dfrac{1}{2}+\dfrac{1}{3}+\cdots+\dfrac{1}{n}}$.

7. 如果函数 $f(x)=x^3-x^2+x$,证明存在一个数 c,使得 $f(c)=10$.

8. 若函数 $f(x)$ 在闭区间 $[a,b]$ 上连续,且 $f(a)<a,f(b)>b$. 证明:至少有一点 $\xi \in (a,b)$,使得 $f(\xi)=\xi$.

9. 当邮件的重量不超过 $100\,\text{g}$ 时,不足 $20\,\text{g}$ 付邮资 0.8 元,超过 $20\,\text{g}$ 而不超过 $40\,\text{g}$ 时付邮资 1.6 元,依此类推. 每增加 $20\,\text{g}$ 需增加邮费 0.8 元,不足 $20\,\text{g}$ 计为 $20\,\text{g}$. 当邮件重量超过 $100\,\text{g}$ 时,超过的部分按 $100\,\text{g}$ 付邮资 2 元计算,不足 $100\,\text{g}$ 计为 $100\,\text{g}$. 若有一份邮件重量不超过 $200\,\text{g}$,求其邮费 y(单位:元)与重量 x(单位:g)之间的函数关系式,并考察所构造的函数在点 $x=20$ 和 $x=100$ 处是否有极限,是否连续.

扫一扫,获取参考答案

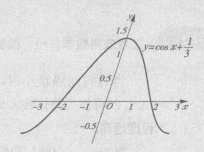

第3章 导数与微分

在很多实际问题中,需要掌握因变量随着自变量变化快慢的程度问题,即函数在某一点处的瞬时变化率问题,这就是本章要介绍的导数(微商)知识.本章采用极限的方法来研究函数的变化率,由此给出导数和微分的概念,重点介绍导数的基本公式和计算方法.

§3.1 导数的概念

3.1.1 引例

例 3.1.1 求非匀速直线运动物体的瞬时速度.

设物体在 $[0,t]$ 这段时间内经过的路程为 s,显然 s 为 t 的函数,记为 $s = f(t)$. 接下来讨论物体在 t_0 时刻的瞬时速度 $v(t_0)$, $t_0 \in [0,t]$.

首先,取从时刻 t_0 到 t 这样一个时间间隔. 这段时间内物体运动的路程为

$$\Delta s = f(t) - f(t_0), \qquad (3.1.1)$$

这段时间内的平均速度为

$$\bar{v} = \frac{f(t) - f(t_0)}{t - t_0}. \qquad (3.1.2)$$

当时间间隔很小时,该物体的运动状态来不及发生大的变化.因此式 (3.1.2)可作为物体在 t_0 时刻速度的近似值.时间间隔越小,这个近似的精确程度越高.

当 $t-t_0 \to 0$ 时,我们把平均速度 $\bar{v}$ 的极限称为物体在 t_0 时刻的瞬时速度,即

$$v(t_0) = \lim_{t \to t_0} \frac{f(t) - f(t_0)}{t - t_0}. \tag{3.1.3}$$

 3.1.2 求曲线上某点处切线的斜率.

首先,我们看如何作出曲线上某点的切线.

设曲线 C 及 C 上一点 M_0 ,作出 C 在 M_0 处切线的过程如下:

在点 M_0 外取 C 上一点 M ,作割线 $M_0 M$. 当点 M 沿曲线 C 趋向于点 M_0 时,割线 $M_0 M$ 绕点 M_0 旋转,趋于一个极限位置 $M_0 T$,直线 $M_0 T$ 即曲线 C 在点 M_0 处的切线.

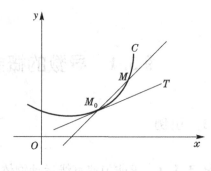

图 3.1.1

现就图 3.1.1 讨论曲线 C (C 对应函数 $y=f(x)$)上点 $M_0(x_0, y_0)$ 处切线的斜率.在 C 上另取一点 $M(x, y)$.

根据上述叙述过程可知, M_0 处的切线 $M_0 T$ 为割线 $M_0 M$ 绕点 M_0 旋转的极限位置,而

$$k_{M_0 M} = \frac{f(x) - f(x_0)}{x - x_0}.$$

当点 M 沿曲线 C 趋向于点 M_0 时, $x \to x_0$.此时,若上式极限存在,此极限(设为 k)就是 M_0 点处切线的斜率 $k_{M_0 T}$,即

$$k_{M_0 T} = k = \lim_{x \to x_0} \frac{f(x) - f(x_0)}{x - x_0}. \tag{3.1.4}$$

以上两个不同邻域的问题在最终解决时得到了一个相同的数学结构:

$$v(t_0) = \lim_{t \to t_0} \frac{f(t) - f(t_0)}{t - t_0},$$

$$k_{M_0 T} = k = \lim_{x \to x_0} \frac{f(x) - f(x_0)}{x - x_0}.$$

这里,$\dfrac{f(t) - f(t_0)}{t - t_0}$,$\dfrac{f(x) - f(x_0)}{x - x_0}$ 为函数的平均变化率,式(3.1.3),式(3.1.4)为平均变化率的极限.

3.1.2　导数的定义

解决上面所讨论问题的数学方法可归结为:当自变量的改变量趋向于零时,求函数的改变量与自变量的改变量之比的极限. 物理、化学等学科中不难找到类似的问题. 我们用数学语言归纳出其本质,便可就得到函数的导数的定义.

1. 某一点处的导数 $f'(x_0)$

定义 3.1.1　设函数 $y = f(x)$ 在 x_0 及其附近有定义. 当自变量 x 在 x_0 处有改变量 Δx（$\Delta x \neq 0$）时,相应的函数 y 有改变量 $\Delta y = f(x_0 + \Delta x) - f(x_0)$. 若函数的改变量与自变量的改变量之比的极限 $\lim\limits_{\Delta x \to 0} \dfrac{\Delta y}{\Delta x}$ 存在,则称函数 $y = f(x)$ 在点 x_0 处**可导**,并称这个极限值为函数 $y = f(x)$ 在点 x_0 处的**导数**,记为 $f'(x_0)$、$y'\big|_{x = x_0}$、$\dfrac{\mathrm{d}y}{\mathrm{d}x}\Big|_{x = x_0}$ 或 $\dfrac{\mathrm{d}f(x)}{\mathrm{d}x}\Big|_{x = x_0}$,即 $f'(x_0) = \lim\limits_{\Delta x \to 0} \dfrac{\Delta y}{\Delta x} = \lim\limits_{\Delta x \to 0} \dfrac{f(x_0 + \Delta x) - f(x_0)}{\Delta x}$.

若极限 $\lim\limits_{\Delta x \to 0} \dfrac{\Delta y}{\Delta x}$ 不存在,则称函数 $y = f(x)$ 在点 x_0 处没有导数或不可导.

由此,例 3.1.1 中瞬时速度 $v(t_0) = s'(t_0)$;例 3.1.2 中 M 点的切线斜率 $k = f'(x_0)$.

注意: 导数的定义可取不同的形式,但其本质都是对应的增量比的极限 $\lim\limits_{\Delta x \to 0} \dfrac{\Delta y}{\Delta x}$.

可设 $x = x_0 + \Delta x$,且当 $\Delta x \to 0$ 时,有 $x \to x_0$,则函数 $y = f(x)$ 在点 x_0 处的导数可记为 $f'(x_0) = \lim\limits_{x \to x_0} \dfrac{f(x) - f(x_0)}{x - x_0}$.

根据导数的定义,求函数 $y = f(x)$ 在点 x_0 处的导数的步骤如下:

第一步,求函数的改变量 $\Delta y = f(x_0 + \Delta x) - f(x_0)$;

第二步,求比值 $\dfrac{\Delta y}{\Delta x} = \dfrac{f(x_0 + \Delta x) - f(x_0)}{\Delta x}$;

第三步,求极限 $f'(x_0) = \lim\limits_{\Delta x \to 0} \dfrac{f(x_0 + \Delta x) - f(x_0)}{\Delta x}$.

例 3.1.3 求 $y = x^2 + 1$ 在 $x_0 = 1$ 处的导数.

解 由定义 3.1.1 知,先给 x_0 一个增量 $\Delta x \to 0$,求出对应的函数值的增量:

$$\Delta y = f(x_0 + \Delta x) - f(x_0) = (x_0 + \Delta x)^2 - x_0^2 = 2x_0 \Delta x + (\Delta x)^2.$$

再求出对应增量比的极限:

$$\lim_{\Delta x \to 0} \frac{\Delta y}{\Delta x} = \lim_{\Delta x \to 0} \frac{f(x_0 + \Delta x) - f(x_0)}{\Delta x} = \lim_{\Delta x \to 0}(2x_0 + \Delta x) = 2x_0 = 2.$$

以上是函数在某一点处的导数,接下来介绍导函数的概念.

2. 导函数的概念

定义 3.1.2 如果函数 $y = f(x)$ 在 (a,b) 内处处可导,就称函数 $f(x)$ 在 (a,b) 内可导.此时对任意 $x \in (a,b)$,都对应着一个确定的导数值.如此就构造了一个新的函数,这个函数称为函数 $y = f(x)$ 的**导函数**,记为 y',$f'(x)$,$\dfrac{\mathrm{d}y}{\mathrm{d}x}$ 或 $\dfrac{\mathrm{d}f(x)}{\mathrm{d}x}$.

将定义 3.1.1 中 x_0 换成 x 即得到**导函数的定义形式**,即

$$f'(x) = \lim_{\Delta x \to 0} \frac{\Delta y}{\Delta x} = \lim_{\Delta x \to 0} \frac{f(x + \Delta x) - f(x)}{\Delta x}.$$

在不致混淆的情况下,导函数也简称为导数.

注意:(1) $f'(x)$ 是 x 的函数,而 $f'(x_0)$ 是一个数值;

(2) $f(x)$ 在点 x_0 处的导数 $f'(x_0)$ 就是导函数 $f'(x)$ 在点 x_0 处的函数值;

(3)如果函数 $y = f(x)$ 在 $[a,b]$ 内处处可导,则可以进一步研究端点 a 和 b 的情况,我们可以定义 $f'_+(a) = \lim\limits_{\Delta x \to 0^+} \dfrac{f(a + \Delta x) - f(a)}{\Delta x}$ (右导数),

$f'_-(b) = \lim\limits_{\Delta x \to 0^-} \dfrac{f(b + \Delta x) - f(b)}{\Delta x}$ (左导数).

例 **3. 1. 4** 用导数的定义求函数 $y = \sin x$ 的导数.

解 由定义式 $f'(x) = \lim\limits_{\Delta x \to 0} \dfrac{\Delta y}{\Delta x}$,可直接求函数 $y = \sin x$ 的导数.

第一步,设自变量的改变量 Δx,求出对应的函数值的改变量 Δy,即

$$\Delta y = \sin(x + \Delta x) - \sin x.$$

第二步,求出对应的增量比的极限,即

$$f'(x) = \lim_{\Delta x \to 0} \frac{\Delta y}{\Delta x} = \lim_{\Delta x \to 0} \frac{\sin(x + \Delta x) - \sin x}{\Delta x}$$

$$= \lim_{\Delta x \to 0} \frac{2\cos(x + \dfrac{\Delta x}{2})\sin \dfrac{\Delta x}{2}}{\Delta x} = \cos x.$$

思考题: $f'(x_0) = \left[f(x_0)\right]'$ 是否正确?

3.1.3 导数的几何意义

如图 3.1.2 所示,设曲线的方程为 $y = f(x)$,讨论 $\lim\limits_{\Delta x \to 0} \dfrac{f(x + \Delta x) - f(x)}{\Delta x}$

在 $x = x_0$ 处的几何意义.

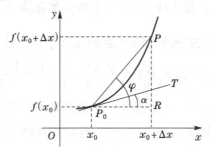

图 3.1.2

设 $P_0(x_0, y_0)$ 和 $P(x_0 + \Delta x, y_0 + \Delta y)$ 为曲线 $y = f(x)$ 上的两个点,连接 P_0 与 P 得割线 P_0P. 设其倾斜角为 φ,则割线的斜率为

$$\tan \varphi = \frac{PR}{P_0R} = \frac{f(x_0 + \Delta x) - f(x_0)}{\Delta x} \left(\varphi \neq \frac{\pi}{2}\right).$$

当 $\Delta x \to 0$ 时,点 P 沿曲线无限趋向于点 P_0,则割线 P_0P 无限的趋向于切线 P_0T. 设切线 P_0T 的倾斜角为 α,则切线 P_0T 的斜率为

$$k = \lim_{\varphi \to \alpha} \tan \varphi = \lim_{\Delta x \to 0} \frac{f(x_0 + \Delta x) - f(x_0)}{\Delta x} = f'(x_0) \left(\alpha \neq \frac{\pi}{2}\right).$$

从而得到导数的几何意义：在几何上，$f'(x_0)$ 表示曲线 $y = f(x)$ 在点 $P_0(x_0,y_0)$ 处切线的斜率，即

$$k = \tan\alpha = f'(x_0)\ (\alpha \neq \frac{\pi}{2}).$$

由导数的几何意义及直线的点斜式方程可知，曲线 $y = f(x)$ 在点 $P_0(x_0,y_0)$ 处的切线方程为

$$y - y_0 = f'(x_0)(x - x_0),$$

法线的方程为

$$y - y_0 = -\frac{1}{f'(x_0)}(x - x_0).$$

例 3.1.5 求曲线 $y = x^3$ 在点 $(1,1)$ 处的切线方程和法线方程.

解 由导数的几何意义知，$k = (x^3)'\big|_{x=1} = 3x^2\big|_{x=1} = 3$.

所以，曲线在点 $(1,1)$ 处的切线方程为 $y - 1 = 3(x-1)$，即 $3x - y - 2 = 0$；法线方程为 $y - 1 = -\frac{1}{3}(x-1)$，即 $x + 3y - 4 = 0$.

例 3.1.6 在抛物线 $y = x^2$ 上取横坐标为 $x_1 = 1, x_2 = 3$ 的两点，过这两点作割线，问该抛物线上哪一点的切线平行于这条割线？

解 $y' = 2x$，割线斜率为 $k = \dfrac{y(3) - y(1)}{3 - 1} = \dfrac{9 - 1}{2} = 4$，令 $2x = 4$ 得 $x = 2$. 因此，抛物线 $y = x^2$ 上点 $(2,4)$ 处的切线平行于这条割线.

思考题：证明双曲线 $xy = a^2$ 上任一点处的切线与两坐标轴构成的三角形的面积都等于 $2a^2$.

3.1.4　可导与连续

设函数 $f(x)$ 在点 x 处可导，即 $\lim\limits_{\Delta x \to 0}\dfrac{\Delta y}{\Delta x}$ 存在，由 $f'(x) = \lim\limits_{\Delta x \to 0}\dfrac{\Delta y}{\Delta x} \Rightarrow \lim\limits_{\Delta x \to 0}\Delta y = \lim\limits_{\Delta x \to 0}\dfrac{\Delta y}{\Delta x} \cdot \Delta x = \lim\limits_{\Delta x \to 0}\dfrac{\Delta y}{\Delta x} \cdot \lim\limits_{\Delta x \to 0}\Delta x = f'(x) \cdot 0 = 0$，即当 $\Delta x \to 0$ 时，$\Delta y \to 0$，故函数 $f(x)$ 在点 x 处是连续的. 也就是说，若函数 $f(x)$ 在点 x 处可导，则在该点必定连续. 反之，函数在某点连续，却不一定在该点可导.

例如,$y=|x|$ 在 $x=0$ 处显然连续,但可以证明 $y=|x|$ 在 $x=0$ 处不可导,证明过程如下:

证明:由导数的定义式,可得 $\lim\limits_{\Delta x \to 0} \dfrac{f(0+\Delta x)-f(0)}{\Delta x} = \lim\limits_{\Delta x \to 0} \dfrac{|\Delta x|}{\Delta x}$. 当 $\Delta x > 0$ 时,$\lim\limits_{\Delta x \to 0} \dfrac{|\Delta x|}{\Delta x} = 1$;当 $\Delta x < 0$ 时,$\lim\limits_{\Delta x \to 0} \dfrac{|\Delta x|}{\Delta x} = -1$.

所以,$\Delta x \to 0$ 时,$\lim\limits_{\Delta x \to 0} \dfrac{|\Delta x|}{\Delta x}$ 不存在. 也就是说,函数 $y=|x|$ 在 $x=0$ 处不可导.

3.1.5　高阶导数

> **定义 3.1.3**　设函数 $y=f(x)$ 的导数 $f'(x)$ 存在,若 $f'(x)$ 的导数也存在,则称为 $y=f(x)$ 的二阶导数,记作 y'',$\dfrac{\mathrm{d}^2 y}{\mathrm{d}x^2}$,$f''(x)$ 或 $\dfrac{\mathrm{d}^2 f(x)}{\mathrm{d}x^2}$,即 $y'' = (y')' = \dfrac{\mathrm{d}}{\mathrm{d}x}\left(\dfrac{\mathrm{d}y}{\mathrm{d}x}\right) = \dfrac{\mathrm{d}^2 y}{\mathrm{d}x^2}$.

类似地,可以定义三阶导数,函数 $f(x)$ 二阶导数 $f''(x)$ 的导数称为 $y=f(x)$ 的三阶导数,记作 y''' 或 $f'''(x)$.

以此类推,$y=f(x)$ 的 $n-1$ 阶导数的导数,称作 $y=f(x)$ 的 n 阶导数,记作 $y^{(n)}$,$f^{(n)}(x)$,$\dfrac{\mathrm{d}^n y}{\mathrm{d}x^n}$ 或 $\dfrac{\mathrm{d}^n f(x)}{\mathrm{d}x^n}$.

二阶及二阶以上的导数统称为函数的**高阶导数**.

因此,函数 $y=f(x)$ 的 n 阶导数是由 $f(x)$ 连续依次地对 x 求 n 次导数得到的. 函数 $f(x)$ 的 n 阶导数在 x_0 处的导数值记作 $y^{(n)}(x_0)$,$f^{(n)}(x_0)$,$\dfrac{\mathrm{d}^n y}{\mathrm{d}x^n}\Big|_{x=x_0}$ 或 $\dfrac{\mathrm{d}^n f(x)}{\mathrm{d}x^n}\Big|_{x=x_0}$.

例 3.1.7　求函数 $y=\sin x$ 的 n 阶导数.

解　由三角函数的诱导公式 $\sin\left(x+\dfrac{\pi}{2}\right) = \cos x$,得到

$$y' = (\sin x)' = \cos x = \sin\left(x+\dfrac{\pi}{2}\right);$$

$$y'' = (\cos x)' = -\sin x = \sin(x + \frac{2\pi}{2});$$

$$y''' = (-\sin x)' = -\cos x = \sin(x + \frac{3\pi}{2});$$

$$y^{(4)} = (-\cos x)' = \sin x = \sin(x + \frac{4\pi}{2}).$$

一般地,有 $y^{(n)} = \sin^{(n)} x = \sin(x + \frac{n\pi}{2})$.

习题 3.1

1. 已知函数 $f(x)$ 在点 x_0 处可导,且 $f'(x_0) = A$,根据导数的定义求下列各极限.

(1) $\lim\limits_{x \to x_0} \dfrac{f(x) - f(x_0)}{x - x_0}$;

(2) $\lim\limits_{\Delta x \to 0} \dfrac{f(x_0 + 3\Delta x) - f(x_0)}{\Delta x}$;

(3) $\lim\limits_{\Delta x \to 0} \dfrac{f(x_0 + \Delta x) - f(x_0 - \Delta x)}{\Delta x}$;

(4) $\lim\limits_{h \to 0} \dfrac{f(x_0 - h) - f(x_0)}{h}$.

2. 设函数 $f(x) = x^2 - 1$.

(1) 当自变量 x 由 1 变为 1.1 时,求自变量的增量 Δx;

(2) 当自变量 x 由 1 变为 1.1 时,求函数的增量 Δy;

(3) 当自变量 x 由 1 变为 1.1 时,求函数的平均变化率;

(4) 求函数在 $x = 1$ 处的瞬间变化率.

3. 试根据导数的定义求导.

(1) $y = 3x + 2$;

(2) $y = \ln x$.

4. 设 $f(x) = \cos x$,证明 $f'(x) = -\sin x$,并求 $f'\left(\dfrac{\pi}{4}\right)$, $f'\left(\dfrac{\pi}{3}\right)$.

5. 讨论函数 $f(x) = \begin{cases} x\sin \dfrac{1}{x}, & x \neq 0, \\ 0, & x = 0 \end{cases}$ 在 $x = 0$ 处的连续性和可导性.

§3.2　导数的运算

在 §3.1 中,我们介绍了用定义求函数的导数的方法,但是计算显然非常麻烦.本节将介绍导数的四则运算和复合函数的运算法则,利用这些运算知识,就可以解决一般的初等函数求导问题.

3.2.1　导数的四则运算法则

> **定理 3.2.1**　设函数 $u(x)$、$v(x)$ 是可导函数,则:
>
> (1) $\left[u(x) \pm v(x)\right]' = u'(x) \pm v'(x)$;
>
> (2) $\left[u(x)v(x)\right]' = u'(x)v(x) + u(x)v'(x)$;
>
> (3) $\left[\dfrac{u(x)}{v(x)}\right]' = \dfrac{u'(x)v(x) - u(x)v'(x)}{v^2(x)}$ ($v(x) \neq 0$).

以上三个结论均可以用导数的定义式来证明,这里只证明结论(2),其他两个可以按类似方法证明.

令 $y = u(x)v(x)$,则有

$$\Delta y = u(x + \Delta x)v(x + \Delta x) - u(x)v(x)$$

$$= u(x + \Delta x)v(x + \Delta x) - u(x + \Delta x)v(x) + u(x + \Delta x)v(x) - u(x)v(x)$$

$$= u(x + \Delta x)\left[v(x + \Delta x) - v(x)\right] + v(x)\left[u(x + \Delta x) - u(x)\right],$$

$$\lim_{\Delta x \to 0} \frac{\Delta y}{\Delta x} = \lim_{\Delta x \to 0} \frac{v(x + \Delta x) - v(x)}{\Delta x} \cdot u(x + \Delta x) + \lim_{\Delta x \to 0} \frac{u(x + \Delta x) - u(x)}{\Delta x} \cdot v(x)$$

$$= u(x)v'(x) + u'(x)v(x)$$

注意: ①定理 3.2.1 中公式(1)(2)均可以推广到有限多个函数的情况,即设 $u_1, u_2, \cdots, u_n$ 均为可导函数,则有

$$(u_1 \pm u_2 \pm \cdots \pm u_n)' = u_1' \pm u_2' \pm \cdots \pm u_n';$$

$$(u_1 u_2 \cdots u_n)' = u_1' \cdot u_2 \cdot \cdots u_n + u_1 \cdot u_2' \cdot \cdots \cdot u_n + \cdots + u_1 \cdot u_2 \cdot \cdots \cdot u_n'.$$

② $\left[Cu(x)\right]' = Cu'(x)$,$C$ 是常数.

例 3.2.1　求下列函数的导数 y'.

(1) $y = 3x^2 - 5\ln x + \sin 7 - e^3$;　　　(2) $f(x) = \dfrac{(x^2 - 1)^2}{x^2}$;

(3) $y = e^x \sin x$;　　　　　　　　　　(4) $y = \tan x$.

解　(1) $y' = (3x^2)' - (5\ln x)' + (\sin 7)' - (e^3)' = 6x - \dfrac{5}{x}$;

(2)因为 $f(x) = \dfrac{x^4 - 2x^2 + 1}{x^2} = x^2 - 2 + \dfrac{1}{x^2}$,所以 $f'(x) = 2x - \dfrac{2}{x^3}$;

(3) $y' = (e^x \sin x)' = (e^x)' \sin x + e^x (\sin x)' = e^x \sin x + e^x \cos x$;

(4) $y' = (\tan x)' = \left(\dfrac{\sin x}{\cos x}\right)' = \dfrac{(\sin x)' \cos x - \sin x \, (\cos x)'}{\cos^2 x}$

$\qquad = \dfrac{\cos^2 x + \sin^2 x}{\cos^2 x} = \dfrac{1}{\cos^2 x} = \sec^2 x.$

类似地，$(\cot x)' = -\dfrac{1}{\sin^2 x} = -\csc^2 x.$

我们观察(1)，其中像 $\sin 7$ 这类常数具有迷惑性，因此在求导的过程中要特别引起注意.(2)中求导是对函数先做恒等变换，然后再使用和差的求导法则.这是因为，乘积和商的求导法则比和差的求导法则复杂.因此，我们在求导的时候，优先考虑使用和差的求导法则.

例 3.2.2 设 $f(x) = \dfrac{\arctan x}{1 + \sin x}$，求 $f'(x)$.

解　$f'(x) = \dfrac{(\arctan x)' \cdot (1 + \sin x) - \arctan x \cdot (1 + \sin x)'}{(1 + \sin x)^2}$

$\qquad = \dfrac{\dfrac{1}{1 + x^2}(1 + \sin x) - \arctan x \cdot \cos x}{(1 + \sin x)^2}$

$\qquad = \dfrac{(1 + \sin x) - (1 + x^2) \cdot \arctan x \cdot \cos x}{(1 + x^2) \cdot (1 + \sin x)^2}.$

3.2.2　复合函数的求导法则

为进一步扩充可以求导的函数范围，以下介绍复合函数的求导法则.

> **定理 3.2.2(复合函数的求导链式法则)**　若函数 $u = \varphi(x)$ 在点 x 处可导，函数 $y = f(u)$ 在对应点 $u = \varphi(x)$ 处也可导，则复合函数 $y = f[\varphi(x)]$ 在点 x 处可导，且有 $\dfrac{dy}{dx} = \dfrac{dy}{du} \cdot \dfrac{du}{dx}$，或 $f'[\varphi(x)] = f'(u)\varphi'(x)$，或 $y' = y'_u \cdot u'_x$.

复合函数的求导法则也称为**链式法则**，这种求导法则实际上是函数关于中间变量的导数乘以中间变量关于自变量的导数.该法则可以推广到有限多个中间变量的情况.我们以两个中间变量为例，设 $y = f(u), u = h(v), v = \varphi(x)$ 都可导，则复合函数 $y = f(h(\varphi(x)))$ 的导数为 $\dfrac{dy}{dx} = \dfrac{dy}{du} \cdot \dfrac{du}{dv} \cdot \dfrac{dv}{dx}.$

例 3.2.3 求下列函数的导数.

(1) $y = \ln(-x)(x < 0)$;　　(2) $y = e^{x^2}$;　　(3) $y = \dfrac{1}{\sqrt{5 - x^3}}$;

(4) $y = \cos^2\left(2x + \dfrac{\pi}{6}\right)$;　　　　(5) $y = e^{-x}\sin(1 + x^2)$.

解　(1) $y = \ln(-x)(x < 0)$ 可以看作由 $y = \ln u$ 和 $u = -x$ 复合而成的函数,因此

$$\frac{dy}{dx} = \frac{dy}{du} \cdot \frac{du}{dx} = (\ln u)' \cdot (-x)' = \frac{1}{u} \cdot (-1) = \frac{-1}{-x} = \frac{1}{x};$$

(2) $y = e^{x^2}$ 可以看作 $y = e^u, u = x^2$ 复合而成,因此

$$\frac{dy}{dx} = \frac{dy}{du} \cdot \frac{du}{dx} = (e^u)' \cdot (x^2)' = e^u \cdot 2x = 2x e^{x^2};$$

(3) $y' = \left(\dfrac{1}{\sqrt{5 - x^3}}\right)' = \left[(5 - x^3)^{-\frac{1}{2}}\right]' = -\dfrac{1}{2}(5 - x^3)^{-\frac{3}{2}} \cdot (5 - x^3)'$

$$= \frac{3}{2}x^2 (5 - x^3)^{-\frac{3}{2}};$$

(4) $y' = \left[\cos^2\left(2x + \dfrac{\pi}{6}\right)\right]' = 2\cos\left(2x + \dfrac{\pi}{6}\right) \cdot \left[\cos\left(2x + \dfrac{\pi}{6}\right)\right]'$

$$= 2\cos\left(2x + \frac{\pi}{6}\right) \cdot \left[-\sin\left(2x + \frac{\pi}{6}\right)\right] \cdot \left(2x + \frac{\pi}{6}\right)'$$

$$= -4\sin\left(2x + \frac{\pi}{6}\right)\cos\left(2x + \frac{\pi}{6}\right) = -2\sin\left(4x + \frac{\pi}{3}\right);$$

(5) $y' = (e^{-x})'\sin(1 + x^2) + e^{-x}[\sin(1 + x^2)]'$

$$= -e^{-x}\sin(1 + x^2) + e^{-x}\cos(1 + x^2) \cdot 2x$$

$$= -e^{-x}[\sin(1 + x^2) + 2x\cos(1 + x^2)].$$

思考题:设 $f(x)$ 可导,试求 $y = f(x^2), y = f(\sin^2 x) + f(\cos^2 x)$ 的导数 $\dfrac{dy}{dx}$.

3.2.3　隐函数的求导法则

变量 y 与 x 之间的对应关系通常表示为函数 $y = f(x)$,如 $y = \sin x$, $y = 2x - 3$ 等.实际上,这种对应关系可有不同的表达形式,如 $e^x y + \ln y - 1 = 0$, $x^2 + y^2 = a^2$ 等.

　　一般地,将变量 y 与 x 之间的对应关系表示为 $y = f(x)$ 的形式的函数称为**显函数**.

　　由含有 x、y 的方程 $F(x, y) = 0$ 确定的函数 y 称为**隐函数**.

　　很明显,有些隐函数并不是很容易转化为显函数的,那么其导数应该如何求解呢? 下面让我们通过例题来说明隐函数的求导方法.

例 3.2.4 求由方程 $x - y + \sin y = 0$ 所确定的隐函数 y 的导数 $\dfrac{\mathrm{d}y}{\mathrm{d}x}$.

　　解 在方程两边分别对 x 求导,注意求导时应将 y 看作 x 的函数. 因此,对 $\sin y$ 求导相当于对复合函数求导,可以得到 $1 - y' + \cos y \cdot y' = 0$.
解得 $\dfrac{\mathrm{d}y}{\mathrm{d}x} = \dfrac{1}{1 - \cos y}(1 - \cos y \neq 0)$.

例 3.2.5 求由方程 $xy - \mathrm{e}^x + \mathrm{e}^y = 0$ 所确定的隐函数 y 的导数 $\dfrac{\mathrm{d}y}{\mathrm{d}x}$, $\dfrac{\mathrm{d}y}{\mathrm{d}x}\big|_{x=0}$.

　　解 在方程两边分别对 x 求导. 因为 y 是 x 的函数,所以对 xy 求导相当于对两个 x 的函数相乘求导,对 e^y 求导相当于对 x 的复合函数求导,因此得到 $y + x\dfrac{\mathrm{d}y}{\mathrm{d}x} - \mathrm{e}^x + \mathrm{e}^y\dfrac{\mathrm{d}y}{\mathrm{d}x} = 0$, 解得 $\dfrac{\mathrm{d}y}{\mathrm{d}x} = \dfrac{\mathrm{e}^x - y}{x + \mathrm{e}^y}$.

　　由原方程知 $x = 0$, $y = 0$, 所以 $\dfrac{\mathrm{d}y}{\mathrm{d}x}\big|_{x=0} = \dfrac{\mathrm{e}^x - y}{x + \mathrm{e}^y} = 1$.

　　已知 $F(x, y) = 0$, 求 $\dfrac{\mathrm{d}y}{\mathrm{d}x}$ 时,一般按下列步骤进行求解:

　　第一步,若方程 $F(x, y) = 0$ 能显化为 $y = f(x)$ 的形式,则用前面我们所学的方法进行求导;

　　第二步,若方程 $F(x, y) = 0$ 不易显化或不能显化为 $y = f(x)$ 的形式,则把 y 看成 x 的函数 $y = f(x)$, 在方程两边对 x 进行求导,并用复合函数求导法则进行求导.

　　有些类型的显函数利用直接求导方法很难求出 $\dfrac{\mathrm{d}y}{\mathrm{d}x}$. 可以考虑在方程两边取对数,然后利用隐函数的求导方法求出导数.

例 **3.2.6** 设 $y = x^{\sin x}(x > 0)$,求 y'.

解 等式两边取对数得 $\ln y = \sin x \cdot \ln x$. 上式两边对 x 求导得

$$\frac{1}{y}y' = \cos x \cdot \ln x + \sin x \cdot \frac{1}{x}.$$

$\therefore y' = y(\cos x \cdot \ln x + \sin x \cdot \frac{1}{x}) = x^{\sin x}(\cos x \cdot \ln x + \frac{\sin x}{x}).$

一般地,对函数 $f(x) = u(x)^{v(x)}(u(x) > 0)$,

$\because \ln f(x) = v(x) \cdot \ln u(x)$, 又 $\because \frac{d}{dx}\ln f(x) = \frac{1}{f(x)} \cdot \frac{d}{dx}f(x)$,

$\therefore f'(x) = f(x) \cdot \frac{d}{dx}\ln f(x)$,

$\therefore f'(x) = u(x)^{v(x)}\left[v'(x) \cdot \ln u(x) + \frac{v(x)u'(x)}{u(x)}\right].$

多个函数相乘的情形也可按类似的方法求导.

3.2.4 参数方程的求导法则

若参数方程

$$\begin{cases} x = \varphi(t), \\ y = \psi(t) \end{cases} \tag{3.2.1}$$

确定了 y 和 x 之间的函数关系,则称此函数为由参数方程(3.2.1)所确定的函数.

实际问题中,经常需要计算由参数方程确定的函数的导数. 如果参数 t 很容易消去,那就可以根据前面的求导规则求导. 例如,$\begin{cases} x = t, \\ y = t^2 \end{cases}$ 消去参数 t,得 $y = x^2$,所以 $y' = 2x$.

但是,当参数 t 难以消去或无法消去时,我们就希望有一种直接由参数方程求出它所确定的函数的导数的方法.

> **定理 3.2.3** 设函数 $x = \varphi(t)$,$y = \psi(t)$ 均可导,且 $\varphi'(t) \neq 0$,
> 则 $\dfrac{dy}{dx} = \dfrac{\psi'(t)}{\varphi'(t)}$.

证明:由于 $\varphi'(t) \neq 0$,因此 $\varphi'(t) > 0$ 或 $\varphi'(t) < 0$. 故可以进一步设函数 $x = \varphi(t)$ 具有单调连续的反函数 $t = \varphi^{-1}(x)$,从而有 $y = \psi[\varphi^{-1}(x)]$.

由复合函数的求导法则得 $\dfrac{\mathrm{d}y}{\mathrm{d}x} = \dfrac{\mathrm{d}y}{\mathrm{d}t} \cdot \dfrac{\mathrm{d}t}{\mathrm{d}x}$.

对函数 $x = \varphi(t)$，按隐函数的求导法则，等式两边同时对 x 求导，有

$$1 = \varphi'(t) \cdot \frac{\mathrm{d}t}{\mathrm{d}x}. \tag{3.2.2}$$

解得

$$\frac{\mathrm{d}t}{\mathrm{d}x} = \frac{1}{\varphi'(t)}. \tag{3.2.3}$$

将式(3.2.3)代入式(3.2.2)得

$$\frac{\mathrm{d}y}{\mathrm{d}x} = \frac{\mathrm{d}y}{\mathrm{d}t} \cdot \frac{\mathrm{d}t}{\mathrm{d}x} = \frac{\psi'(t)}{\varphi'(t)}.$$

例 3.2.7 已知椭圆的参数方程为 $\begin{cases} x = a\cos t, \\ y = b\sin t, \end{cases}$ 求椭圆在 $t = \dfrac{\pi}{4}$ 相应点处的切线方程.

解 $t = \dfrac{\pi}{4}$ 的相应点 M 的坐标为 $x_0 = a\cos\dfrac{\pi}{4} = \dfrac{\sqrt{2}}{2}a, y_0 = b\sin\dfrac{\pi}{4} = \dfrac{\sqrt{2}}{2}b$.

M 点的切线斜率为 $\dfrac{\mathrm{d}y}{\mathrm{d}x}\Big|_{t=\frac{\pi}{4}} = \dfrac{\dfrac{\mathrm{d}y}{\mathrm{d}t}}{\dfrac{\mathrm{d}x}{\mathrm{d}t}}\Bigg|_{t=\frac{\pi}{4}} = \dfrac{b\cos t}{-a\sin t}\Big|_{t=\frac{\pi}{4}} = -\dfrac{b}{a}$.

所以，椭圆在 $t = \dfrac{\pi}{4}$ 处的切线方程为 $y - \dfrac{\sqrt{2}}{2}b = -\dfrac{b}{a}\left(x - \dfrac{\sqrt{2}}{2}a\right)$，化简得 $bx + ay - \sqrt{2}ab = 0$.

3.2.5 导数的基本公式

为了方便我们后面的导数计算，下面给出了一些常用的基本初等函数的导数公式：

(1) $C' = 0$；　　　　　　　　　　(2) $(x^a)' = \alpha x^{\alpha-1}$（$\alpha$ 为任意实数）；

(3) $(a^x)' = a^x\ln a$；　　　　　　(4) $(\mathrm{e}^x)' = \mathrm{e}^x$；

(5) $(\log_a x)' = \dfrac{1}{x\ln a}$；　　　　(6) $(\ln x)' = \dfrac{1}{x}$；

(7) $(\sin x)' = \cos x$；　　　　　　(8) $(\cos x)' = -\sin x$；

(9) $(\tan x)' = \sec^2 x$；　　　　　(10) $(\cot x)' = -\csc^2 x$；

(11) $(\sec x)' = \sec x\tan x$；　　　(12) $(\csc x)' = -\csc x\cot x$；

$(13)\ (\arcsin x)' = \dfrac{1}{\sqrt{1-x^2}};$　　　$(14)\ (\arccos x)' = \dfrac{-1}{\sqrt{1-x^2}};$

$(15)\ (\arctan x)' = \dfrac{1}{1+x^2};$　　　$(16)\ (\text{arccot}\ x)' = \dfrac{-1}{1+x^2}.$

习题 3.2

1. 求下列函数的导数.

$(1)\ y = 2x^5 - \dfrac{1}{x} + \arcsin x;$　　　$(2)\ y = \dfrac{\sqrt[5]{x^2}}{x^3};$

$(3)\ y = x^2(2 + \sqrt{x});$　　　$(4)\ y = \dfrac{x^4 + \sqrt{x} + 1}{x^2};$

$(5)\ y = x^3 \tan x + \ln 3;$　　　$(6)\ y = x^2 \sin x;$

$(7)\ y = \dfrac{2x}{1-x^3};$　　　$(8)\ y = \dfrac{3}{x + \sin x};$

$(9)\ y = e^x(3x^5 + x - 5);$　　　$(10)\ y = x\sqrt{1+x^3};$

$(11)\ y = \dfrac{1}{\sqrt{2x+1}};$　　　$(12)\ y = \tan(2x^3 - 1);$

$(13)\ y = x^5 + 5^x;$　　　$(14)\ y = \dfrac{\cos x}{x};$

$(15)\ y = \dfrac{e^x}{1+x};$　　　$(16)\ y = 3\tan x + 2^x + 1;$

$(17)\ y = \ln \cos x;$　　　$(18)\ y = e^{\arcsin x} + \sin 2x;$

$(19)\ y = \ln \sqrt{1+x^2};$　　　$(20)\ y = 2^{\sin x};$

$(21)\ y = \ln[\ln(\ln x)];$　　　$(22)\ y = \cos 3x + \tan^2 x.$

2. 求下列方程所确定的隐函数 y 的导数.

$(1)\ x^3 + y^3 + 3xy = 1;$　　　$(2)\ \arctan(xy) + \sin(x - y) = 2y;$

$(3)\ xy + \ln y = 1;$　　　$(4)\ e^{x+y} - 2x^2 y = e.$

3. 求下列参数方程所确定的导数 $\dfrac{dy}{dx}$.

$(1)\ \begin{cases} x = 2\cos t, \\ y = 3\sin t; \end{cases}$　　　$(2)\ \begin{cases} x = \dfrac{t^2}{3}, \\ y = 1 - t; \end{cases}$

$(3)\ \begin{cases} x = a(t - \sin t), \\ y = a(1 - \cos 2t); \end{cases}$　　　$(4)\ \begin{cases} x = t^2 + 1, \\ y = e^{-t}. \end{cases}$

§3.3 函数的微分

3.3.1 微分的概念

在实际问题中,经常需要计算自变量变化很小时,函数值的相应的改变量.对很多函数来说,直接计算是有难度的,如 $y = \sin x, x_0 = 30°$, $\Delta x = 1° = \dfrac{\pi}{180}, \sin 31° - \sin 30° = ?$

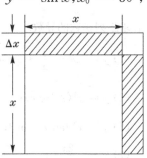

对可导函数,我们可以找到一个简单的近似计算公式.下面以一个具体的问题来分析.

假设正方形金属薄片受热后边长由 x_0 变成 $x_0 + \Delta x$,如图 3.3.1 所示,问金属薄片面积的改变量是多少?

图 3.3.1

设金属薄片受热前的面积为 $S = x_0{}^2$.

受热后边长由 x_0 变成 $x_0 + \Delta x$,则面积的改变量为
$$\Delta S = (x_0 + \Delta x)^2 - x_0{}^2 = 2x_0\Delta x + (\Delta x)^2.$$

从上式中可见 ΔS 分成两部分,第一部分 $2x_0\Delta x$ 是 Δx 的线性部分,即图 3.3.1 中阴影部分的两个矩形的面积之和;而第二部分 $(\Delta x)^2$ 是关于 Δx 的高阶无穷小.当 Δx 很小时,$(\Delta x)^2$ 可以忽略不计,ΔS 可用 $2x_0\Delta x$ 近似,即 $\Delta S \approx 2x_0\Delta x$.

由于 $S'(x_0) = 2x_0$,所以上式可写成:$\Delta S \approx S'(x_0)\Delta x$.

在许多实际问题中,函数 $y = f(x)$ 的增量 $\Delta y = f(x_0 + \Delta x) - f(x_0)$ 可以表示为 Δx 的一个线性函数 $f'(x_0)\Delta x$ 与 Δx 的高阶无穷小之和. 一般地,我们可以给出如下定义:

> **定义 3.3.1** 设函数 $y = f(x)$ 在点 x_0 处可导,且当自变量 x 由 x_0 变为 $x_0 + \Delta x$ 时,相应的函数增量 $\Delta y = f(x_0 + \Delta x) - f(x_0) = f'(x_0)\Delta x + \alpha$(其中 α 为高阶无穷小量),我们把 Δy 的主要部分 $f'(x_0)\Delta x$ 称为函数 $y = f(x)$ 在点 x_0 的微分,记为 $\mathrm{d}y = f'(x_0)\Delta x$. 此时,称函数 $y = f(x)$ 在点 x_0 处是可微的.

函数 $y = f(x)$ 在某区间 I 内的任意一点 x 处的微分记为 $dy = f'(x)\Delta x$.

当 $y = x$ 时，$dy = dx = x'\Delta x = \Delta x$，即 $dx = \Delta x$. 所以，函数 $y = f(x)$ 的微分又可记为 $dy = f'(x)dx$.

由此，函数 $y = f(x)$ 的导数也可以看作函数的微分 dy 与自变量的微分 dx 之商，所以导数也称为微商，即 $\dfrac{dy}{dx} = f'(x)$.

以后我们把可导函数也称为可微函数，把函数在某点可导也称为在某点可微，即可导与可微是等价的. 因此，我们在求函数微分的时候，可以通过先求函数的导数，再通过 $dy = f'(x)dx$ 计算出微分.

例 3.3.1 求 $y = x^2 + 1$ 在 $x_0 = 1$ 处、$\Delta x = 0.01$ 时函数 y 的改变量 Δy 及微分 dy.

解 $\Delta y = (x_0 + \Delta x)^2 - x_0{}^2 = (1 + 0.01)^2 - 1^2 = 0.0201$，

而 $dy = (x^2 + 1)'\Delta x = 2x\Delta x$，则 $dy\Big|_{\substack{x_0 = 1 \\ \Delta x = 0.01}} = 2 \times 1 \times 0.01 = 0.02$.

由上面例子进行比较，可以看出 $\Delta y \approx dy$，这个近似公式就是用来计算 x_0 附近点 $x_0 + \Delta x$ 的函数值 $f(x_0 + \Delta x)$ 的.

例 3.3.2 设函数 $y = \sin x + \cos x$，求 dy.

解 $dy = (\sin x + \cos x)'dx = (\cos x - \sin x)dx$.

3.3.2　微分的几何意义

如图 3.3.2 所示，设曲线 $y = f(x)$ 上有两个点 $P_0(x_0, y_0)$ 与 $Q(x_0 + \Delta x, y_0 + \Delta y)$，$P_0 T$ 是点 P_0 切线，倾斜角为 α.

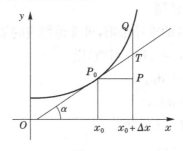

图 3.3.2

由图可知，$P_0P = \Delta x, PQ = \Delta y$，则在直角三角形 P_0PT 中，$PT = P_0P$ $\tan \alpha = P_0P f'(x_0) = f'(x_0)\Delta x$，即 $PT = \mathrm{d}y$.

函数 $y = f(x)$ 在点 x_0 处的微分 $\mathrm{d}y$ 在几何上等于曲线 $y = f(x)$ 在点 P_0 处切线的纵坐标对应于 Δx 的改变量.

显然，当 $|\Delta x| \to 0$ 时，$\Delta y = PQ$ 可以用 $PT = \mathrm{d}y$ 来近似，即 $\Delta y \approx \mathrm{d}y$，在点 (x_0, y_0) 附近可以用切线段 PT 近似代替曲线段 P_0Q. 这就是微积分常用的"以直代曲"思想.

3.3.3　微分的运算

1. 基本初等函数的微分公式

由基本初等函数的导数公式，可以直接写出基本初等函数的微分公式.

(1) $\mathrm{d}(C) = 0$（C 为常数）；

(2) $\mathrm{d}(x^{\alpha}) = \alpha x^{\alpha-1}\mathrm{d}x$（$\alpha$ 为常数）；

(3) $\mathrm{d}(a^x) = a^x \ln a \mathrm{d}x$（$a > 0, a \neq 1$）；

(4) $\mathrm{d}(\mathrm{e}^x) = \mathrm{e}^x \mathrm{d}x$；

(5) $\mathrm{d}(\log_a x) = \dfrac{1}{x \ln a}\mathrm{d}x$（$a > 0, a \neq 1$）；

(6) $\mathrm{d}(\ln x) = \dfrac{1}{x}\mathrm{d}x$；

(7) $\mathrm{d}(\sin x) = \cos x \mathrm{d}x$；

(8) $\mathrm{d}(\cos x) = -\sin x \mathrm{d}x$；

(9) $\mathrm{d}(\tan x) = \dfrac{\mathrm{d}x}{\cos^2 x}$；

(10) $\mathrm{d}(\cot x) = -\dfrac{\mathrm{d}x}{\sin^2 x}$.

2. 微分的四则运算法则

由函数和、差、积、商的求导法则，可推得相应的微分法则.

设函数 $u = u(x), v = v(x)$ 可微，则

(1) $\mathrm{d}(u \pm v) = \mathrm{d}u \pm \mathrm{d}v$；

(2) $\mathrm{d}(uv) = v\mathrm{d}u + u\mathrm{d}v$；

(3) $\mathrm{d}(Cu) = C\mathrm{d}u$（$C$ 为常数）；

(4) $\mathrm{d}\left(\dfrac{u}{v}\right) = \dfrac{v\mathrm{d}u - u\mathrm{d}v}{v^2}$（$v \neq 0$）.

3. 复合函数的微分法则

如果 u 是自变量，根据微分的定义，函数 $y = f(u)$ 的微分是 $\mathrm{d}y = f'(u)\mathrm{d}u$.

现设 $y = f(u)$，$u = \varphi(x)$ 且 $y = f(u)$ 和 $u = \varphi(x)$ 都可导，则复合函数 $y = f[\varphi(x)]$ 的微分为 $\mathrm{d}y = y'_x\mathrm{d}x = f'(u)\varphi'(x)\mathrm{d}x = f'(u)\mathrm{d}u$.

注意：最后的结果与 u 是自变量的形式相同，这说明对于函数 $y = f(u)$，不论 u 是自变量还是中间变量，y 的微分都有 $f'(u)\mathrm{d}u$ 的形式. 该性质称为**微分形式的不变性**.

例 3.3.3 设 $y = \ln(x^2 + 1)$，求 $\mathrm{d}y$.

解 把 $x^2 + 1$ 看作中间变量 u，则

$$\mathrm{d}y = \mathrm{d}(\ln u) = \frac{1}{u}\mathrm{d}u = \frac{1}{x^2+1}\mathrm{d}(x^2+1) = \frac{2x}{x^2+1}\mathrm{d}x$$

和求复合函数的导数一样，求复合函数的微分也可不写出中间变量.

例 3.3.4 设函数 $y = \mathrm{e}^{x^2} + \sin x$，求 $\mathrm{d}y$.

解 因为 $y' = (\mathrm{e}^{x^2} + \sin x)' = (\mathrm{e}^{x^2})' + (\sin x)' = 2x\mathrm{e}^{x^2} + \cos x$，
所以 $\mathrm{d}y = (2x\mathrm{e}^{x^2} + \cos x)\mathrm{d}x$.

3.3.4 微分在近似计算中的应用

在工程问题中，我们经常会遇到许多复杂的计算公式，如果直接利用公式计算非常麻烦，在精度要求不是很高的情况下，可以利用微分把一些计算复杂的公式改为简单的近似公式.

设函数 $y = f(x)$ 在 x_0 处的导数 $f'(x_0) \neq 0$，且由上述微分的几何意义知，当 $|\Delta x|$ 充分小时，有

$\Delta y \approx \mathrm{d}y$（$\Delta y = f(x_0 + \Delta x) - f(x_0)$，$\mathrm{d}y = f'(x_0)\Delta x$）；

$\Delta y \approx f'(x_0)\Delta x$；

$f(x_0 + \Delta x) \approx f(x_0) + f'(x_0)\Delta x$；

记 $x = x_0 + \Delta x$，即

$$f(x) \approx f(x_0) + f'(x_0)(x - x_0), x \in \overset{\circ}{U}(x_0).$$

说明只要 x 充分接近 x_0，函数 $f(x)$ 可用线性函数 $f(x_0) + f'(x_0)(x - x_0)$ 来替代，此即为"以直代曲"的思想.

当 $|x-x_0|$ 充分小时,在 $f(x) \approx f(x_0) + f'(x_0)(x-x_0)$ 中,取 $x_0 = 0$,可简化为

$$f(x) \approx f(0) + f'(0) \cdot x.$$

利用上式,可以得到**工程中常用的近似计算公式**.

当 $|x|$ 充分小时,有

(1) $\sqrt[n]{1+x} \approx 1 + \dfrac{x}{n}$;

(2) $\sin x \approx x$;

(3) $\tan x \approx x$;

(4) $\mathrm{e}^x \approx x$;

(5) $\ln(1+x) \approx x$.

例 3.3.5 求 $\sin 29°30'$ 的近似值.

解 设 $f(x) = \sin x, x = \dfrac{\pi}{6} - \dfrac{\pi}{360}, x_0 = \dfrac{\pi}{6}, \Delta x = -\dfrac{\pi}{360}$,

则有 $\sin 29°30' = f(x) \approx f(x_0) + f'(x_0) \cdot \Delta x$

$$= \sin\frac{\pi}{6} - \cos\frac{\pi}{6} \times \frac{\pi}{360} = \frac{1}{2} - \frac{\sqrt{3}}{2} \times \frac{\pi}{360} \approx 0.4924.$$

例 3.3.6 计算 $\sqrt[3]{1.09}$ 的近似值.

解 由近似公式 $\sqrt[n]{1+x} \approx 1 + \dfrac{x}{n}$ 知 $\sqrt[3]{1.09} \approx 1 + \dfrac{0.09}{3} = 1.03$

注意:近似计算的关键是选择点 x_0,其选取标准有两条:

(1) $f(x_0)$、$f'(x_0)$ 易于计算;

(2) $|\Delta x|$ 或 $|x-x_0|$ 尽可能地小.

习题 3.3

1.已知 $y = x^4 + x - 1$,在点 $x = 1$ 处分别计算当 $\Delta x = 1, 0.1, 0.001$ 时的 Δy 和 $\mathrm{d}y$.

2.在括号里填入适当的函数,使等式成立.

(1) $\mathrm{d}\big(\quad \big) = x\mathrm{d}x$;   (2) $\mathrm{d}\big(\quad \big) = 2\sec^2 x\mathrm{d}x$;

(3) d$\left(\quad\right)$ = sin $2t$dt;　　　　　(4) d$\left(\quad\right)$ = $\dfrac{1}{1+x}$dx;

(5) d$\left(\quad\right)$ = e^{-x}dx;　　　　　(6) d$\left(\quad\right)$ = $\dfrac{1}{\sqrt{x}}$dx.

3. 求下列表达式的近似值.

(1) cos30°30′;　　　　　(2) $\sqrt[4]{17}$.

相关阅读

"导数"蕴含的数学思想

　　所谓数学思想,是对数学知识的本质认识,是对数学规律的理性认识,是现实世界的空间形式和数量关系反映到人的意识之中,经过思维活动而产生的并在认识活动中被反复运用的带有普遍的指导意义的结果. 因此,数学思想是数学中的高度抽象、概括的内容,它蕴涵于运用数学方法分析、处理和解决数学问题的过程之中. 以"导数"部分为例,其蕴涵的数学思想主要有以下六种.

1. 极限思想

　　所谓极限的思想,是指用极限概念分析问题和解决问题的一种数学思想. 极限思想是微积分的基本思想,微积分中的一系列重要概念,如函数的连续性、导数以及定积分等都是借助于极限来定义的.

2. 数形结合思想

　　数形结合就是把代数和几何相结合,将抽象的数学语言与直观的图像结合起来,根据数学问题的条件和结论之间的内在联系,既分析其代数意义,又揭示其几何直观,使数量关系的精确刻画与空间形式的直观形象巧妙、和谐地结合在一起. 数形结合包含"以形助数"和"以数辅形"两个方面. 华罗庚先生说过:"数缺形时少直观,形少数时难入微,数形结合百般好,隔离分家万事休."导数的重要应用之一就在于研究函数的极值、最值、单调性等性质,这与函数图像是分不开的. 函数图像既是导数研究的对象之一,又为导数的研究结果提供了佐证和形象的解释.

3. 化归思想

　　化归,就是化未知为已知,化繁为简,化难为易. 化归是数学中用以解决问题的最基本的手段之一. 在解决问题时, 不是直接攻击问题, 而是对此问题进行变形、转换, 直至最终把它划归为某个(些)已解决的问题. 例如, 在求变速直线运动的即时速度时, 是没有既定公式求的, 为化难为易, 化繁为简, 化未知为已知, 先求一小段的平均速度, 然后以极限的思想, 求平均速度的极限, 从而解决问题. 化归为我们完整地呈现了解决数学问题的思路和程序——把陌生的新问题转化为已解决的熟悉的问题.

4. 算法思想

算法思想, 即机械化思想. 所谓数学机械化, 即是把要求解或证明的某一类问题(这类问题可能成千上万, 也可能无穷无尽)当做一个整体加以考虑, 建立一种统一的、确定的求解法则或证明程序, 使得该类中的每一个问题, 只要按照此程序机械地、按部就班地一步一步实施下去, 经过有限步骤之后, 即可求得问题的解或推断出数学命题的结论是否为真. 算法思想在生活中处处有, 时时有, 我们做事的步骤都可以称为算法.

5. 数学观察法

观察法是人们对周围世界客观事物和现象在其自然条件下, 按照客观事物本身存在的实际情况, 研究和确定它们的性质和关系, 从而获取经验材料的一种方法, 是人们认识事物、获取知识的重要途径. 观察法在中学数学教学中的应用是极为广泛的. 通过观察, 学生可以认识数学的本质, 揭示数学的规律, 探求数学方法. 导数的概念、导数的运算、导数的应用等知识点的学习都需要有目的、有计划, 且伴随着思考的观察感知.

6. 归纳法

归纳是一种由特殊事例导出一般原理的思维方法, 是从特殊到一般的过程. 归纳既是一种发现的方法, 也是推理的方法, 有时还可以用作证明, 是创造性思维的一个基本要素. 归纳推理则是一种发现的工具. 引入导数概念时, 计算当 Δt 趋近于 0 时, $[2+\Delta t, 2]$ 和 $[2, 2+\Delta t]$ 内的平均速度, 可引导学生归纳发现: 当 Δt 趋近于 0 时, 平均速度都趋近于一个确定的值. 这里就用到了归纳的方法.

(摘自《科技信息》, 2011 年第 9 期, 胡明涛, 葛倩, 高中数学教材"导数"部分数学文化的渗透)

复习题 3

1.填空题.

(1)函数 $y = f(x)$ 在点 x_0 可导是 $y = f(x)$ 在点 x_0 连续的_____条件.

(2)函数 $f(x)$ 可导,设 $y = f(-x)$,则 $y' =$ _____.

(3) $y = \cos x$ 上点 $\left(\dfrac{\pi}{3}, \dfrac{1}{2}\right)$ 处的切线方程为_____.

(4)曲线 $y = \dfrac{x-1}{x}$ 上切线斜率等于 $\dfrac{1}{4}$ 的点是_____.

(5) $f(x) = \sin x + \ln x$,则 $f'(1) =$ _____.

(6)设 $y = x^n$,则 $y^{(n)} =$ _____.

2.选择题.

(1)下列函数中,$f(x)$ 在 $x = 0$ 处连续的为(　　).

A. $f(x) = \begin{cases} \dfrac{x}{|x|}, & x \neq 0, \\ 0, & x = 0; \end{cases}$ 　　　　B. $f(x) = \begin{cases} \dfrac{\sin x}{x}, & x \neq 0, \\ 1, & x = 0; \end{cases}$

C. $f(x) = \begin{cases} |x|, & x \neq 0, \\ -1, & x = 0; \end{cases}$ 　　　　D. $f(x) = \begin{cases} e^x, & x \neq 0, \\ 0, & x = 0. \end{cases}$

(2)设函数 $f(x)$ 在点 x_0 处可导,则 $f'(x_0) = (\quad)$.

A. $\lim\limits_{h \to 0} \dfrac{f(x_0 - h) - f(x_0)}{h}$; 　　　　B. $\lim\limits_{h \to 0} \dfrac{f(x_0 - h) - f(x_0)}{2h}$;

C. $\lim\limits_{h \to 0} \dfrac{f(x_0) - f(x_0 - h)}{h}$; 　　　　D. $\lim\limits_{h \to 0} \dfrac{f(x_0 + h) - f(x_0 - h)}{h}$.

(3)等边双曲线 $y = \dfrac{1}{x}$ 在点 $\left(\dfrac{1}{2}, 2\right)$ 处的切线方程为(　　).

A. $x + 4y - 4 = 0$; 　　　　B. $4x + y - 4 = 0$;

C. $x + 4y + 4 = 0$; 　　　　D. $4x + y + 4 = 0$.

(4)函数 $f(x)$ 在点 x_0 处可导是 $f(x)$ 在点 x_0 处可微的(　　)条件.

A. 充分; 　　　　B. 必要; 　　　　C. 充要; 　　　　D. 既不充分也不必要.

(5)设 $y = \ln|x|$,则 $dy = (\quad)$.

A. $\dfrac{1}{|x|} dx$; 　　　　B. $-\dfrac{1}{|x|} dx$; 　　　　C. $\dfrac{1}{x} dx$; 　　　　D. $-\dfrac{1}{x} dx$.

(6)设 $y = f(e^x)$,$f'(x)$ 存在,则 $y' = (\quad)$.

A. $f'(x)$; 　　　　B. $e^x f'(x)$; 　　　　C. $e^x f'(e^x)$; 　　　　D. $f'(e^x)$.

3.计算下列函数的导数.

(1) $y = x^3 + 5\cos x + 3x + 1$; 　　　　(2) $y = x^3 3^x$;

$(3)\ y = \dfrac{1-x}{x}$;

$(4)\ y = \sec(2x+1)$;

$(5)\ y = \ln \tan \dfrac{1+x^2}{2}$;

$(6)\ y = \ln^3 x + e^{-5x}$;

$(7)\ y = x^3 e^{\frac{1}{x}}$;

$(8)\ y = 5^{2\cos x}$;

$(9)\ y = x^x$;

$(10)\ y = \sqrt[3]{(x-1)^2(x-2)}$.

4. 求下列函数的二阶导数.

　$(1)\ y = (1+x^2)\arctan x$;

　$(2)\ y = xe^x$.

5. 求下列函数的 n 阶导数.

　$(1)\ y = e^x$;

　$(2)\ y = \ln(1+x)$.

6. 计算下列函数的微分.

　$(1)\ y = \dfrac{1}{x} + 2\sqrt{x} - \ln x$;

　$(2)\ y = \tan(x^3+1)$.

7. 求下列方程所确定的隐函数 y 的导数.

　$(1)\ \sin 2x - y^2 \cos x + \sqrt{1+y} = 0$;

　$(2)\ e^{x+y} + x + y^2 - 2 = 0$.

8. 设 $y = y(x)$ 是由方程 $\begin{cases} x = \cos t, \\ y = \sin t - t\cos t \end{cases}$ 确定，求 $\dfrac{\mathrm{d}y}{\mathrm{d}x}$.

9. 设方程 $y = 1 + xe^y$ 能确定隐函数 $y = y(x)$，求 $\dfrac{\mathrm{d}y}{\mathrm{d}x}$.

10. 落在平静水面上的石头可产生同心波纹,若最外一圈波纹半径的增大率总是 6 m/s, 则 2 s 末扰动水面面积的增大率为多少?

11. 将水注入深 8 m、上顶直径 8 m 的正圆锥形容器中,其速率为 4 m²/min,当水深为 5 m 时,容器内水面上升的速度为多少?

扫一扫，获取参考答案

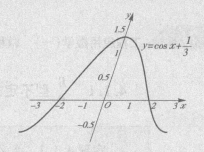

第4章 导数的应用

第 3 章介绍了导数与微分的概念. 本章将以导数为重要工具, 引入一种新的求极限的方法, 重点研究函数的性态, 判断函数的单调性和凹凸性, 解决函数的极值和最值等实际问题.

§4.1 洛必达(L'Hospital)法则

在介绍函数极限时我们知道, 当 $x \to a$(或 $x \to \infty$) 时, 函数 $f(x)$ 与 $g(x)$ 都趋于零或都趋于无穷大, 那么极限 $\lim\limits_{\substack{x \to a \\ (x \to \infty)}} \dfrac{f(x)}{g(x)}$ 可能存在, 也可能不存在. 我们称此类极限为不定式(或待定型、未定式), 分别记为 $\dfrac{0}{0}$ 型或 $\dfrac{\infty}{\infty}$ 型. 这种类型的极限式在本书第 2 章也出现过, 如 $\lim\limits_{x \to 0} \dfrac{\tan x}{x}$, $\lim\limits_{x \to \infty} \dfrac{x^3 - 4x}{x^3 + 5x + 1}$ 等. 求不定式的极限时, 往往需要经过适当的变形, 将其转化成重要极限的形式或可利用极限运算法则进行计算的形式. 这种变形没有一般方法, 需视具体问题而定. 本节将以导数作为工具, 给出计算不定式极限的一般方法, 即洛必达法则.

4.1.1　$\dfrac{0}{0}$ 型不定式

> **定理 4.1.1**　洛必达(L'Hospital)法则 I($\dfrac{0}{0}$ 型)
>
> 　　设函数 $f(x)$ 与 $g(x)$ 在点 a 的某去心邻域中可导,且 $g'(x) \neq 0$,如果
>
> $$\lim_{x \to a} f(x) = 0, \lim_{x \to a} g(x) = 0,$$
>
> 而极限 $\lim\limits_{x \to a} \dfrac{f'(x)}{g'(x)}$ 存在(可以为有限值、∞、$+\infty$ 或 $-\infty$),那么
>
> $$\lim_{x \to a} \frac{f(x)}{g(x)} = \lim_{x \to a} \frac{f'(x)}{g'(x)}.$$

注意:(1)定理 4.1.1 中 $x \to a$ 换为下列情况之一,定理结论仍然成立:
$x \to a^+, x \to a^-, x \to \infty, x \to +\infty, x \to -\infty$;

(2)若 $x \to a$ 时,$\dfrac{f'(x)}{g'(x)}$ 仍为 $\dfrac{0}{0}$ 型不定式,且 $f'(x)$、$g'(x)$ 满足定理 4.1.1 中 $f(x)$、$g(x)$ 所要满足的条件,那么可以继续使用洛必达法则. 依此类推,即

$$\lim_{x \to a} \frac{f(x)}{g(x)} = \lim_{x \to a} \frac{f'(x)}{g'(x)} = \lim_{x \to a} \frac{f''(x)}{g''(x)} = \cdots$$

例 4.1.1　求 $\lim\limits_{x \to 0} \dfrac{e^x - 1}{x}$.

解　由于 $x \to 0$ 时,$e^x - 1 \to 0$,因此上式是一个 $\dfrac{0}{0}$ 型的不定式. 显然 $x, e^x - 1$ 在 0 的去心邻域内都可导,应用洛必达法则 I,得到 $\lim\limits_{x \to 0} \dfrac{e^x - 1}{x} = \lim\limits_{x \to 0} \dfrac{e^x}{1} = 1$.

例 4.1.2　求 $\lim\limits_{x \to 0} \dfrac{x - \sin x}{x^2}$.

解　由于 $x \to 0$ 时,$x - \sin x \to 0$,$x^2 \to 0$,因此上式是一个 $\dfrac{0}{0}$ 型的不定

式. 显然 $x - \sin x, x^2$ 在 0 的去心邻域内都可导,应用洛必达法则 I,得到

$$\lim_{x \to 0} \frac{x - \sin x}{x^2} = \lim_{x \to 0} \frac{1 - \cos x}{2x}.$$

对 $\lim\limits_{x \to 0} \dfrac{1 - \cos x}{2x}$,对照洛必达法则 I,仍然符合条件,所以继续使用洛必达法则 I,即 $\lim\limits_{x \to 0} \dfrac{1 - \cos x}{2x} = \lim\limits_{x \to 0} \dfrac{\sin x}{2} = 0.$

综上,$\lim\limits_{x \to 0} \dfrac{x - \sin x}{x^2} = \lim\limits_{x \to 0} \dfrac{1 - \cos x}{2x} = \lim\limits_{x \to 0} \dfrac{\sin x}{2} = 0.$

4.1.2 $\dfrac{\infty}{\infty}$ 型不定式

定理 4.1.2　洛必达(L'Hospital)法则 II $\left(\dfrac{\infty}{\infty}$ 型$\right)$

设函数 $f(x)$ 与 $g(x)$ 在点 a 的某去心邻域中可导,且 $g'(x) \neq 0$,如果

$$\lim_{x \to a} f(x) = \infty, \lim_{x \to a} g(x) = \infty,$$

而极限 $\lim\limits_{x \to a} \dfrac{f'(x)}{g'(x)}$ 存在(可以为有限值、∞、$+\infty$ 或 $-\infty$),那么

$$\lim_{x \to a} \frac{f(x)}{g(x)} = \lim_{x \to a} \frac{f'(x)}{g'(x)}.$$

同定理 4.1.1,当 $x \to a$ 换为下列情况之一,定理结论仍然成立:$x \to a^+$,$x \to a^-$,$x \to \infty$,$x \to +\infty$,$x \to -\infty$.

例 4.1.3　求 $\lim\limits_{x \to +\infty} \dfrac{x^2}{e^{\lambda x}} (\lambda > 0).$

解　$x \to +\infty, e^{\lambda x} \to +\infty (\lambda > 0), x^2 \to +\infty$,用洛必达法则 II 得到

$$\lim_{x \to +\infty} \frac{x^2}{e^{\lambda x}} (\lambda > 0) = \lim_{x \to +\infty} \frac{2x}{\lambda e^{\lambda x}} = \lim_{x \to +\infty} \frac{2}{\lambda^2 e^{\lambda x}} = 0.$$

例 4.1.4　求 $\lim\limits_{x \to 0^+} x \ln x.$

解　这是一个 $0 \cdot \infty$ 型的极限,不能直接使用洛必达法则. 若想使用洛必达法则求解,必须先转化为 $\dfrac{0}{0}$ 型或 $\dfrac{\infty}{\infty}$ 型不定式.

$$\lim_{x \to 0^+} x \ln x = \lim_{x \to 0^+} \frac{\ln x}{\frac{1}{x}} = \lim_{x \to 0^+} \frac{\frac{1}{x}}{-\frac{1}{x^2}} = \lim_{x \to 0^+}(-x) = 0$$

注意:(1)每次使用法则前,必须检查公式是否属于 $\frac{0}{0}$ 型或 $\frac{\infty}{\infty}$ 型;

(2)洛必达法则是由 $\lim \frac{f'(x)}{g'(x)}$ 存在导出 $\lim \frac{f(x)}{g(x)}$ 存在的,若 $\lim \frac{f'(x)}{g'(x)}$ 不存在,不能使用洛必达法则;

(3)有些类型的不定式可以经过先转化为 $\frac{0}{0}$ 型或 $\frac{\infty}{\infty}$ 型不定式,再使用洛必达法则求解.

思考题:试证明 $\lim\limits_{x \to +\infty} \dfrac{x + \cos x}{x}$ 存在,但不能用洛必达法则计算.

习题 4.1

利用洛必达法则计算下列极限.

(1) $\lim\limits_{x \to 0} \dfrac{e^{2x} - 1}{\sin x}$;　　　　　(2) $\lim\limits_{x \to 1} \dfrac{x^2 - 1}{x^2 - 6x + 5}$;　　　　　(3) $\lim\limits_{x \to 0} \dfrac{e^x - 1}{\cos x - 1}$;

(4) $\lim\limits_{x \to 0} \dfrac{\ln(1 + x)}{2x}$;　　　　(5) $\lim\limits_{x \to +\infty} \dfrac{\ln x}{x^2}$;　　　　(6) $\lim\limits_{x \to 0}\left(\dfrac{1}{x} - \dfrac{1}{e^x - 1}\right)$;

(7) $\lim\limits_{x \to 1} x^{\frac{1}{1-x}}$;　　　　(8) $\lim\limits_{x \to 2} \dfrac{\ln(x^2 - 3)}{x^2 - 3x + 2}$;　　　　(9) $\lim\limits_{x \to 0} x \cot x$;

(10) $\lim\limits_{x \to 0} \dfrac{\tan x - x}{x^2 \sin x}$.

§4.2　函数的单调性与曲线的凹凸性

4.2.1　函数的单调性

单调性是函数的一个重要特性,我们可以通过定义判断,即当 $x_1 < x_2$ 时,比较 $f(x_1)$ 与 $f(x_2)$ 的大小来判定函数的单调性,但有时比较 $f(x_1)$ 与 $f(x_2)$ 的大小有困难,所以我们希望找到一种简单的判断函数单调性的方法.

设函数 $y = f(x)$ 在 $[a,b]$ 内可导. 从图 4.2.1 直观观察函数单调性的特点.

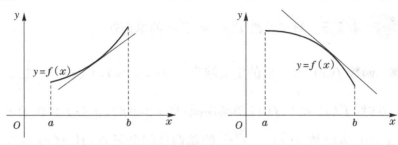

图 4.2.1　函数曲线单调特性

如图 4.2.1 所示, 如果函数 $y = f(x)$ 在 $[a,b]$ 上单调增加, 则它的图形是一条沿 x 轴正向上升的曲线, 曲线上各点处的切线斜率是非负的, 即 $y' = f'(x) \geqslant 0$. 如果函数 $y = f(x)$ 在 $[a,b]$ 上单调减少, 则它的图形是一条沿 x 轴正向下降的曲线, 曲线上各点处的切线斜率是非正的, 即 $y' = f'(x) \leqslant 0$.

由此可见, 函数的单调性与导数的符号有着紧密的联系:

设函数 $y = f(x)$ 在 $[a,b]$ 上连续, 在 (a,b) 内可导, 则

(1) 如果在 (a,b) 内 $f'(x) > 0$, 则函数 $y = f(x)$ 在 $[a,b]$ 上单调增加;

(2) 如果在 (a,b) 内 $f'(x) < 0$, 则函数 $y = f(x)$ 在 $[a,b]$ 上单调减少.

注意: 区间 $[a,b]$ 可改为任意区间; 在区间 (a,b) 内除个别有限点处取 $f'(x) = 0$, 其余各处均为正(或负)时, $f(x)$ 在该区间上仍为单调增加(或减少).

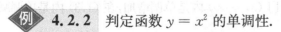 **4.2.1** 判定函数 $y = x + \cos x$ 的单调性.

解　函数的定义域为 $(-\infty, +\infty)$, $y' = 1 - \sin x \geqslant 0$, 故 $y = x + \cos x$ 在 $(-\infty, +\infty)$ 上单调增加.

例 4.2.2 判定函数 $y = x^2$ 的单调性.

解　函数的定义域为 $(-\infty, +\infty)$, $y' = 2x$, 所以

(1) 当 $x > 0$ 时, $y' > 0$, 故函数 $y = x^2$ 在 $(0, +\infty)$ 上是单调递增函数;

(2) 当 $x < 0$ 时, $y' < 0$, 故函数 $y = x^2$ 在 $(-\infty, 0)$ 上是单调递减函数.

从上例可以看出, 函数的单调性是依赖其所在的区间的. 如果区间事先

没有给定,可利用导数为 0 的点划分单调区间.例 4.2.2 中 $x=0$ 时 $y'=0$,$x=0$ 是单调区间的分界点,称为函数的**驻点**.

例 4.2.3 判定函数 $f(x)=\sqrt[3]{x^2}$ 的单调性.

解　函数 $f(x)=\sqrt[3]{x^2}$ 的定义域为 $(-\infty,+\infty)$,$f'(x)=\dfrac{2}{3\sqrt[3]{x}}$. 因此,当 $x<0$ 时,$f'(x)<0$,$f(x)$ 单调递减;当 $x>0$ 时,$f'(x)>0$,$f(x)$ 单调递增. $x=0$ 为函数 $f(x)=\sqrt[3]{x^2}$ 的单调区间分界点,且 $f(x)=\sqrt[3]{x^2}$ 在 $x=0$ 处不可导.

综上两种情形,函数的单调区间的分界点为驻点或不可导点.因此,确定函数 $f(x)$ 的单调区间的一般步骤为:

(1)确定函数 $f(x)$ 的考察范围(除指定范围外,一般指函数定义域);

(2)求函数 $f(x)$ 的导函数 $f'(x)$,进而求出驻点和不可导点;

(3)用上述点将函数的考察范围分成若干个子区间,在每个小区间上判定 $f'(x)$ 的符号,从而确定函数在每个小区间上的单调性.

例 4.2.4 判定函数 $y=\dfrac{1}{3}x^3-2x^2+3x$ 的单调性.

解　函数的定义域为 $(-\infty,+\infty)$,$y'=x^2-4x+3=(x-1)(x-3)$. 令 $y'=0$,得 $x_1=1$,$x_2=3$.这两个点把定义域 $(-\infty,+\infty)$ 分成三个小子区间,列表如下:

x	$(-\infty,1)$	1	$(1,3)$	3	$(3,+\infty)$
y'	$+$	0	$-$	0	$+$
y	↗		↘		↗

所以,函数在 $(-\infty,1)\bigcup(3,+\infty)$ 内是单调增加,在 $(1,3)$ 内是单调减少.

4.2.2　曲线的凹凸性

为了更精确地描绘函数的图形,仅知道曲线的单调性还不够,我们还必须知道函数图像在某个区间的弯曲方向,即函数的另一种性态——凹凸性.

例如,已知函数 $y=f(x)$ 在区间 $[a,b]$ 上连续且单调递增,在 (a,b) 内可导,且区间端点的函数值 $f(a) = c_1$, $f(b) = c_2$,那么在区间 $[a,b]$ 上函数 $y = f(x)$ 图形的大体形状可以画出以下几种,如图 4.2.2 所示.

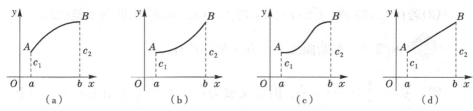

图 4.2.2

由此可见,准确掌握函数的图形,还必须掌握曲线的弯曲方向以及不同弯曲方向的分界点.为此给出以下定义:

> **定义 4.2.1** 若在某区间 (a,b) 内,曲线 $y = f(x)$ 总是位于其上任意一点处切线的上方,则称曲线 $y = f(x)$ 在区间 (a,b) 内是凹的,如图 4.2.3(a)所示;若曲线 $y = f(x)$ 总是位于其上任意一点处切线的下方,则称曲线 $y = f(x)$ 在区间 (a,b) 内是凸的,如图 4.2.3(b)所示.

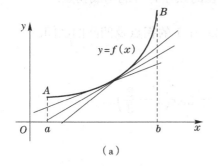 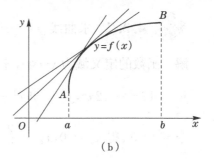

图 4.2.3

对图 4.2.3(a)中的凹曲线,切线的斜率 $f'(x)$ 随着 x 的增大而增大,即 $f'(x)$ 为单调增函数;图 4.2.3(b)中的凸曲线,切线的斜率 $f'(x)$ 随着 x 的增大而减小,即 $f'(x)$ 为单调减函数.

函数 $f'(x)$ 的单调性又可以根据它的导函数的符号即 $f(x)$ 的二阶导数 $f''(x)$ 的符号来判定,故可用如下结论来判断曲线的凹凸性.

设 $f(x)$ 在 $[a,b]$ 上连续,在 $[a,b]$ 内具有一阶和二阶导数,那么

(1)若在 (a,b) 内, $f''(x) > 0$,则 $f(x)$ 在 $[a,b]$ 上的图形是凹的;

(2)若在 (a,b) 内, $f''(x) < 0$,则 $f(x)$ 在 $[a,b]$ 上的图形是凸的.

例 4.2.5 判断曲线 $y = \ln x$ 的凹凸性.

解　$y' = \dfrac{1}{x}, y'' = -\dfrac{1}{x^2}$. 因定义域为 $(0, +\infty)$,故在 $(0, +\infty)$ 上, $y'' < 0$,故曲线是凸的.

例 4.2.6 判定曲线 $y = x^3$ 的凹凸性.

解　由 $y' = 3x^2, y'' = 6x$. 当 $x < 0$ 时, $y'' < 0$,故在 $(-\infty, 0)$ 内为凸弧;当 $x > 0$ 时, $y'' > 0$,故在 $(0, +\infty)$ 内为凹弧. 此题中 $(0,0)$ 是曲线凸凹变化的分界点,称为曲线的**拐点**.

定义 4.2.2　曲线由凸变凹(或凹变凸)的分界点称为**拐点**.

由于拐点两侧的凹凸性不同,所以拐点两侧的二阶导数符号不同. 定义域内二阶导数为零的点或二阶导数不存在的点才有可能构成拐点.

例 4.2.7 求曲线 $y = 3x^4 - 4x^3 + 1$ 的拐点及凹凸的区间.

解　函数的定义域为 $(-\infty, +\infty)$.

$$y' = 12x^3 - 12x^2, y'' = 36x^2 - 24x = 36x\left(x - \frac{2}{3}\right).$$

令 $y'' = 0$,得 $x_1 = 0, x_2 = \dfrac{2}{3}$.

点 $x_1 = 0, x_2 = \dfrac{2}{3}$ 将 $(-\infty, +\infty)$ 分成三个小区间,列表讨论:

x	$(-\infty, 0)$	0	$\left(0, \frac{2}{3}\right)$	$\frac{2}{3}$	$\left(\frac{2}{3}, +\infty\right)$
y''	> 0	0	< 0	0	> 0
y	凹	拐点 $(0,1)$	凸	拐点 $\left(\frac{2}{3}, \frac{11}{27}\right)$	凹

从表 4.2.1 可知,曲线的拐点为 $(0,1)$,$\left(\dfrac{2}{3},\dfrac{11}{27}\right)$,凹区间为 $(-\infty,0)$,

$\left(\dfrac{2}{3},+\infty\right)$,凸区间为 $\left(0,\dfrac{2}{3}\right)$.

思考题:曲线 $y=x^4$ 是否有拐点?

习题 4.2

1. 设 $f(x)$ 在区间 (a,b) 内有连续的二阶导数,且 $f'(x)<0,f''(x)<0$,则 $f(x)$ 在区间 (a,b) 内是(   ).

 A. 单调减少且是凸的;   B. 单调减少且是凹的;

 C. 单调增加且是凸的;   D. 单调增加且是凹的.

2. 判定函数 $f(x)=x-\sin x(0\leqslant x\leqslant 2\pi)$ 的单调性.

3. 求下列函数的单调区间.

 (1) $f(x)=2x^3-9x^2+12x-5$;   (2) $f(x)=x-\ln(1+x)$.

4. 求下列曲线的拐点及凹凸区间.

 (1) $y=x^3-5x^2+3x-5$;   (2) $y=1-\sqrt[3]{x-2}$.

§4.3 函数的极值和最值

在生产和生活中,经常会遇到在一定条件下求"成本最低""利润最大""用料最省"等问题.这类问题通常可归结为求某一函数的最大值或最小值问题.为此,首先介绍函数的极值及其求法.

4.3.1 函数的极值

> **定义 4.3.1** 设函数 $f(x)$ 在区间 I 有定义,若 $x_0\in I$,且存在 x_0 的某邻域 $U(x_0)\subset I$,使得 $\forall x\in U(x_0)$,有
> $$f(x)\leqslant f(x_0)\,(\text{或}\,f(x)\geqslant f(x_0)),$$
> 则称 $f(x)$ 在点 x_0 取得**极大(小)值**,点 x_0 是 $f(x)$ 的**极大(小)值点**.

由图 4.3.1 可以看出，$y = f(x)$ 在点 x_1, x_3 处取得极大值，在点 x_2, x_4 处取得极小值.

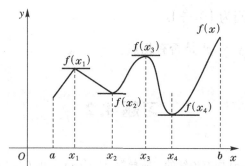

图 4.3.1   函数 $y = f(x)$ 在区间 $[a, b]$ 上极值示意图

关于函数的极值的概念，有如下几点需要说明：

(1)极值是局部概念，最值是对整个定义域而言的；

(2)区间端点值可以为函数的最值，但不是极值；

(3)区间内部取得的最值一定是极值；

(4)极大值不一定大于极小值.

这些特征，都可以通过图 4.3.2 看出.

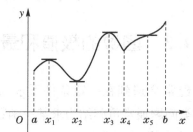

图 4.3.2   函数 $f(x)$ 图形

从图 4.3.2 还可以看出，对于可导函数，曲线在极值点处具有水平切线.

定理 4.3.1(极值存在的必要条件)   设函数 $f(x)$ 在点 x_0 的某邻域 $U(x_0)$ 内有定义，并且在 x_0 处可导，如果对任意的 $x \in U(x_0)$，有 $f(x) \leqslant f(x_0)$（或 $f(x) \geqslant f(x_0)$），那么 $f'(x_0) = 0$.

证明   如果 $f(x)$ 是常函数，则 $f'(x) \equiv 0$，定理的结论显然成立.

如果 $f(x)$ 不是常函数，不妨设 x_0 是 $f(x)$ 的极大值点，即对任意的

$x \in U(x_0)$，有 $f(x) \leqslant f(x_0)$ 或 $f(x) - f(x_0) \leqslant 0$.

又 $f(x)$ 在 x_0 处可导，从而 $f'(x_0) = f'_-(x_0) = f'_+(x_0)$.

当 $x < x_0$ 时，有 $f'(x_0) = f'_-(x_0) = \lim\limits_{x \to x_0^-} \dfrac{f(x) - f(x_0)}{x - x_0} \geqslant 0$；

当 $x > x_0$ 时，有 $f'(x_0) = f'_+(x_0) = \lim\limits_{x \to x_0^+} \dfrac{f(x) - f(x_0)}{x - x_0} \leqslant 0$，所以 $f'(x_0) = 0$.

定理 4.3.1 可简单描述为可导的极值点一定是驻点.

注意：(1)定理 4.3.1 只是极值存在的必要条件而不是充分条件. 也就是说，驻点不一定是极值点. 例如 $x = 0$ 为函数 $y = x^3$ 的驻点，但显然不是函数 $y = x^3$ 的极值点.

(2)定理 4.3.1 的前提是 $f(x)$ 在 x_0 处可导. 实际上，函数的不可导点也有可能是函数的极值点. 例如，$x = 0$ 为函数 $y = |x|$ 的不可导点，但它是函数 $y = |x|$ 的极小值点.

综上所述，函数的驻点或不可导点是函数可能的极值点. 但如何进一步判定驻点或不可导点是否是极值点？是极大值点还是极小值点？

定理 4.3.2(极值存在的判定定理 I)　设函数 $y = f(x)$ 在点 x_0 的某去心邻域内可导（$f'(x_0)$ 可以不存在），那么

(1)若 $x < x_0$ 时 $f'(x) > 0$，$x > x_0$ 时 $f'(x) < 0$，则 $f(x)$ 在 x_0 处取得极大值；

(2)若 $x < x_0$ 时 $f'(x) < 0$，$x > x_0$ 时 $f'(x) > 0$，则 $f(x)$ 在 x_0 处取得极小值；

(3)若 $x < x_0$ 及 $x > x_0$ 时都有 $f'(x) > 0$ 或 $f'(x) < 0$，则 $f(x)$ 在 x_0 处无极值.

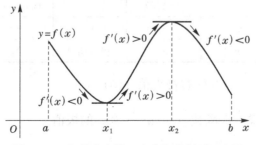

图 4.3.3　极值存在第一充分条件判别示意图

证明　(1)由函数的单调性可知,存在点 x_0 的某去心 δ 邻域,使得 $f(x)$ 在 $(x_0-\delta,x_0)$ 上递增,在 $(x_0,x_0+\delta)$ 上递减,故对 $\forall x\in\mathring{U}(x_0,\delta)$,总有 $f(x)<f(x_0)$,即 $f(x)$ 在 x_0 处取得极大值. 可采用类似的方法证明(2)(3).

特别地,当函数极值点的可疑点只有驻点时,我们通常也采用下面的方法来进一步判定:

定理 4.3.3(极值存在的判定定理Ⅱ)　设函数 $y=f(x)$ 在点 x_0 处有二阶导数,且 $f'(x_0)=0,f''(x_0)\neq0$,

　(1)若 $f''(x_0)<0$,则 $f(x)$ 在 x_0 处取得极大值 $f(x_0)$;

　(2)若 $f''(x_0)>0$,则 $f(x)$ 在 x_0 处取得极小值 $f(x_0)$.

注意:当 $f''(x_0)=0$ 时,判定定理Ⅱ失效,这时就只能使用判定定理Ⅰ来判断.

由以上定理,总结出求函数 $f(x)$ 极值的一般步骤为:

(1)写出函数的定义域;

(2)求函数的导数 $f'(x)$,并找出驻点和不可导点;

(3)用驻点和不可导点把定义域分成若干区间,列表,根据定理 4.3.2 和 4.3.3 以及极值的定义判断驻点和不可导点是否为极值点;最后求出函数的极值.

例 4.3.1　求函数 $y=x-\ln(x+1)$ 的极值.

解　函数的定义域为 $(-1,+\infty)$,$y'=1-\dfrac{1}{1+x}$. 令 $y'=0$,求得驻点 $x=0$. 列表如下:

x	$(-1,0)$	0	$(0,+\infty)$
y'	$+$	0	$-$
y	↗	极大值 0	↘

所以,函数在 $x=0$ 处有极大值 $f(0)=0$.

例 4.3.2　求函数 $y=4x^2-2x^4$ 的极值.

解法 1　函数的定义域为 $(-\infty,+\infty)$,$y'=8x-8x^3=8x(1-x)(1+x)$.

令 $y' = 0$, 得三个驻点: $x_1 = -1, x_2 = 0, x_3 = 1$. 列表如下:

x	$(-\infty, -1)$	-1	$(-1, 0)$	0	$(0, 1)$	1	$(1, +\infty)$
y'	$+$	0	$-$	0	$+$	0	$-$
y	↗	极大值 2	↘	极小值 0	↗	极大值 2	

所以, 函数在 $x_1 = -1$ 处有极大值 $f(-1) = 2$, 在 $x_3 = 1$ 处也有极大值 $f(1) = 2$, 而在 $x_2 = 0$ 处有极小值 $f(0) = 0$.

解法 2　函数的定义域为 $(-\infty, +\infty)$, $y' = 8x - 8x^3 = 8x(1-x)(1+x)$, $y'' = 8 - 24x^2$.

令 $y' = 0$, 得三个驻点 $x_1 = -1, x_2 = 0, x_3 = 1$.

$y''(-1) = -16 < 0, y''(0) = 8 > 0, y''(1) = -16 < 0$.

由定理 4.3.3 得, 在 $x_1 = -1$ 处函数有极大值 $f(-1) = 2$, 在 $x_3 = 1$ 处函数也有极大值 $f(1) = 2$, 而在 $x_2 = 0$ 处函数有极小值 $f(0) = 0$.

思考题: 求函数 $f(x) = 1 - \sqrt[3]{(x-2)^2}$ 的极值.

4.3.2　函数的最大值和最小值

1. 在 $[a, b]$ 上连续的函数 $y = f(x)$ 的最大值和最小值

在 $[a, b]$ 上连续的函数 $y = f(x)$, 一定有最大值和最小值存在, 但它可能出现在区间的端点, 也可能出现在区间的内部. 当出现在区间的内部时, 最大(小)值一定是极大(小)值. 因此, 最大(小)值可能在区间的端点取得, 也可能在驻点或不可导点处取得.

综上所述, 我们把 $[a, b]$ 上连续函数 $y = f(x)$ 的最大值和最小值求法归结如下:

(1) 求出 $y = f(x)$ 在 (a, b) 内所有的可能的极值点(驻点与不可导点), 并求出它们的函数值;

(2) 求出两个端点处的函数值 $f(a)$ 与 $f(b)$;

(3) 比较各函数值的大小, 其中最大(小)的就是函数 $y = f(x)$ 的最大(小)值.

例 4.3.3　求函数 $f(x) = x^2 - 4x + 1$ 在 $[-3, 3]$ 上的最大值和最小值.

解 因为 $f'(x)=2x-4$，令 $f'(x)=0$，解得 $x_1=2$. 由于 $f(2)=-3$，$f(-3)=22,f(3)=-2$，因此函数在区间 $[-3,3]$ 上的最大值为 $f(-3)=22$，最小值为 $f(2)=-3$.

例 4.3.4 求函数 $f(x)=2x^3-6x^2-18x+1$ 在 $[1,4]$ 上的最大值和最小值.

解 因为 $f'(x)=6x^2-12x-18$，令 $f'(x)=0$，解得 $x_1=-1,x_2=3$. $x_1=-1$ 不在区间 $[1,4]$ 内，所以不需要考虑这点. 由于 $f(1)=-21$，$f(3)=-53,f(4)=-39$，因此函数在区间 $[1,4]$ 上的最大值为 $f(1)=-21$，最小值为 $f(3)=-53$.

2. 实际问题中的最大值和最小值

连续函数在闭区间 $[a,b]$ 上一定可以取到最值. 在实际问题中，很多情况下需要求函数 $f(x)$ 在开区间 (a,b) 或半开半闭区间 $[a,b)$ 或 $(a,b]$ 上的最值. 显然，函数在这些区间内不一定有最值. 但是，如果根据实际情况断定函数在这些区间内能取到最值，则只可能在极值点取得. 当函数 $f(x)$ 在区间 I 内只有一个可能的极值点时，若在此点取得极大（小）值，则必定是最大（小）值.

实际问题中，可导函数 $f(x)$ 往往能在所在的区间内能取得最值，并且求得一个唯一的驻点 x_0，那么不用讨论，就可断定 $f(x)$ 在 x_0 处取相应最值. 利用这点，可以简化题目的解题过程.

例 4.3.5 做一个容积为 V 的圆柱形罐头桶，问怎样设计最省材料？

解 由题意知，要最省材料，就是求罐头桶表面积的最小值.

设罐头桶的高为 h，底面半径为 r，则 $V=\pi r^2 h$，从而 $h=\dfrac{V}{\pi r^2}$. 罐头桶表面积为

$$S=S_{底}+S_{侧}=2\pi r^2+2\pi rh=2\pi r^2+\frac{2V}{r}.$$

$S'=4\pi r-\dfrac{2V}{r^2}$，令 $S'=0$，得驻点 $r=\sqrt[3]{\dfrac{V}{2\pi}}$，驻点唯一.

由题意可知,在 $r=\sqrt[3]{\dfrac{V}{2\pi}}$ 时,罐头桶的表面积最小,使用材料最少.此时

$$h=\frac{V}{\pi r^2}=2\sqrt[3]{\frac{V}{2\pi}}=2r.$$

因此,将罐头桶设计为高与底面直径相等时,用料最省.

例 4.3.6　某公司估算生产 x 件产品的成本为 $C(x)=2560+2x+0.001x^2$ (元),问产量为多少时平均成本最低,平均成本最低为多少?

解　平均成本函数为

$$\overline{C}(x)=\frac{2560}{x}+2+0.001x, x\in[0,+\infty).$$

由 $\overline{C}'(x)=-\dfrac{2560}{x^2}+0.001=0$,得 $x=1600$(件),从而 $\overline{C}(1600)=5.2$(元/件).

所以产量为 1600 件时平均成本最低,且平均成本最低为 5.2 元/件.

习题 4.3

1.下列说法是否正确?为什么?

(1)若 $f'(x_0)=0$,则 x_0 为 $f(x)$ 的极值点.

(2)若 x_0 左侧有 $f'(x)>0$,x_0 右侧有 $f'(x)<0$,则 x_0 一定是 $f(x)$ 的极大值点.

(3) $f(x)$ 的极值点一定是驻点或不可导点,反之则不成立.

2.求下列函数的极值点和极值.

(1) $y=x+\dfrac{1}{x}$;　　　　　　　　(2) $y=x+\sqrt{1-x}$;

(3) $y=2x^3-6x^2-18x+3$;　　　(4) $y=(x^2-1)^3+1$.

3.求下列函数在给定区间上的最大值和最小值.

(1) $y=2x^3-3x^2,x\in[-1,4]$;　　　(2) $y=x^2-4x+6,x\in[-3,10]$.

4.某厂生产某种产品 x 个单位时,费用为 $C(x)=5x+200$ (元),所得的收入为 $R(x)=10x-0.01x^2$ (元),每批生产多少个单位产品才能使利润最大?

5.制作一个容积为定值 V 的圆柱形水桶,如何设计底面半径和高,才能最节省用料?

§4.4　函数图形的描绘

描绘函数的图形是非常繁琐的事情.中学数学中已介绍了用描点法描绘简单函数的图形的方法.但对一般的平面曲线,这种方法不但繁琐,而且表现

出来的信息非常粗糙浅显.本章前面已经讨论过函数的单调性、凹凸性、极值、拐点等信息,描点法加上图形的这些特征会使描绘的图形更加准确.为了更准确地描绘函数的图像,首先介绍渐近线及其计算方法.

4.4.1 曲线渐近线

定义 4.4.1 若曲线 C 上的点 M 沿着曲线无限远离坐标原点时,点 M 与某一直线 L 的距离趋于零,则称直线 L 为曲线 C 的一条渐近线.

如图 4.4.1 所示,渐近线描述了曲线无限延伸时的走向和趋势.例如双曲线 $y = \dfrac{1}{x}$,当动点沿双曲线无限远离原点时,曲线就无限接近直线 $x = 0$ 和 $y = 0$,所以直线 $x = 0$ 和 $y = 0$ 就是双曲线的渐近线.下面给出三种渐近线的定义.

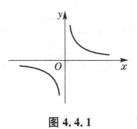

图 4.4.1

水平渐近线:若 $\lim\limits_{x \to +\infty} f(x) = b$(常数),称直线 $y = b$ 是水平渐近线.

垂直渐近线:若 $\lim\limits_{x \to x_0} f(x) = \infty$ 或 $\lim\limits_{x \to x_0^+} f(x) = \infty$ 或 $\lim\limits_{x \to x_0^-} f(x) = \infty$ 称直线 $x = x_0$ 为垂直渐近线(即在间断点处).

斜渐近线:若 $\lim\limits_{\substack{x \to +\infty \\ (x \to -\infty)}} \dfrac{f(x)}{x} = k$(常数),$\lim\limits_{\substack{x \to +\infty \\ (x \to -\infty)}} \left[f(x) - kx \right] = b$(常数),则称直线 $y = kx + b$ 是斜渐近线.

例 4.4.1 求曲线 $y = \dfrac{1}{x-1} + 2$ 的水平渐近线.

解 因为 $\lim\limits_{x \to \infty} \left(\dfrac{1}{x-1} + 2 \right) = 2$,所以 $y = 2$ 为水平渐近线.

例 4.4.2 求曲线 $y = \dfrac{x+1}{x^2 - 5x + 6}$ 的垂直渐近线.

解 因为 $y = \dfrac{x+1}{(x-3)(x-2)}$,$\lim\limits_{x \to 3} y = \infty$,$\lim\limits_{x \to 2} y = \infty$,所以有垂直渐近线 $x = 3$ 及 $x = 2$.

例 4.4.3 求曲线 $y = \dfrac{x^3}{x^2 + 2x - 3}$ 的斜渐近线.

解　$k = \lim\limits_{x \to \infty} \dfrac{f(x)}{x} = \lim\limits_{x \to \infty} \dfrac{x^2}{x^2 + 2x - 3} = 1,$

$\qquad b = \lim\limits_{x \to \infty} [f(x) - x] = \lim\limits_{x \to \infty} \dfrac{-2x^2 + 3x}{x^2 + 2x - 3} = -2,$

所以 $y = x - 2$ 为曲线的斜渐近线.

例 4.4.4 求曲线 $y = \dfrac{1}{x - 1}$ 的渐近线.

解　$\because \lim\limits_{x \to \infty} \dfrac{1}{x - 1} = 0, \therefore y = 0$ 为曲线 $y = \dfrac{1}{x - 1}$ 的水平渐近线；

$\because \lim\limits_{x \to 1} \dfrac{1}{x - 1} = \infty$，所以曲线 $y = \dfrac{1}{x - 1}$ 有垂直渐近线 $x = 1$.

4.4.2　描绘函数图形的一般步骤

我们知道,利用 $f'(x)$ 符号可判定 $f(x)$ 在哪个区间内上升或下降,确定极值点;利用 $f''(x)$ 符号可以确定凹凸性及拐点;利用函数的极限可以确定曲线的渐进线;通过考察函数的奇偶性及周期性等几何特征以及某些特殊点的坐标,就可以比较全面地掌握函数的性态,从而准确地描绘出函数的几何图形.综合上面对函数性态的研究,可以将描绘函数图形的一般步骤归纳如下:

(1)确定 $y = f(x)$ 的定义域(函数的奇偶性、周期性);

(2)求 $f'(x), f''(x)$ 并求出 $f'(x) = 0, f''(x) = 0$ 的所有根(在定义域内)及不可导点,将定义域划分成为若干个小区间,列表讨论函数的单调区间、极值点、凹凸区间及其拐点;

(3)确定函数的水平、垂直及斜渐近线;

(4)按需要求出一些点的坐标,比如与坐标轴的交点.

(5)在坐标系中描出这些特殊点,结合函数的单调性、凹凸性、极值点、拐点、曲线与坐标轴交点等性质,用光滑的曲线连接这些点,描绘出图形的轮廓.

例 4.4.5 画出函数 $y = x^3 - x^2 - x + 1$ 的图形.

解 定义域 $x \in (-\infty, +\infty)$, $y' = 3x^2 - 2x - 1 = (3x+1)(x-1)$,

$y'' = 6x - 2 = 2(3x-1)$, 得驻点 $x_1 = -\dfrac{1}{3}$, $x_2 = 1$. $f''(x) = 0$ 的根 $x_3 = \dfrac{1}{3}$.

该函数无不可导点, 也无渐近线, 列表讨论单调性、极值、凹凸性及拐点如下:

x	$\left(-\infty, -\dfrac{1}{3}\right)$	$-\dfrac{1}{3}$	$\left(-\dfrac{1}{3}, \dfrac{1}{3}\right)$	$\dfrac{1}{3}$	$\left(\dfrac{1}{3}, 1\right)$	1	$(1, +\infty)$
$f'(x)$	$+$	0	$-$	$-$	$-$	0	$+$
$f''(x)$	$-$	$-$	$-$	0	$+$	$+$	$+$
$y = f(x)$ 图形	凸↑	极大	凸↓	拐点	凹↓	极小	凹↑

由 $f\left(-\dfrac{1}{3}\right) = \dfrac{32}{27}$, $f\left(\dfrac{1}{3}\right) = \dfrac{16}{27}$, $f(1) = 0$, 有 $A\left(-\dfrac{1}{3}, \dfrac{32}{27}\right)$, $B\left(\dfrac{1}{3}, \dfrac{16}{27}\right)$,

$C(1, 0)$ 三点. 适当添加某些辅助的点, 如 $D(0, 1)$, $E(-1, 0)$, $F\left(\dfrac{3}{2}, \dfrac{5}{8}\right)$ 等.

结合函数曲线的单调性、凹凸性、极值和拐点等, 用光滑曲线连接这些点(图 4.4.2).

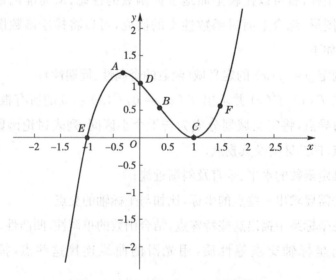

图 4.4.2 $y = x^3 - x^2 - x + 1$ 的图像

习题 4.4

1. 求曲线 $f(x) = \dfrac{2(x-2)(x+3)}{x-1}$ 的渐近线.

2. 作出下列函数图形.

    (1) $y = x - \ln x$;   (2) $y = \dfrac{x^2}{1+x}$.

3. 作出函数 $y = \dfrac{1}{\sqrt{2\pi}} e^{-\frac{x^2}{2}}$ 的图形.

相关阅读

数学家洛必达

    洛必达,1661 年出生于法国的贵族家庭,1704 年 2 月 2 日卒于巴黎.他曾在军队中担任骑兵军官,后来因为视力不佳而退出军队,转向学术研究.

    洛必达早年就显露出数学才能,15 岁时就解出帕斯卡的摆线难题,之后又解出约翰·伯努利向欧洲提出的挑战——最速降曲线问题.稍后他放弃了炮兵的职务,投入更多的时间在数学上,在瑞士数学家伯努利的门下学习微积分,并成为法国新解析的主要成员.洛必达的《无限小分析》(1696)一书是微积分学方面最早的教科书,在十八世纪时为一模范著作,书中创造了一种算法(洛必达法则),用以寻找满足一定条件的两函数之商的极限.

1. 主要贡献

    洛必达最重要的著作是《阐明曲线的无穷小于分析》(1696),这本书是世界上第一本系统的微积分学教科书,由一组定义和公理出发,全面地阐述了变量、无穷小量、切线、微分等概念,对传播新创建的微积分理论起了很大的作用.在书中第九章记载着伯努利在 1694 年 7 月 22 日告诉他的一个著名定理"洛必达法则",就是求一个分式当分子和分母都趋于零时的极限的法则.后人误以为是他的发明,故"洛必达法则"之名沿用至今.洛必达还写过几何、代数及力学方面的文章.他亦计划写作一本关于积分学的教科书,但由于他过早去世,因此这本积分学教科书未能完成,遗留的手稿于 1720 年在巴黎出版,名为《圆锥曲线分析论》.

2. 人物形象

洛必达是法国中世纪的王公贵族,他喜欢并且酷爱数学,后拜伯努利为师学习数学.但洛必达法则并非洛必达本人研究.实际上,洛必达法则是洛必达的老师伯努利的学术论文,由于当时伯努利境遇困顿,生活困难,而学生洛必达又是王公贵族,洛必达表示愿意用财物换取伯努利的学术论文,伯努利也欣然接受.此篇论文即为影响数学界的洛必达法则.洛必达于前言中向莱布尼茨和伯努利致谢,特别是约翰·伯努利.在洛必达死后,伯努利宣称洛必达法则是自己的研究成果,但欧洲的数学家并不认可,他们认为洛必达的行为是正常的物物交换,因此否认了伯努利的说法.

事实上,科研成果本来就可以买卖,洛必达也确实是个有天分的数学学习者,只是比伯努利等人稍逊一筹.洛必达花费了大量的时间精力整理这些买来的和自己研究出来的成果,编著出世界上第一本微积分教科书,使数学广为传播.他是一个值得尊敬的学者和传播者,为这项事业贡献了自己的一生.

复习题 4

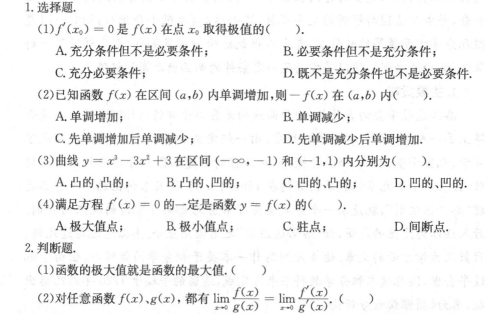

1. 选择题.

(1) $f'(x_0) = 0$ 是 $f(x)$ 在点 x_0 取得极值的(　　).

　　A. 充分条件但不是必要条件;　　　　B. 必要条件但不是充分条件;

　　C. 充分必要条件;　　　　　　　　　D. 既不是充分条件也不是必要条件.

(2) 已知函数 $f(x)$ 在区间 (a,b) 内单调增加,则 $-f(x)$ 在 (a,b) 内(　　).

　　A. 单调增加;　　　　　　　　　　　B. 单调减少;

　　C. 先单调增加后单调减少;　　　　　D. 先单调减少后单调增加.

(3) 曲线 $y = x^3 - 3x^2 + 3$ 在区间 $(-\infty, -1)$ 和 $(-1,1)$ 内分别为(　　).

　　A. 凸的、凸的;　　B. 凸的、凹的;　　C. 凹的、凸的;　　D. 凹的、凹的.

(4) 满足方程 $f'(x) = 0$ 的一定是函数 $y = f(x)$ 的(　　).

　　A. 极大值点;　　　B. 极小值点;　　　C. 驻点;　　　　　D. 间断点.

2. 判断题.

(1) 函数的极大值就是函数的最大值.(　　)

(2) 对任意函数 $f(x)$、$g(x)$,都有 $\lim\limits_{x \to 0} \dfrac{f(x)}{g(x)} = \lim\limits_{x \to 0} \dfrac{f'(x)}{g'(x)}$.(　　)

(3)若函数 $f(x)$ 在区间 (a,b) 内可导,则 $f(x)$ 在区间 (a,b) 内有极值.（   ）

(4)可导函数的极值点不一定是驻点,但驻点一定是极值点.（   ）

(5)如果 $f''(x_0) = 0$ 或不存在,则点 $(x_0, f(x_0))$ 可能是拐点.（   ）

3.求下列极限.

(1) $\lim\limits_{x \to 0} \dfrac{e^x - 1}{\cos x - 1}$;

(2) $\lim\limits_{x \to +\infty} (\ln x)^{\frac{1}{x}}$;

(3) $\lim\limits_{x \to 0} \dfrac{\sin x - x \cos x}{\sin^3 x}$;

(4) $\lim\limits_{n \to \infty} n^2 e^{-n}$;

(5) $\lim\limits_{x \to 0} \dfrac{x^2 \sin \dfrac{1}{x}}{\ln(1+x)}$;

(6) $\lim\limits_{x \to 0} \left(\dfrac{1}{\sin x} - \dfrac{1}{x} \right)$;

(7) $\lim\limits_{x \to 0} \left(\dfrac{1}{x} - \cot x \right)$;

(8) $\lim\limits_{x \to 0^+} \left(\dfrac{1}{x} \right)^{\tan x}$.

4.求下列函数的单调区间.

(1) $y = 3x^5 - 5x^3$;

(2) $y = 2x + \dfrac{8}{x}$ $(x > 0)$;

(3) $y = \ln(x + \sqrt{1 + x^2})$;

(4) $y = \dfrac{10}{4x^3 - 9x^2 + 6x}$.

5.证明: $(1+x) \ln^2(1+x) < x^3, x \in (0,1)$.

7.求下列函数的极值.

(1) $y = x^{\frac{1}{x}}$;

(2) $y = \dfrac{x^2}{x+1}$;

(3) $y = x - \ln(1+x)$;

(4) $y = x + \tan x$.

8.求下列函数在指定区间上的最大、小值.

(1) $y = x^4 - 2x^2 + 5, [-2,2]$;

(2) $y = \sin 2x - x, \left[-\dfrac{\pi}{2}, \dfrac{\pi}{2} \right]$;

(3) $y = \arctan \dfrac{1-x}{1+x}, [0,1]$.

9.求下列曲线的渐近线.

(1) $y = 2x + \arctan \dfrac{x}{2}$;

(2) $y = \dfrac{1}{x^2 - 4x + 5}$;

(3) $y = xe^{\frac{2}{x}}$.

10.作出下列函数的图形.

(1) $y = xe^{-x}$;

(2) $y = 2 + \dfrac{3x}{(x+1)^2}$;

(3) $y = \dfrac{x^2}{2x-1}$.

11.一工厂生产某种产品 x 单位的总成本函数为

$$C(x) = 0.5x^2 - 36x + 9800 \text{（万元）}.$$

问:产量多少时,平均成本最低? 求出最低平均成本.

12.将长为 a 的铁丝切成两段,一段围城正方形,另一段围成圆形,如何切割可使正方形和圆形的面积之和最小?

13. 有一块等腰直角三角形钢板,斜边为 a, 欲从这块钢板上割下一块矩形,要求以斜边为矩形的一条边,如何截取可使其面积最大?

扫一扫,获取参考答案

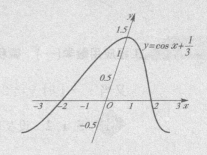

第5章 不定积分

前面学习的微分的运算本质是已知一个函数,求它的导函数;在科学技术领域中很多时候需要进行它的逆运算,即已知一个函数的导函数,求原来的这个函数,这就是本章不定积分要解决的主要问题.为解决这个问题,本章首先引入不定积分的概念,并进一步给出不定积分的常用积分方法.求不定积分是积分学的基本问题之一.

§5.1 不定积分的概念和性质

5.1.1 原函数与不定积分的概念

在许多实际问题中,常常会遇到这种情况:已知某个函数的导数(或微分),需要求这个函数本身.例如,已知曲线上某点处切线的斜率,求曲线的方程.再如,已知某产品的边际利润函数,要求该商品的总利润函数.这些都是求导数(或微分)的逆运算.

例 5.1.1 已知曲线 $y = f(x)$ 上某点坐标为 $(1,2)$,任某点处切线的斜率 $\dfrac{\mathrm{d}y}{\mathrm{d}x} = 2x$,求曲线的方程.

解 因为 $\dfrac{\mathrm{d}y}{\mathrm{d}x} = 2x$,由导数知识,我们知道 $(x^2 + C)' = 2x$,故曲线的方程为 $y = x^2 + C$.

又当 $x=1$ 时 $y=2$,代入上式得 $C=1$,故曲线的方程为 $y=x^2+1$.

例 5.1.2 设某商品的销售量为 q,利润函数为 $L(q)$,商品的边际利润为 $L'(q)=200-0.4q$,求当 $L(100)=20000$ 元时,该商品的利润函数.

解 由求导知识联想到 $(200q-0.2q^2)'=200-0.4q$,且常数的导数为 0,所以 $(200q-0.2q^2+C)'=200-0.4q$,于是 $L(q)=200q-0.2q^2+C$. 又当 $L(100)=20000$,故有 $C=2000$. 于是 $L(q)=200q-0.2q^2+2000$ 即为所求的利润函数.

上述两个案例实际上是同一数学问题的不同表现形式,即已知某函数的导数求该函数,相当于由 $F'(x)=f(x)$ 求 $F(x)$. 下面对这种关系给出严格的定义.

> **定义 5.1.1** 如果在区间 I 上,可导函数 $F(x)$ 的导数为 $f(x)$,即 $\forall x \in I$,都有 $F'(x)=f(x)$ 或 $\mathrm{d}F(x)=f(x)\mathrm{d}x$,那么函数 $F(x)$ 就称为 $f(x)$ 在区间 I 上的**原函数**.

例 5.1.1 中 x^2+1、x^2+C 都是 $2x$ 的原函数;例 5.1.2 中 $L(q)=200q-0.2q^2+2000$ 和 $L(q)=200q-0.2q^2+C$ 都是 $L'(q)=200-0.4q$ 的原函数.

关于原函数,要依次解决如下三个问题:

(1)一个函数在什么情况下才有原函数?

(2)一个函数有多少个原函数?

(3)同一函数的原函数之间有什么关系?

一个函数具备什么条件,可保证其原函数一定存在? 这个问题将在下一章讨论.这里先给出原函数存在的一个充分条件.

> **定理 5.1.1(原函数存在定理)** 如果函数 $f(x)$ 在区间 I 上连续,那么在区间 I 上存在可导函数 $F(x)$,使得 $\forall x \in I$ 都有 $F'(x)=f(x)$,即连续函数一定存在原函数.

第二个问题:一个函数如果有原函数,原函数的个数问题. 从例 5.1.1 可以知道 x^2+1、x^2+C 都是 $2x$ 的原函数,对一般的函数 $f(x)$,也有同样的结论.

定理 5.1.2　若 $F(x)$ 是 $f(x)$ 在区间 I 上的一个原函数,那么 $F(x)+C$(对任意常数 C)也是 $f(x)$ 在区间 I 上的原函数.

证明:设 $F(x)$ 是 $f(x)$ 在区间 I 上的一个原函数,那么对任意常数 C 有 $[F(x)+C]'=f(x)$,即函数 $F(x)+C$ 也是 $f(x)$ 的原函数.这说明:如果 $f(x)$ 有原函数,那么 $f(x)$ 就有无穷多个原函数.

最后,我们再来探寻同一函数的原函数之间的关系.

定理 5.1.3　若 $F(x)$ 和 $G(x)$ 都是 $f(x)$ 在区间 I 上的一个原函数,那么 $F(x)$ 和 $G(x)$ 只相差某一常数 C.

证明:$\because F'(x)=f(x),G'(x)=f(x)$. 由求导法则知
$$[F(x)-G(x)]'=F'(x)-G'(x)=f(x)-f(x)=0,$$
故 $F(x)-G(x)=C$.

通过以上说明,我们引进不定积分的定义,即

定义 5.1.2　在区间 I 上,函数 $f(x)$ 的带有任意常数项的原函数称为 $f(x)$ 在区间 I 上的**不定积分**,记作 $\int f(x)\mathrm{d}x$,其中记号 $\int$ 称为积分号,$f(x)$ 称为**被积函数**,$f(x)\mathrm{d}x$ 称为**被积表达式**,x 称为**积分变量**.

如果 $F(x)$ 是 $f(x)$ 的一个原函数,那么 $F(x)+C$ 就是 $f(x)$ 的不定积分,即 $\int f(x)\mathrm{d}x=F(x)+C$($C$ 为任意常数).

因此,不定积分 $\int f(x)\mathrm{d}x$ 可以表示 $f(x)$ 的任意一个原函数.

例 5.1.3　求 $\int\dfrac{1}{\sqrt{1-x^2}}\mathrm{d}x$.

解　因为 $(\arcsin x)'=\dfrac{1}{\sqrt{1-x^2}}$,所以 $\arcsin x+C$ 是 $\dfrac{1}{\sqrt{1-x^2}}$ 的一个原函数.因此 $\int\dfrac{1}{\sqrt{1-x^2}}\mathrm{d}x=\arcsin x+C$.

例 5.1.4 求 $\int \dfrac{1}{1+x^2}\mathrm{d}x$.

解 因为 $(\arctan x)' = \dfrac{1}{1+x^2}$，所以 $\int \dfrac{1}{1+x^2}\mathrm{d}x = \arctan x + C$.

例 5.1.5 求 $\int \dfrac{1}{x}\mathrm{d}x$.

解 当 $x > 0$ 时，由于 $(\ln x)' = \dfrac{1}{x}$，所以 $\ln x$ 是 $\dfrac{1}{x}$ 在 $(0, +\infty)$ 内的原函数，因此在 $(0, +\infty)$ 内，有 $\int \dfrac{1}{x}\mathrm{d}x = \ln x + C$.

当 $x < 0$ 时，由于 $[\ln(-x)]' = \dfrac{1}{-x} \cdot (-1) = \dfrac{1}{x}$，所以 $\ln(-x)$ 是 $\dfrac{1}{x}$ 在 $(-\infty, 0)$ 内的原函数，因此在 $(-\infty, 0)$ 内，有 $\int \dfrac{1}{x}\mathrm{d}x = \ln(-x) + C$.

把以上结果综合起来，则得 $\int \dfrac{1}{x}\mathrm{d}x = \ln|x| + C$.

5.1.2　不定积分的几何意义

设 $F(x)$ 是 $f(x)$ 的一个原函数，从几何的角度看 $F(x)$ 表示平面上的一条曲线，我们把它称为 $f(x)$ 的一条积分曲线，将这条积分曲线 $F(x)$ 沿 y 轴上下平移，就得到 $f(x)$ 的积分曲线族 $F(x) + C$. 这族积分曲线的特点是：当横坐标相同时，各条曲线上对应点处的切线斜率相等，即切线互相平行，如图 5.1.1 所示.

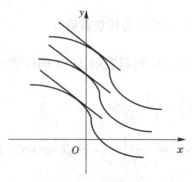

图 5.1.1　积分曲线族

5.1.3 不定积分的性质

性质 1 不定积分与微分(求导)互为逆运算:

$(1)\left[\int f(x)\mathrm{d}x\right]' = f(x)$ 或 $\mathrm{d}\int f(x)\mathrm{d}x = f(x)\mathrm{d}x$;

$(2)\int F'(x)\mathrm{d}x = F(x)+C$ 或 $\int \mathrm{d}F(x) = F(x)+C$.

性质 2 设函数 $f(x)$ 的原函数存在,k 为非零常数,则

$$\int kf(x)\mathrm{d}x = k\int f(x)\mathrm{d}x.$$

性质 3 设函数 $f(x)$ 及 $g(x)$ 的原函数存在,则

$$\int [f(x)\pm g(x)]\mathrm{d}x = \int f(x)\mathrm{d}x \pm \int g(x)\mathrm{d}x.$$

性质 3 可以推广到有限多个函数代数和的情况,即

$$\int [f_1(x)\pm f_2(x)\pm \cdots \pm f_n(x)]\mathrm{d}x = \int f_1(x)\mathrm{d}x \pm \int f_2(x)\mathrm{d}x \pm \cdots \pm \int f_n(x)\mathrm{d}x.$$

5.1.4 基本积分表

由不定积分的定义可知,求一个函数的不定积分关键是求出它的一个原函数. 根据积分是微分逆运算的关系,我们可以求出一些简单函数的不定积分,如例 5.1.3,例 5.1.4,例 5.1.5. 但通过这样的推算解题速度较慢,且不方便计算相对复杂的不定积分. 为此,从每一个基本初等函数的导数公式相应地推导得到一个不定积分公式,见表 5.1.1. 在记住这些基本积分公式的基础上,再去求解一些相对复杂的不定积分.

表 5.1.1 基本微分公式和积分公式对照表

$\mathrm{d}F(x)=f(x)\mathrm{d}x;F'(x)=f(x)$	$\int f(x)\mathrm{d}x = F(x)+C$
$\mathrm{d}(C)=0$	$\int 0\mathrm{d}x = C$
$\mathrm{d}(x)=1$	$\int \mathrm{d}x = x+C$
$\mathrm{d}(x^a)=ax^{a-1}\mathrm{d}x$	$\int x^a\mathrm{d}x = \dfrac{1}{a+1}x^{a+1}$

$\mathrm{d}(\mathrm{e}^x) = \mathrm{e}^x \mathrm{d}x$	$\int \mathrm{e}^x \mathrm{d}x = \mathrm{e}^x + C$
$\mathrm{d}(a^x) = a^x \ln a \mathrm{d}x$	$\int a^x \mathrm{d}x = \dfrac{a^x}{\ln a} + C$
$\mathrm{d}(\ln x) = \dfrac{1}{x}\mathrm{d}x$	$\int \dfrac{1}{x}\mathrm{d}x = \ln|x| + C$
$\mathrm{d}(\log_a x) = \dfrac{1}{x \ln a}\mathrm{d}x$ (注: $\log_a x = \dfrac{\ln x}{\ln a}$)	
$\mathrm{d}(\sin x) = \cos x \mathrm{d}x$	$\int \cos x \mathrm{d}x = \sin x + C$
$\mathrm{d}(\cos x) = -\sin x \mathrm{d}x$	$\int \sin x \mathrm{d}x = -\cos x + C$
$\mathrm{d}(\tan x) = \dfrac{\mathrm{d}x}{\cos^2 x}$	$\int \dfrac{1}{\cos^2 x}\mathrm{d}x = \int \sec^2 x \mathrm{d}x = \tan x + C$
$\mathrm{d}(\cot x) = -\dfrac{\mathrm{d}x}{\sin^2 x}$	$\int \dfrac{1}{\sin^2 x}\mathrm{d}x = \int \csc^2 x \mathrm{d}x = -\cot x + C$
$\mathrm{d}(\sec x) = \sec x \cdot \tan x \mathrm{d}x$	$\int \sec x \tan x \mathrm{d}x = \sec x + C$
$\mathrm{d}(\csc x) = -\csc x \cdot \cot x \mathrm{d}x$	$\int \csc x \cot x \mathrm{d}x = -\csc x + C$
$\mathrm{d}(\arcsin x) = -\mathrm{d}(\arccos x) = \dfrac{1}{\sqrt{1-x^2}}\mathrm{d}x$	$\int \dfrac{1}{\sqrt{1-x^2}}\mathrm{d}x = \arcsin x + C = -\arccos x + C$
$\mathrm{d}(\arctan x) = -\mathrm{d}(\operatorname{arccot} x) = \dfrac{1}{1+x^2}\mathrm{d}x$	$\int \dfrac{1}{1+x^2}\mathrm{d}x = \arctan x + C = -\operatorname{arccot} x + C$

例 5.1.6 求 $\displaystyle\int \dfrac{1}{x\sqrt[3]{x}}\mathrm{d}x$.

解 将被积函数化为 x^a 的形式,然后应用幂函数的不定积分公式写结果.

$$\int \frac{1}{x\sqrt[3]{x}}\mathrm{d}x = \int x^{-\frac{4}{3}}\mathrm{d}x = \frac{1}{1+\left(-\frac{4}{3}\right)}x^{\left[1+\left(-\frac{4}{3}\right)\right]} + C = -\frac{3}{\sqrt[3]{x}} + C.$$

例 5.1.7 求 $\displaystyle\int 3^x \mathrm{e}^x \mathrm{d}x$.

解 $\displaystyle\int 3^x \mathrm{e}^x \mathrm{d}x = \int (3\mathrm{e})^x \mathrm{d}x = \frac{(3\mathrm{e})^x}{\ln(3\mathrm{e})} + C = \frac{3^x \mathrm{e}^x}{1+\ln 3} + C.$

例 5.1.8 求 $\int (x^2+1)^2 \mathrm{d}x$.

解 $\int (x^2+1)^2 \mathrm{d}x = \int (x^4+2x^2+1)\mathrm{d}x = \dfrac{x^5}{5}+\dfrac{2x^3}{3}+x+C$.

例 5.1.9 求 $\int \dfrac{x^2+1}{x^2}\mathrm{d}x$.

解 $\int \dfrac{x^2+1}{x^2}\mathrm{d}x = \int (1+\dfrac{1}{x^2})\mathrm{d}x = x-\dfrac{1}{x}+C$.

例 5.1.10 求 $\int \dfrac{x^2}{x^2+1}\mathrm{d}x$.

解 $\int \dfrac{x^2}{x^2+1}\mathrm{d}x = \int \dfrac{x^2+1-1}{x^2+1}\mathrm{d}x = \int (1-\dfrac{1}{x^2+1})\mathrm{d}x = x-\arctan x+C$.

例 5.1.11 求 $\int \tan^2 x\mathrm{d}x$.

解 $\int \tan^2 x\mathrm{d}x = \int (\sec^2 x-1)\mathrm{d}x = \tan x-x+C$.

例 5.1.12 求 $\int \dfrac{\sin 2x}{\cos x}\mathrm{d}x$.

解 $\int \dfrac{\sin 2x}{\cos x}\mathrm{d}x = \int \dfrac{2\sin x\cos x}{\cos x}\mathrm{d}x = 2\int \sin x\mathrm{d}x = -2\cos x+C$.

例 5.1.13 求 $\int \cos^2 \dfrac{x}{2}\mathrm{d}x$.

解 $\int \cos^2 \dfrac{x}{2}\mathrm{d}x = \dfrac{1}{2}\int (1+\cos x)\mathrm{d}x = \dfrac{1}{2}(x+\sin x)+C$.

注意：①分项积分后，只需要最终写出一个任意常数 C 即可. ②可以尝试通过对积分结果求导，看它是否等于被积函数，来验证所求积分是否正确.

思考题：设 $\int f(x)\mathrm{e}^{\frac{1}{x}}\mathrm{d}x = \mathrm{e}^{\frac{1}{x}}+C$，求 $f(x)$.

习题 5.1

1.填空题.

(1) $x^3+\cos x$ 的一个原函数为_____.

(2)若 $\int f(x)\mathrm{d}x = 2^x+\sin x+C$，则 $f(x) =$ _____.

2.判断下列等式是否正确.

(1) $\mathrm{d}\displaystyle\int \frac{1}{\sqrt{1-x^2}}\mathrm{d}x = \frac{1}{\sqrt{1-x^2}}\mathrm{d}x$;　　　(2) $\displaystyle\int (\sin x)'\mathrm{d}x = -\cos x + C$.

3.计算不定积分.

(1) $\displaystyle\int (2x - x^2)\mathrm{d}x$;　　　　　　　(2) $\displaystyle\int \left(\frac{1-x}{x}\right)^2\mathrm{d}x$;

(3) $\displaystyle\int \frac{1}{\sqrt{x}}\mathrm{d}x$;　　　　　　　　　(4) $\displaystyle\int \frac{x^2}{1+x^2}\mathrm{d}x$;

(5) $\displaystyle\int \frac{1}{x^2\sqrt{x}}\mathrm{d}x$;　　　　　　　(6) $\displaystyle\int \frac{1+x}{\sqrt{x}}\mathrm{d}x$;

(7) $\displaystyle\int (2^x - 3^x)^2\mathrm{d}x$;　　　　　　(8) $\displaystyle\int \frac{\cos 2x}{\sin x - \cos x}\mathrm{d}x$;

(9) $\displaystyle\int \frac{1}{\sin^2 x \cos^2 x}\mathrm{d}x$;　　　　(9) $\displaystyle\int \tan^2 x\,\mathrm{d}x$.

4.证明 $F(x) = \dfrac{1}{2}(1+\ln x)^2$ 和 $G(x) = \dfrac{1}{2}\ln^2 x + \ln x$ 是同一个函数的原函数,并说明两个函数的关系.

5.已知曲线 $y = f(x)$ 过原点,且在点 $(x, f(x))$ 处的切线斜率为 $2x^2 - \sin x$,试求曲线方程.

§5.2　换元积分法

上一节,我们直接应用积分公式和不定积分的性质计算出不定积分,但这样能求的不定积分非常有限,所以需要进一步研究计算不定积分的一些其他常用方法.这一节将介绍**换元积分法**——通过适当的变量代换,将某些不定积分化为基本积分表中所列的形式,再计算出最后的结果.

5.2.1　第一类换元积分法(凑微分法)

例 5.2.1 求 $\displaystyle\int e^{3x}\mathrm{d}x$.

解　由基本积分表得 $\displaystyle\int e^u\mathrm{d}u = e^u + C$,观察 $\displaystyle\int e^{3x}\mathrm{d}x$ 与 $\displaystyle\int e^u\mathrm{d}u$ 这两个积分的不同之处,我们发现,若 $\displaystyle\int e^{3x}\mathrm{d}x$ 的积分变量就是 $3x$,那么问题就转化为可

以求解的形式了.

$$\int \mathrm{e}^{3x}\mathrm{d}x \underline{\text{凑微分}} \frac{1}{3}\int \mathrm{e}^{3x}\mathrm{d}(3x) \underline{\text{令}\, u=3x} \frac{1}{3}\int \mathrm{e}^{u}\mathrm{d}u = \frac{1}{3}\mathrm{e}^{u}+C \underline{\text{回代}} \frac{1}{3}\mathrm{e}^{3x}+C.$$

可以验证 $\left(\dfrac{1}{3}\mathrm{e}^{3x}+C\right)' = \mathrm{e}^{3x}$, 所以 $\displaystyle\int \mathrm{e}^{3x}\mathrm{d}x = \frac{1}{3}\mathrm{e}^{3x}+C$ 是正确的.

对于一般情况,可以由复合函数的求导法则推导出一个一般的求不定积分的常用方法——第一类换元积分法.

定理 5.2.1(第一类换元积分法) 设函数 $u=\varphi(x)$ 在所讨论的区间上可微,又设 $\displaystyle\int f(u)\mathrm{d}u = F(u)+C$, 则有

$$\int f[\varphi(x)]\varphi'(x)\mathrm{d}x = \int f[\varphi(x)]\mathrm{d}\varphi(x) = \left[\int f(u)\mathrm{d}u\right]_{u=\varphi(x)}$$
$$= F[\varphi(x)]+C.$$

证明 因为

$$\int f(u)\mathrm{d}u = F(u)+C.$$

由定义有 $F'(x) = f(x)$, 又 $u=\varphi(x)$ 可导,由复合函数的求导法则得

$$\frac{\mathrm{d}F[\varphi(x)]}{\mathrm{d}x} = \frac{\mathrm{d}F(u)}{\mathrm{d}u} \cdot \frac{\mathrm{d}u}{\mathrm{d}x} = f(u)\varphi'(x),$$

所以 $F[\varphi(x)]$ 是 $f[\varphi(x)] \cdot \varphi'(x)$ 的一个原函数,故

$$\int f[\varphi(x)]\varphi'(x)\mathrm{d}x = \int f[\varphi(x)]\mathrm{d}\varphi(x) = \left[\int f(u)\mathrm{d}u\right]_{u=\varphi(x)}$$
$$= F[\varphi(x)]+C.$$

注意:第一类换元积分法的关键是如何选取 $\varphi(x)$, 并将 $\varphi'(x)\mathrm{d}x$ 凑成微分 $\mathrm{d}\varphi(x)$ 的形式,因此,第一类换元积分法又称为"凑微分"法.

例 5.2.2 求 $\displaystyle\int (2x-1)^3\mathrm{d}x$.

解 令 $u=2x-1$, 则 $x=\dfrac{1}{2}(u+1)$, $\mathrm{d}x=\dfrac{1}{2}\mathrm{d}u$, 于是

$$\int (2x-1)^3\mathrm{d}x = \int \frac{1}{2}u^3\mathrm{d}u = \frac{1}{2}\int u^3\mathrm{d}u$$
$$= \frac{1}{8}u^4+C = \frac{1}{8}(2x-1)^4+C.$$

一般地，$\int (ax+b)^m \mathrm{d}x (m \neq -1) = \dfrac{1}{a}\int (ax+b)^m \mathrm{d}(ax+b)$

$$= \dfrac{1}{a(m+1)}(ax+b)^{m+1}+C.$$

当 $m=-1$ 时，$\int \dfrac{\mathrm{d}x}{ax+b}(a\neq 0) = \dfrac{1}{a}\int \dfrac{\mathrm{d}(ax+b)}{ax+b}$

$$= \dfrac{1}{a}\ln|ax+b|+C.$$

例 5.2.3 求 $\int 2xe^{x^2}\mathrm{d}x$.

解 被积函数中一个因子为 e^{x^2}，另一个因子 $2x$ 恰好为 x^2 的导数，所以令 $u=x^2$，则

$$\int 2xe^{x^2}\mathrm{d}x = \int e^{x^2}\mathrm{d}(x^2) = \int e^u \mathrm{d}u$$

$$= e^u + C = e^{x^2} + C.$$

例 5.2.4 求 $\int \dfrac{1}{4+x^2}\mathrm{d}x$.

解 $\int \dfrac{1}{4+x^2}\mathrm{d}x = \dfrac{1}{4}\int \dfrac{1}{1+\left(\frac{x}{2}\right)^2}\mathrm{d}x = \dfrac{1}{2}\int \dfrac{1}{1+\left(\frac{x}{2}\right)^2}\mathrm{d}\left(\dfrac{x}{2}\right)$

$$= \dfrac{1}{2}\arctan \dfrac{x}{2} + C.$$

例 5.2.5 求 $\int \dfrac{1}{9-x^2}\mathrm{d}x$.

解 $\because \dfrac{1}{9-x^2} = \dfrac{1}{(3-x)(3+x)} = \dfrac{1}{6}\left(\dfrac{1}{3-x}+\dfrac{1}{3+x}\right)$

$\therefore \int \dfrac{1}{9-x^2}\mathrm{d}x = \dfrac{1}{6}\left(\int \dfrac{\mathrm{d}x}{3-x}+\int \dfrac{\mathrm{d}x}{3+x}\right)$

$$= \dfrac{1}{6}\left[\int \dfrac{\mathrm{d}(3+x)}{3+x} - \int \dfrac{\mathrm{d}(3-x)}{3-x}\right]$$

$$= \dfrac{1}{6}(\ln|3+x| - \ln|3-x|)+C$$

$$= \dfrac{1}{6}\ln\left|\dfrac{3+x}{3-x}\right|+C.$$

例 5.2.6 求 $\int \dfrac{1}{\sqrt{2-x^2}}\mathrm{d}x$.

解 $\int \dfrac{1}{\sqrt{2-x^2}}\mathrm{d}x = \dfrac{1}{\sqrt{2}}\int \dfrac{1}{\sqrt{1-\left(\dfrac{x}{\sqrt{2}}\right)^2}}\mathrm{d}x$

$\qquad = \int \dfrac{1}{\sqrt{1-\left(\dfrac{x}{\sqrt{2}}\right)^2}}\mathrm{d}\left(\dfrac{x}{\sqrt{2}}\right) = \arcsin\dfrac{x}{\sqrt{2}}+C.$

例 5.2.7 求 $\int \dfrac{\mathrm{d}x}{x(1+2\ln x)}$.

解 $\int \dfrac{\mathrm{d}x}{x(1+2\ln x)} = \int \dfrac{\mathrm{d}(\ln x)}{1+2\ln x} = \dfrac{1}{2}\int \dfrac{\mathrm{d}(1+2\ln x)}{1+2\ln x}$

$\qquad = \dfrac{1}{2}\ln|1+2\ln x|+C.$

在第一类换元积分法中,经常用到的配元形式有:

(1) $\int f(ax+b)\mathrm{d}x = \dfrac{1}{a}\int f(ax+b)\mathrm{d}(ax+b)\,(a\neq 0)$;

(2) $\int f(x^n)x^{n-1}\mathrm{d}x = \dfrac{1}{n}\int f(x^n)\mathrm{d}(x^n)$;

(3) $\int f(x^n)\dfrac{1}{x}\mathrm{d}x = \dfrac{1}{n}\int f(x^n)\dfrac{1}{x^n}\mathrm{d}(x^n)$;

(4) $\int f(\ln x)\dfrac{1}{x}\mathrm{d}x = \int f(\ln x)\mathrm{d}(\ln x)$;

(5) $\int f(\mathrm{e}^x)\mathrm{e}^x\mathrm{d}x = \int f(\mathrm{e}^x)\mathrm{d}(\mathrm{e}^x)$;

(6) $\int f(\sin x)\cos x\mathrm{d}x = \int f(\sin x)\mathrm{d}(\sin x)$;

(7) $\int f(\cos x)\sin x\mathrm{d}x = -\int f(\cos x)\mathrm{d}(\cos x)$;

(8) $\int f(\tan x)\sec^2 x\mathrm{d}x = \int f(\tan x)\mathrm{d}(\tan x)$.

例 5.2.8 求 $\int \tan x\mathrm{d}x$.

解 $\int \tan x\mathrm{d}x = \int \dfrac{\sin x}{\cos x}\mathrm{d}x = \int \dfrac{\mathrm{d}(\cos x)}{\cos x} = \ln|\cos x|+C.$

例 5.2.9 求 $\int \sin 3x \cos 5x \mathrm{d}x$.

解 $\int \sin 3x \cos 5x \mathrm{d}x = \frac{1}{2}\int (\sin 8x - \sin 2x)\mathrm{d}x = -\frac{\cos 8x}{16} + \frac{\cos 2x}{4} + C.$

例 5.2.10 求 $\int \frac{1}{1+\cos x}\mathrm{d}x$.

解法 1 $\int \frac{1}{1+\cos x}\mathrm{d}x = \frac{1}{2}\int \frac{1}{\cos^2 \frac{x}{2}}\mathrm{d}x = \int \sec^2 \frac{x}{2} \mathrm{d} \frac{x}{2} = \tan \frac{x}{2} + C.$

解法 2 $\int \frac{1}{1+\cos x}\mathrm{d}x = \int \frac{1-\cos x}{1-\cos^2 x}\mathrm{d}x$

$$= \int \frac{1}{1-\cos^2 x}\mathrm{d}x - \int \frac{\cos x}{1-\cos^2 x}\mathrm{d}x$$

$$= \int \csc^2 x \mathrm{d}x - \int \frac{\mathrm{d}(\sin x)}{\sin^2 x}$$

$$= -\cot x + \frac{1}{\sin x} + C.$$

例 5.2.11 求 $\int \cos^2 x \mathrm{d}x$.

解 $\int \cos^2 x \mathrm{d}x = \int \frac{1+\cos 2x}{2}\mathrm{d}x = \frac{x}{2} + \frac{1}{4}\int \cos 2x \mathrm{d}(2x)$

$$= \frac{x}{2} + \frac{\sin 2x}{4} + C.$$

通过上述求不定积分的例子可知,在用第一类换元积分法求不定积分时,关键是要在被积表达式中凑出适合的微分因子,再进行变量代换. 这种方法有一定的技巧性,且在某些情况下,无法用凑微分的方法求出不定积分,比如不定积分

$$\int \sqrt{a^2 \pm x^2}\mathrm{d}x, \int \frac{\sqrt{x}}{1+\sqrt[3]{x}}\mathrm{d}x, \cdots$$

不能用第一类换元积分法求解. 为此我们引入另一种积分法——第二类换元积分法.

5.2.2　第二类换元积分法

> **定理 5.2.2(第二类换元积分法)**　设 $x = \varphi(t)$ 是可微函数,且有可微反函数 $t = \varphi^{-1}(x)$. 若有 $\int f[\varphi(t)]\varphi'(t)\mathrm{d}t = F(t) + C$, 则
>
> $$\int f(x)\mathrm{d}x = F[\varphi^{-1}(x)] + C.$$

证明　由复合函数及反函数求导法则得

$$\frac{\mathrm{d}F[\varphi^{-1}(x)]}{\mathrm{d}x} = \frac{\mathrm{d}F(t)}{\mathrm{d}t} \cdot \frac{\mathrm{d}t}{\mathrm{d}x} = f[\varphi(t)]\varphi'(t) \cdot \frac{1}{\varphi'(t)}$$

$$= f[\varphi(t)] = f(x),$$

所以 $F[\varphi^{-1}(x)]$ 是 $f(x)$ 的一个原函数. 故

$$\int f(x)\mathrm{d}x = F[\varphi^{-1}(x)] + C.$$

例 5.2.12　求不定积分 $\displaystyle\int \frac{x}{\sqrt{x-1}}\mathrm{d}x$.

解法 1(第一类换元积分法)

$$\int \frac{x}{\sqrt{x-1}}\mathrm{d}x = \int \frac{x-1+1}{\sqrt{x-1}}\mathrm{d}x = \int \left[\sqrt{x-1} + (x-1)^{-\frac{1}{2}}\right]\mathrm{d}x$$

$$= \int \left[(x-1)^{\frac{1}{2}} + (x-1)^{-\frac{1}{2}}\right]\mathrm{d}(x-1)$$

$$= \frac{2}{3}(x-1)^{\frac{3}{2}} + 2(x-1)^{\frac{1}{2}} + C$$

$$= \frac{2}{3}(x-1)^{\frac{1}{2}}(x+2) + C.$$

解法 2(第二类换元积分法)

令 $t = \sqrt{x-1}$, 则 $\mathrm{d}x = 2t\mathrm{d}t$, 从而有:

$$\int \frac{x}{\sqrt{x-1}}\mathrm{d}x = \int \frac{t^2+1}{t}2t\mathrm{d}t = 2\int (t^2+1)\mathrm{d}t = \frac{2}{3}t(t^2+3t) + C$$

$$= \frac{2}{3}(x-1)^{\frac{1}{2}}(x+2) + C.$$

例 5.2.13 求不定积分 $\int \dfrac{\sqrt{x}}{1+\sqrt[3]{x}}\mathrm{d}x$.

解 令 $t = \sqrt[6]{x}$，则 $x = t^6, \mathrm{d}x = 6t^5\mathrm{d}t, \sqrt{x} = t^3, \sqrt[3]{x} = t^2$，从而有

$$\int \frac{\sqrt{x}}{1+\sqrt[3]{x}}\mathrm{d}x = 6\int \frac{t^8}{1+t^2}\mathrm{d}t = 6\int (t^6 - t^4 + t^2 - 1)\mathrm{d}t + 6\int \frac{1}{1+t^2}\mathrm{d}t$$

$$= 6\left(\frac{t^7}{7} - \frac{t^5}{5} + \frac{t^3}{3} - t\right) + 6\arctan t + C$$

$$= 6\left(\frac{x^{\frac{7}{6}}}{7} - \frac{x^{\frac{5}{6}}}{5} + \frac{x^{\frac{3}{6}}}{3} - \sqrt[6]{x}\right) + 6\arctan \sqrt[6]{x} + C.$$

例 5.2.14 求不定积分 $\int \sqrt{a^2 - x^2}\,\mathrm{d}x(a > 0)$.

解 这个积分的难点在于被积函数有根式，我们可以利用三角公式

$$\sin^2 t + \cos^2 t = 1$$

来去掉根号.

设 $x = a\sin t, t \in \left(-\dfrac{\pi}{2}, \dfrac{\pi}{2}\right)$，解得 $t = \arcsin \dfrac{x}{a}$，从而

$$\sqrt{a^2 - x^2} = \sqrt{a^2 - a^2 \sin^2 t} = a\cos t, \mathrm{d}x = a\cos t\mathrm{d}t,$$

这样被积表达式就不含根号，所求积分化为

$$\int \sqrt{a^2 - x^2}\,\mathrm{d}x = \int a\cos t \cdot a\cos t\mathrm{d}t = a^2\int \cos^2 t\mathrm{d}t$$

$$= \frac{a^2}{2}\int (1 + \cos 2t)\,\mathrm{d}t$$

$$= \frac{a^2}{2}\left(t + \frac{\sin 2t}{2}\right) + C.$$

$\sin 2t = 2\sin t \cos t$，由 $x = a\sin t$，解得

$$\sin t = \frac{x}{a}, \cos t = \frac{1}{a}\sqrt{a^2 - x^2},$$

如图 5.2.1 所示，于是有

图 5.2.1

$$\int \sqrt{a^2 - x^2}\,\mathrm{d}x = \frac{a^2}{2}\arcsin \frac{x}{a} + \frac{x}{2}\sqrt{a^2 - x^2} + C.$$

◆例 **5. 2. 15**　求不定积分 $\displaystyle\int \frac{\mathrm{d}x}{\sqrt{a^2+x^2}}(a>0)$.

解　为去掉根号，令 $x=a\tan t(t\in(-\frac{\pi}{2},\frac{\pi}{2}))$，$\mathrm{d}x=a\sec^2t\mathrm{d}t$，从而有

$$\int \frac{\mathrm{d}x}{\sqrt{a^2+x^2}}=\int \frac{a\sec^2t\mathrm{d}t}{a\sec t}=\int \sec t\mathrm{d}t=\int \frac{\sec t(\sec t+\tan t)}{(\sec t+\tan t)}\mathrm{d}t$$

$$=\int \frac{\mathrm{d}(\sec t+\tan t)}{(\sec t+\tan t)}=\ln|\sec t+\tan t|+C$$

又由 $\tan t=\dfrac{x}{a}$ 知 $\sec t=\dfrac{\sqrt{a^2+x^2}}{a}$（如图 5. 2. 2 所

示），所以有 $\displaystyle\int \frac{\mathrm{d}x}{\sqrt{a^2+x^2}}=\ln\left|\frac{\sqrt{a^2+x^2}}{a}+\frac{x}{a}\right|+C$

$$=\ln\left|x+\sqrt{a^2+x^2}\right|+C_1.$$

图 5. 2. 2

◆例 **5. 2. 16**　求不定积分 $\displaystyle\int \frac{\sqrt{x^2-9}}{x}\mathrm{d}x$.

解　①当 $x>3$ 时，令 $x=3\sec t,t\in(0,\frac{\pi}{2})$，则 $\mathrm{d}x=3\sec t\tan t\mathrm{d}t$.

$$\therefore\int \frac{\sqrt{x^2-9}}{x}\mathrm{d}x=\int \frac{3\tan t}{3\sec t}3\sec t\tan t\mathrm{d}t=3\int \tan^2t\mathrm{d}t=3\int(\sec^2t-1)\mathrm{d}t$$

$$=3\tan t-3t+C=\sqrt{x^2-9}-3\arccos\frac{3}{x}+C.$$

②当 $x<-3$ 时，令 $u=-x$，则 $u>3$.

原式 $=\displaystyle\int \frac{\sqrt{u^2-9}}{u}\mathrm{d}u$，

由①得 $\displaystyle\int \frac{\sqrt{u^2-9}}{u}\mathrm{d}u=\sqrt{u^2-9}-3\arccos\frac{3}{u}+C$

$$=\sqrt{x^2-9}-3\arccos\frac{3}{|x|}+C.$$

综上，$\displaystyle\int \frac{\sqrt{x^2-9}}{x}\mathrm{d}x=\sqrt{x^2-9}-3\arccos\frac{3}{|x|}+C.$

注意：当 $x=3\sec t$ 时，有 $\cos t=\dfrac{3}{x}$，$\sin t=\dfrac{\sqrt{x^2-9}}{x}$，$\tan t=\dfrac{\sqrt{x^2-9}}{3}$.

从上面例子可知，当被积函数含有根号时，首先观察一下能否凑微分，能

凑微分一般先凑微分，不能凑微分就考虑去根号. 去根号的常见方法有：

(1)被积函数只含一种根式 $\sqrt[n]{ax+b}$ 时，令 $t=\sqrt[n]{ax+b}$，即作变换 $x=\dfrac{1}{a}(t^n-b)(a\neq 0)$；

(2)被积函数含 $\sqrt[n]{ax+b}$ 和 $\sqrt[m]{ax+b}$ 时，令 $t=\sqrt[p]{ax+b}$，p 为 m,n 的最小公倍数；

(3)被积函数含 $\sqrt{a^2-x^2}$ 时，令 $x=a\sin t$ 或 $x=a\cos t$；

(4)被积函数含 $\sqrt{a^2+x^2}$ 时，令 $x=a\tan t$ 或 $x=a\cot t$；

(5)被积函数含 $\sqrt{x^2-a^2}$ 时，令 $x=a\sec t$ 或 $x=a\csc t$；

有时候也要具体问题具体分析，如积分 $\displaystyle\int\sqrt{2x+3}\mathrm{d}x,\int\dfrac{x}{\sqrt{x-1}}\mathrm{d}x$ 等，使用第一类换元积分法也比较简便.

5.2.3　基本积分公式的补充

下面给出一些常用的积分结果，大家可以熟记后直接使用（常数 $a>0$）.

$$\int\tan x\mathrm{d}x==-\ln|\cos x|+C;$$

$$\int\cot x\mathrm{d}x=\ln|\sin x|+C;$$

$$\int\sec x\mathrm{d}x=\ln|\sec x+\tan x|+C;$$

$$\int\csc x\mathrm{d}x=\ln|\csc x-\cot x|+C;$$

$$\int\frac{1}{a^2+x^2}\mathrm{d}x=\frac{1}{a}\arctan\frac{x}{a}+C;$$

$$\int\frac{1}{a^2-x^2}\mathrm{d}x=\frac{1}{2a}\ln\left|\frac{a+x}{a-x}\right|+C;$$

$$\int\frac{1}{\sqrt{a^2-x^2}}\mathrm{d}x=\arcsin\frac{x}{a}+C;$$

$$\int\frac{1}{\sqrt{x^2\pm a^2}}\mathrm{d}x=\ln|x+\sqrt{x^2\pm a^2}|+C.$$

习题 5.2

1. 求下列不定积分(其中 a,b,ω,φ 均为常数).

(1) $\int e^{-2t}dt$；

(2) $\int (3x-1)^6 dx$；

(3) $\int \dfrac{1}{4-5x}dx$；

(4) $\int \dfrac{dx}{\sqrt[3]{1-4x}}$；

(5) $\int \sec^4 x dx$；

(6) $\int \dfrac{\cos\sqrt{t}}{\sqrt{t}}dt$；

(7) $\int \dfrac{\sin(\sqrt{x}+1)}{\sqrt{x}}dx$；

(8) $\int \dfrac{dx}{x \ln x \ln \ln x}$；

(9) $\int \dfrac{dx}{\sin x \cos x}$；

(10) $\int x\sqrt{3-2x}dx$；

(11) $\int \dfrac{e^x}{1+e^x}dx$；

(12) $\int x\sqrt{1+2x}dx$；

(13) $\int x\sin(x^2)dx$；

(14) $\int \cos^3 x \sin^3 x dx$；

(15) $\int \dfrac{4x^3}{4-x^4}dx$；

(16) $\int \sin^2(\omega t+\varphi)\cos(\omega t+\varphi)dt$；

(17) $\int \dfrac{\sin 2x}{\sin^3 x}dx$；

(18) $\int \dfrac{\sin x+\cos x}{\sqrt[5]{\sin x-\cos x}}dx$；

(19) $\int \dfrac{2-4x}{\sqrt{9-4x^2}}dx$；

(20) $\int \dfrac{x^3}{1+x^2}dx$；

(21) $\int \dfrac{4}{x^2-4}dx$；

(22) $\int \dfrac{1}{(x+3)(x+4)}dx$；

(23) $\int \sin^3 x dx$；

(24) $\int \sin^2(\omega t+\varphi)dt$；

(25) $\int \sin 2x\cos 4x dx$；

(26) $\int \cos \dfrac{x}{2}\cos x dx$；

(27) $\int \sin 5x\sin 7x dx$；

(28) $\int \dfrac{x^2}{\sqrt{a^2-x^2}}dx\ (a>0)$；

(29) $\int \dfrac{dx}{x\sqrt{x^2-1}}$；

(30) $\int \dfrac{dx}{\sqrt{(x^2+1)^3}}$；

(31) $\int \dfrac{\sqrt{x^2-9}}{x}dx$；

(32) $\int \dfrac{\sqrt{9-x^2}}{x^4}dx$；

(33) $\int \dfrac{dx}{1+\sqrt{x}}$；

(34) $\int \dfrac{dx}{1+\sqrt{1-x^2}}$；

(35) $\int \dfrac{dx}{x+\sqrt{1-x^2}}$.

(36) $\int \dfrac{1}{x^2+2x+3}dx$.

§5.3 分部积分法

上一节应用换元积分法解决了不少不定积分的计算问题,虽然换元积分应用比较广,但是对于形如 $\int x\cos x\mathrm{d}x, \int x^n\cos x\mathrm{d}x, \int x\mathrm{e}^x\mathrm{d}x$ 等类型的积分却无法求解,为此本节介绍分部积分法.分部积分法本质上是两个函数乘积的求导公式的逆运算.

设 $u = u(x), v = v(x)$ 有连续的导数,由 $(uv)' = u'v + uv'$,

得 $uv' = (uv)' - u'v$,

两边积分,有 $\int uv'\mathrm{d}x = \int (uv)'\mathrm{d}x - \int u'v\mathrm{d}x$,

即分部积分公式 $\int u\mathrm{d}v = uv - \int v\mathrm{d}u$.

使用分部积分法的目的是将不易求出的积分 $\int u\mathrm{d}v$ 转化为较易求出的积分 $\int v\mathrm{d}u$. 如何把积分 $\int f(x)\mathrm{d}x$ 写成 $\int u\mathrm{d}v$ 的形式,且使积分 $\int v\mathrm{d}u$ 比积分 $\int u\mathrm{d}v$ 容易,正确地选取 $u = u(x), v = v(x)$ 是关键.以下通过例子说明分部积分法适用的题型及 $u = u(x), v = v(x)$ 的选取方法.

(1)当被积函数为幂函数与正(余)弦或指数函数的乘积时,往往凑正(余)弦或指数函数的微分,即选取幂函数为 u,正(余)弦或指数函数为 v.

例 5.3.1 求 $\int x\sin x\mathrm{d}x$.

解 令 $u = x, \mathrm{d}v = \sin x\mathrm{d}x$, 则 $v = -\cos x$, 于是

$$\int x\sin x\mathrm{d}x = -\int x\mathrm{d}(\cos x) = -\left(x\cos x - \int \cos x\mathrm{d}x\right)$$

$$= -x\cos x + \int \mathrm{d}(\sin x) = -x\cos x + \sin x + C.$$

注意:此题若令 $u = \sin x, \mathrm{d}v = x\mathrm{d}x$, 则 $v = \dfrac{1}{2}x^2$, 于是

$$\int x\sin x\mathrm{d}x = \frac{1}{2}\int \sin x\mathrm{d}x^2 = \frac{1}{2}x^2\sin x - \int \frac{1}{2}x^2\mathrm{d}(\sin x)$$

$$= \frac{1}{2}x^2\sin x - \int \frac{1}{2}x^2\cos x\mathrm{d}x.$$

这样新得到的积分 $\int \dfrac{1}{2} x^2 \cos x \mathrm{d}x$ 反而比原积分 $\int x \sin x \mathrm{d}x$ 更难求了. 所以在分部积分法中, $u = u(x)$ 和 $\mathrm{d}v = \mathrm{d}v(x)$ 的选择不是任意的, 如果选取不当, 有可能无法得出结果.

例 5.3.2　求 $\int x^2 \mathrm{e}^x \mathrm{d}x$.

解　设 $u = x^2, \mathrm{d}v = \mathrm{e}^x \mathrm{d}x$, 则 $v = \mathrm{e}^x$, 于是

$$\int x^2 \mathrm{e}^x \mathrm{d}x = \int x^2 \mathrm{d}(\mathrm{e}^x) = x^2 \mathrm{e}^x - \int \mathrm{e}^x \mathrm{d}(x^2) = x^2 \mathrm{e}^x - 2 \int x \mathrm{e}^x \mathrm{d}x.$$

又由于 $\int x \mathrm{e}^x \mathrm{d}x = \int x \mathrm{d}(\mathrm{e}^x) = x \mathrm{e}^x - \int \mathrm{e}^x \mathrm{d}x = x \mathrm{e}^x - \mathrm{e}^x + C_1$, 所以

$$\int x^2 \mathrm{e}^x \mathrm{d}x = x^2 \mathrm{e}^x - 2(x \mathrm{e}^x - \mathrm{e}^x) + C = \mathrm{e}^x(x^2 - 2x + 2) + C.$$

(2) 当被积函数为幂函数与反三角函数或对数函数的乘积时, 往往凑幂函数的微分, 即选取反三角函数或对数函数为 u, 幂函数为 v.

例 5.3.3　求 $\int x \ln x \mathrm{d}x$.

解　为使 v 容易求得, 选取 $u = \ln x, \mathrm{d}v = x \mathrm{d}x = \mathrm{d}\left(\dfrac{x^2}{2}\right)$, 则 $v = \dfrac{x^2}{2}$, 于是

$$\int x \ln x \mathrm{d}x = \frac{1}{2} \int \ln x \mathrm{d}(x^2) = \frac{1}{2}\left[x^2 \ln x - \int x^2 \mathrm{d}(\ln x) \right]$$

$$= \frac{1}{2} x^2 \ln x - \frac{1}{2} \int x \mathrm{d}x = \frac{1}{2} x^2 \ln x - \frac{x^2}{4} + C.$$

例 5.3.4　求 $\int \operatorname{arccot} x \mathrm{d}x$.

解　设 $u = \operatorname{arccot} x, \mathrm{d}v = \mathrm{d}x$, 于是

$$\int \operatorname{arccot} x \mathrm{d}x = x \operatorname{arccot} x - \int x \mathrm{d}(\operatorname{arccot} x) = x \operatorname{arccot} x + \int x \cdot \frac{1}{1 + x^2} \mathrm{d}x$$

$$= x \operatorname{arccot} x + \frac{1}{2} \int \frac{1}{1 + x^2} \mathrm{d}(1 + x^2)$$

$$= x \operatorname{arccot} x + \frac{1}{2} \ln|1 + x^2| + C.$$

例 **5.3.5** 求 $\int x\,\text{arccot}\,x\,\mathrm{d}x$.

解 $\int x\,\text{arccot}\,x\,\mathrm{d}x = \int \text{arccot}\,x\,\mathrm{d}(\frac{1}{2}x^2) = \frac{1}{2}x^2\,\text{arccot}\,x - \frac{1}{2}\int x^2\,\mathrm{d}(\text{arccot}\,x)$

$$= \frac{1}{2}x^2\,\text{arccot}\,x + \frac{1}{2}\int x^2 \cdot \frac{1}{1+x^2}\,\mathrm{d}x$$

$$= \frac{1}{2}x^2\,\text{arccot}\,x + \frac{1}{2}\int (1-\frac{1}{1+x^2})\,\mathrm{d}x$$

$$= \frac{1}{2}x^2\,\text{arccot}\,x + \frac{1}{2}(x - \text{arccot}\,x) + C.$$

(3)如果被积函数为指数函数与正(余)弦函数的乘积,可任选择其一为 u,但一经选定,在再次使用分部积分时与第一次分部部积分时的选择保持一致.

例 **5.3.6** 求 $\int e^x \cos x\,\mathrm{d}x$.

解 $\int e^x \cos x\,\mathrm{d}x = \int e^x\,\mathrm{d}(\sin x) = e^x \sin x - \int \sin x\,\mathrm{d}(e^x)$

$$= e^x \sin x - \int e^x \sin x\,\mathrm{d}x \qquad (5.3.1)$$

上式最后一个积分 $\int e^x \sin x\,\mathrm{d}x$ 与原积分 $\int e^x \cos x\,\mathrm{d}x$ 是同一类型,对 $\int e^x \sin x\,\mathrm{d}x$ 再用一次分部积分:

$$\int e^x \sin x\,\mathrm{d}x = -\int e^x\,\mathrm{d}(\cos x) = -e^x \cos x + \int e^x \cos x\,\mathrm{d}x \qquad (5.3.2)$$

将式(5.3.2)代入(5.3.1)得:

$$\int e^x \cos x\,\mathrm{d}x = e^x \sin x + e^x \cos x - \int e^x \cos x\,\mathrm{d}x$$

解得

$$\int e^x \cos x\,\mathrm{d}x = \frac{1}{2}e^x(\sin x + \cos x) + C$$

上例中通过两次分部积分(指数函数充当 u),最后以解方程的形式求出不定积分.在两次分部积分时,大家还可以尝试选取三角函数为 u,最终可得到相同的解.

有时求一个不定积分,需要将换元积分法和分部积分法结合起来使用.

例 5.3.7 求 $\int e^{\sqrt[3]{x}} dx$.

解 先去根号,设 $t = \sqrt[3]{x}$,则 $x = t^3$,$dx = 3t^2 dt$,于是

$$\int e^{\sqrt[3]{x}} dx = \int e^t \cdot 3t^2 dt = 3\int t^2 de^t$$

由例 4.3.2 知

$$\int t^2 e^t dt = e^t (t^2 - 2t + 2) + C_1,$$

所以

$$\int e^{\sqrt[3]{x}} dx = 3\int t^2 d(e^t) = 3e^{x^{\frac{1}{3}}} (x^{\frac{2}{3}} - 2x^{\frac{1}{3}} + 2) + C.$$

还有一些针对特殊类型的函数积分法,本书不再详细说明. 特别注意:尽管所有初等函数在其定义区间上的原函数都存在,但其原函数不一定都是初等函数. 例如,$\int e^{x^2} dx$, $\int \frac{\sin x}{x} dx$, $\int \frac{dx}{\ln x}$, $\int \frac{dx}{\sqrt{1+x^4}}$.

习题 5.3

用分部积分法求下列不定积分.

(1) $\int x e^x dx$;

(2) $\int x^2 \cos x dx$

(3) $\int e^x \cos 3x dx$;

(4) $\int x \ln(x-1) dx$

(5) $\int x \sin^2 x dx$;

(6) $\int x^2 \ln x dx$

(7) $\int \sqrt{x} \ln x dx$;

(8) $\int x^{-2} \ln x dx$;

(9) $\int e^x \sin x dx$

(10) $\int x^3 e^{x^2} dx$;

(11) $\int x \cot^2 x dx$;

(12) $\int \ln(1+x^2) dx$;

(13) $\int \arcsin x dx$;

(14) $\int \frac{\arctan e^x}{e^x} dx$;

(15) $\int e^{\sqrt{x}} dx$;

(16) $\int x^{-2} \ln^3 x dx$.

相关阅读

微积分的产生与发展

微积分是数学的一个基础学科,是微分学和积分学的总称,它的数学思想方法源远流长.其中"无限细分"是微分,"无限求和"是积分.微积分是与实际应用联系发展起来的,共经过了 4 个阶段.

1. 雏形时期

公元前 3 世纪,古希腊阿基米德在他的数学著作中用"穷竭法"探讨圆的周长和体积公式,他在数学研究上的最大功绩是发现了"平衡法"."平衡法"体现了积分的基本思想.在《论螺线》一书中,他给出了确定螺线在给定点处的切线的方法.可以说,阿基米德开创了微积分的先河.比阿基米德晚几年的阿波罗尼奥斯在《圆锥曲线论》中讨论过圆锥曲线的切线.公元 3 世纪,我国魏晋时期的刘徽用"割圆术"求出 π 的近似值,在求球体体积与牟合方盖体积之比时,用到"卡瓦列里"原理,只是没有对它们进行总结.刘徽的"割圆术"和他的体积理论的思想是定积分理论的雏形.刘徽的思想得到了祖冲之和他的儿子祖暅之的推进和发展,他们将刘徽创立的特殊形式的不可分量方法用于球的体积问题上,取得了突破性进展,使球体积问题得以解决.

2. 酝酿时期

16 世纪末 17 世纪初的欧洲,文艺复兴促进了人们思维方式的改变.为解决天文、力学等方面的问题,必须提供必要的数学工具,这时产生的 4 类问题即求即时速度、求曲线的切线、求函数的值和求积问题向数学提出了新的挑战.17 世纪许多著名的数学家、天文学家、物理学家为解决上述 4 类问题做了大量的研究工作.法国的费马和笛卡尔、英国的巴罗和瓦里士、德国的开普勒、意大利的伽利略和卡瓦列里等人都提出了许多很有建树的理论,为微积分的创立做出了贡献.意大利数学家卡瓦列里发展了系统的不可分量方法,又利用不可分量建立不可分量原理,使早期积分学突破体积计算的现实原型而向一般算法过渡.笛卡尔在《几何学》中提出求切线的"圆法",在推动微积分的早期发展方面有很大的影响,牛顿就是以笛卡尔的"圆法"为起跑点而踏上研究微积分的道路的.费马在 1637 年提出求极值的代数方法,这种方法几乎相当于现今微分学中所用的方法.笛卡尔与费马所创立的解析几何方法的出现与发展,使数学的思想和方法的发展发生了质的变化,为 17 世纪下半叶微积分算法的出现准备了条件.

3. 创立时期

17 世纪下半叶,在前人工作的基础上,英国科学家牛顿和德国数学家莱布尼茨分别在自己的国度里独自研究并完成了微积分的创立工作.牛顿研究微积分着重于从运动学来考虑,莱布尼茨却侧重于几何学来考虑.牛顿对微积分的研究始于 1664 年秋,1666 年 10 月整理成《流数简论》,这是历史上第一篇系统的微积分文献,标志着微积分的诞生.他在《流数简论》中提出面积计算与求切线问题的互逆关系,建立了"微积分基本定理".在《流数简论》的其余部分,牛顿将他建立的统一算法应用于求曲线切线、曲率、拐点,求积,求引力等 16 类问题,展示了他算法的极大普遍性与系统性.莱布尼茨于 1684 年发表了他的第一篇微分学论文《一种求极大与极小和求切线的新方法》,这是数学史上第一篇正式发表的微积分文献.他在这篇论文里定义了微分并广泛采用微分记号,陈述他在 1677 年已得到的函数和、差、积、商、乘幂与方根的微分公式.莱布尼茨还得出复合函数的链式微分法则,后来又将乘积微分的"莱布尼茨法则"推广到高阶情形.牛顿虽然也发现并运用了这些法则,但却没有去陈述一般公式,他更大的兴趣是微积分方法的直接应用.《一种求极大与极小和求切线的新方法》中还包含了微分法求极大、极小值和求拐点以及微分法在光学等方面的广泛应用.1686 年,莱布尼茨又发表了他的第一篇积分学论文《深奥的几何与不可分量及无限的分析》,初步论述积分或求积问题与微分或切线问题的互逆关系.在这篇论文中,积分号第一次出现在出版物上.莱布尼茨所创设的微积分符号,远远优于牛顿的符号,这对微积分的发展有极大的影响.现在人们使用的微积分通用符号就是当时莱布尼茨精心选用的.微积分学的创立,极大地推动了数学的发展,被誉为"人类精神的最高胜利".

4. 发展时期

18 世纪,微积分学得到了进一步发展.数学史上把这一时期称为"分析的时代".在英国,泰勒和麦克劳林继承了牛顿的学说,把函数展开成幂级数,为微积分的发展提供了有力的武器.但麦克劳林之后,英国的数学处于停滞状态.莱布尼茨的学说由他的学生雅各布·伯努利和约翰·伯努利继续发展,他们二人的工作构成了现今所谓初等微积分的大部分内容.18 世纪微积分重大的进步是由欧拉作出的,他的著作《无限小分析引论》《微分学》和《积分学》是微积分史上里程碑式的著作. 19 世纪初,以柯西为首的法国科学家在对微积分的理论进行认真研究后,建立了极限的理论. 极限理论后来又经过德国数学家维尔斯特拉斯进一步的严格化,成为微积分的坚定基础. 微积分的发展推动了近代数学的发展,也极大地推动了自然科学、社会科学及应用科学各个分支的发展,并广泛应用于各个学科.

（摘自《中国教育技术装备》,2009 年第 33 期,黄永梅,桑志英,王翔,微积分的产生与发展）

复习题 5

1. 填空题.

(1) 设曲线 C_1 和 C_2 是函数 $f(x)$ 的两条不同积分曲线,则 C_1 和 C_2 的位置关系是 _____.

(2) $\int (\frac{1}{\cos^2 x} - 1) \mathrm{d}x = $ _____.

(3) $\int (\frac{1}{\cos^2 x} - 1) \mathrm{d}(\cos x) = $ _____.

(4) $\int \frac{1}{x^2} \sin \frac{1}{x} \mathrm{d}x = $ _____.

(5) $\int [f(x)]^a f'(x) \mathrm{d}x = $ _____.

2. 选择题.

(1) 设函数 $f(x)$ 在区间 I 连续,则 $f(x)$ 在 I 内(   ).

    A. 必可导;   B. 必存在原函数;   C. 必存在极值;   D. 必有界.

(2) 对于不定积分 $\int f(x) \mathrm{d}x$,下列等式中(   )是正确的.

    A. $\mathrm{d} \int f(x) \mathrm{d}x = f(x)$;   B. $\int f'(x) \mathrm{d}x = f(x)$;

    C. $\int \mathrm{d}f(x) = f(x)$;   D. $\frac{\mathrm{d}}{\mathrm{d}x} \int f(x) \mathrm{d}x = f(x)$.

(3) 函数 $f(x)$ 在 $(-\infty, +\infty)$ 上连续,则 $\mathrm{d}\left[\int f(x) \mathrm{d}x\right]$ 等于(   ).

    A. $f(x)$;   B. $f(x) \mathrm{d}x$;   C. $f(x) + c$;   D. $f'(x) \mathrm{d}x$.

(4) 若 $F(x)$ 和 $G(x)$ 都是 $f(x)$ 的原函数,则(   ).

    A. $F(x) - G(x) = 0$;   B. $F(x) + G(x) = 0$;

    C. $F(x) - G(x) = C(C 常数)$;   D. $F(x) + G(x) = C(C 常数)$.

3. 求下列不定积分.

(1) $\int \frac{1}{x^2} \mathrm{d}x$;   (2) $\int 3(1 - x^2) \mathrm{d}x$;

(3) $\int (3^x + x^2)\mathrm{d}x$;

(4) $\int \dfrac{x^3}{x^2+1}\mathrm{d}x$;

(5) $\int \dfrac{1}{\sqrt{2gh}}\mathrm{d}h$($g$ 为非零常数);

(6) $\int \dfrac{1+x^2}{\sqrt{x}}\mathrm{d}x$;

(7) $\int \sqrt{1-3x}\,\mathrm{d}x$;

(8) $\int \dfrac{(x+1)(x-2)}{x^2}\mathrm{d}x$;

(9) $\int (x-6)^3\mathrm{d}x$;

(10) $\int \dfrac{\sin 2x}{\cos x}\mathrm{d}x$;

(11) $\int \cos^2 \dfrac{x}{2}\mathrm{d}x$;

(12) $\int \dfrac{1}{1+\cos 2x}\mathrm{d}x$;

(13) $\int \dfrac{1}{x\ln x}\mathrm{d}x$;

(14) $\int \dfrac{2x}{x^2+1}\mathrm{d}x$;

(15) $\int x\mathrm{e}^{-x^2}\mathrm{d}x$;

(16) $\int \sin \dfrac{2}{3}x\mathrm{d}x$;

(17) $\int \cos^2(2x-1)\mathrm{d}x$;

(18) $\int \sin 2x \cos 3x\mathrm{d}x$;

(19) $\int \dfrac{1}{4+9x^2}\mathrm{d}x$;

(20) $\int \sin^3 x \cos^2 x\mathrm{d}x$;

(21) $\int \dfrac{1}{4-9x^2}\mathrm{d}x$;

(22) $\int x\sqrt{x+1}\,\mathrm{d}x$.

4. 用分部积分法求下列不定积分.

(1) $\int x\sin x\mathrm{d}x$;

(2) $\int x^2 \cos x\mathrm{d}x$;

(3) $\int x\mathrm{e}^{-x}\mathrm{d}x$;

(4) $\int x^2 \mathrm{e}^{-x}\mathrm{d}x$;

(5) $\int x\ln(x^2+1)\mathrm{d}x$;

(6) $\int \dfrac{\ln x}{\sqrt{x}}\mathrm{d}x$;

(7) $\int x\cos^2 x\mathrm{d}x$;

(8) $\int x\cos \dfrac{x}{2}\mathrm{d}x$;

(9) $\int \dfrac{1}{x^2}\arctan x\mathrm{d}x$;

(10) $\int (\ln x)^2\mathrm{d}x$;

(11) $\int \mathrm{e}^{-x}\sin 2x\mathrm{d}x$;

(12) $\int \cos(\ln x)\mathrm{d}x$.

扫一扫，获取参考答案

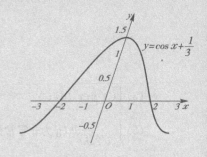

第 6 章　定积分及其应用

不定积分与定积分是积分学的两大基本问题,求不定积分是求导数的逆运算,定积分则是某种和式的极限,它们之间既有区别又有联系.定积分在自然科学中有着广泛的应用,如利用函数关系描述实际问题时,往往需要描述因变量在某一区间的累加或平均取值程度.求不规则图形的面积、曲线的弧长、变力做功等问题都可以归结为定积分及其计算问题.

本章我们先从实际问题出发,引进定积分的定义,再讨论它的性质、计算方法以及在几何上的应用.

§6.1　定积分的概念及性质

6.1.1　曲边梯形面积问题

在实际问题中,有些问题的计算常常归结为计算一个由曲线围成的图形面积.例如,为了获知某种农作物的单位面积产量,需要估算一片田地的面积,而田地的形状并不规则,其周边是弯曲的,该如何求其面积呢?还有很多类似的问题需要讨论由曲线围成的图形面积.由曲线围成的图形的面积问题可归结为讨论曲边梯形面积的问题.下面,我们来讨论曲边梯形面积的计算方法.

在直角坐标系中,由连续曲线 $y = f(x)(f(x) \geqslant 0)$,$x$ 轴,直线 $x = a$,$x = b$ 所围成的图形,称为曲边梯形,如图 6.1.1 所示.

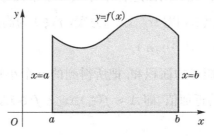

图 6.1.1　曲边梯形

如何求曲边梯形的面积呢? 对于矩形或直角梯形的面积,我们是会计算的. 而曲边梯形的高 $f(x)$ 随着 x 在区间 $[a,b]$ 上的变动而变动,故它的面积不能利用矩形或直角梯形的面积公式求得. 但是,由于曲线 $y = f(x)$ 为连续曲线,在很小一段区间上它的变化很小,近似于不变. 因此,我们可以先将梯形分成许多小曲边梯形,如图 6.1.2 所示,再把每个小曲边梯形近似地看作一个小矩形,则所有这些小矩形面积的和就是曲边梯形面积的一个近似值. 小曲边梯形分得越多,这个近似值就越接近曲边梯形面积的精确值. 因而可通过取极限的方法得到曲边梯形面积的精确值.

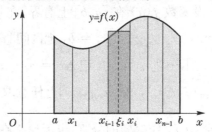

图 6.1.2　曲边梯形分割

上述求曲边梯形面积方法的主要步骤如下:

(1)将曲边梯形成分割为 n 个小曲边梯形. 在区间 $[a,b]$ 中任意插入若干个分点

$$a = x_0 < x_1 < x_2 \cdots < x_{n-1} < x_n = b,$$

把 $[a,b]$ 分成 n 个小区间

$$[x_0,x_1],[x_1,x_2],\cdots,[x_{n-1},x_n],$$

它们的长度依次为

$$\Delta x_1 = x_1 - x_0, \Delta x_2 = x_2 - x_1, \cdots, \Delta x_n = x_n - x_{n-1}.$$

(2)用小矩形面积代替小曲边梯形面积(如图 6.1.2 所示).过每一个分点作平行于 y 轴的直线段,把曲边梯形分成 n 个窄曲边梯形.在每个小区间 $[x_{i-1},x_i]$ 上任取一点 ξ_i,以 $[x_{i-1},x_i]$ 为底,$f(\xi_i)$ 为高的窄边矩形近似替代第 i 个窄边梯形($i=1,2,\cdots,n$).

(3)计算所有小矩形的面积和.把所得到的 n 个小矩形面积之和作为所求曲边梯形面积 A 的近似值,即 $A \approx f(\xi_1)\Delta x_1 + f(\xi_2)\Delta x_2 + \cdots + f(\xi_n)\Delta x_n = \sum_{i=1}^{n} f(\xi_i)\Delta x_i$.

(4)取极限.设 $\lambda = \max\{\Delta x_1,\Delta x_2,\cdots,\Delta x_n\}$.当 $\lambda \to 0$ 时,能确保曲边梯形被分割得充分细密,小矩形的面积和就能充分接近曲边梯形面积 A 的精确值,可得曲边梯形的面积 $A = \lim_{\lambda \to 0} \sum_{i=1}^{n} f(\xi_i)\Delta x_i$.

6.1.2　定积分的定义

将以上过程加以抽象,忽略 $f(x)$ 的具体含义,可以得到如下定义.

定义 6.1.1　设函数 $f(x)$ 在 $[a,b]$ 上有界,在 $[a,b]$ 中任意插入若干个分点 $a = x_0 < x_1 < \cdots < x_n = b$,把区间 $[a,b]$ 分割成 n 个小区间 $[x_0,x_1],[x_1,x_2],\cdots,[x_{n-1},x_n]$,记 $\Delta x_i = x_i - x_{i-1},i=1,2,\cdots,n$,$\lambda = \max\{\Delta x_1,\Delta x_2,\cdots,\Delta x_n\}$,在 $[x_{i-1},x_i]$ 上任意取一点 ξ_i,求和式为 $\sum_{i=1}^{n} f(\xi_i)\Delta x_i$.无论 $[a,b]$ 作怎样的分割,也无论 ξ_i 在 $[x_{i-1},x_i]$ 内如何选取,只要 $\lambda \to 0$ 时有 $\sum_{i=1}^{n} f(\xi_i)\Delta x_i \to \mathrm{I}$(I 为一个确定的常数),则称极限 I 是 $f(x)$ 在 $[a,b]$ 上的**定积分**,简称积分,记为 $\int_a^b f(x)\mathrm{d}x$,即 $\mathrm{I} = \int_a^b f(x)\mathrm{d}x$.其中,$f(x)$ 为被积函数,$f(x)\mathrm{d}x$ 称为被积表达式,a 称为积分下限,b 称为积分上限,x 称为积分变量,$[a,b]$ 称为积分区间.

由此定义,图 6.1.2 所示曲边梯形的面积为

$$A = \lim_{\lambda \to 0} \sum_{i=1}^{n} f(\xi_i) \Delta x_i = \int_a^b f(x) \mathrm{d}x.$$

关于定积分的定义,有如下几点说明:

(1) $\int_a^b f(x)\mathrm{d}x$ 只与函数 $f(x)$ 以及区间 $[a,b]$ 有关,与区间的划分方法无关,与积分变量 x 无关,即 $\int_a^b f(x)\mathrm{d}x = \int_a^b f(u)\mathrm{d}u = \int_a^b f(t)\mathrm{d}t$;

(2) 为了讨论方便,规定 $\int_a^a f(x)\mathrm{d}x = 0, \int_a^b f(x)\mathrm{d}x = -\int_b^a f(x)\mathrm{d}x$;

(3) 定积分的存在性:闭区间上的连续函数一定是可积的.

6.1.3　定积分的几何意义

当 $f(x) \geqslant 0$ 时,$\int_a^b f(x)\mathrm{d}x$ 表示曲边梯形的面积;当 $f(x) \leqslant 0$ 时,$\int_a^b f(x)\mathrm{d}x$ 表示曲边梯形面积的负值;一般地,若 $f(x)$ 在 $[a,b]$ 上有正有负,则 $\int_a^b f(x)\mathrm{d}x$ 表示曲边梯形面积的代数和.如图 6.1.3 所示,其中 A_1,A_2,A_3 分别表示所对应区域的图形面积,则有 $\int_a^b f(x)\mathrm{d}x = A_1 + A_3 - A_2.$

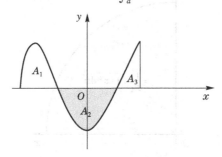

图 6.1.3　定积分的几何意义

定积分 $\int_a^b |f(x)|\mathrm{d}x$ 表示连续曲线 $y = f(x)$,x 轴,直线 $x = a, x = b$ 所围成的曲边梯形的面积.因此,我们可以借助面积求定积分,也可通过定积分求面积.

例 6.1.1 利用定积分的几何意义求 $\int_0^1 2x \mathrm{d}x$.

解 如图 6.1.4 所示,当 $x \in [0,1]$ 时, $2x \geqslant 0$, $\int_0^1 2x \mathrm{d}x$ 的值就是三角形

面积 A. 由三角形面积公式 $A = \dfrac{1}{2} \times 1 \times 2 = 1$. 故 $\int_0^1 2x \mathrm{d}x = 1$.

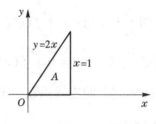

图 6.1.4

例 6.1.2 利用定积分几何意义证明 $\int_0^1 \sqrt{1-x^2} \mathrm{d}x = \dfrac{\pi}{4}$.

证明 如图 6.1.5 所示,由 $x = 0, y = 0, y = \sqrt{1-x^2}$ 围成的图形为圆心在原点,单位长度是 1 的位于第一象限的四分之一圆,设其面积为 S,则

$$\int_0^1 \sqrt{1-x^2} \mathrm{d}x = \frac{\pi}{4}.$$

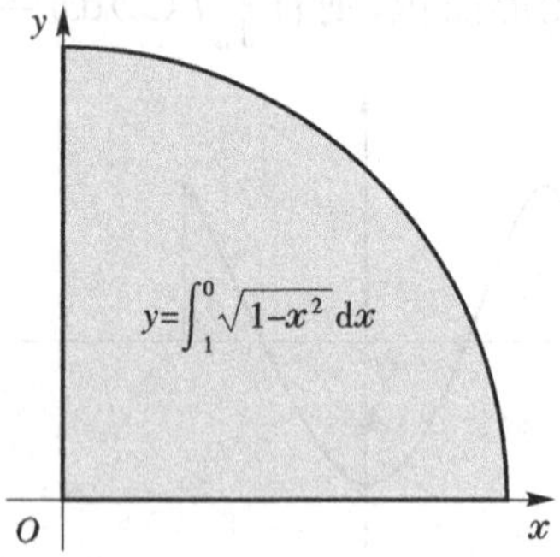

$$y = \int_1^0 \sqrt{1-x^2} \mathrm{d}x$$

图 6.1.5

6.1.4　定积分的性质

根据定积分的定义,研究函数在闭区间上的定积分非常麻烦,所以掌握可积函数的性质显得尤为重要. 在以下的性质中,我们假定 $f(x)$ 和 $g(x)$ 在所讨论的区间上都是可积的.

性质 6.1.1 两函数和(差)的定积分等于它们定积分的和(差),即

$$\int_a^b [f(x) \pm g(x)] \mathrm{d}x = \int_a^b f(x) \mathrm{d}x \pm \int_a^b g(x) \mathrm{d}x$$

性质 6.1.2 被积函数的常数因子 k 可以提到积分号前,即

$$\int_a^b k f(x) \mathrm{d}x = k \int_a^b f(x) \mathrm{d}x$$

性质 6.1.3 无论 a, b, c 大小关系如何,都有

$$\int_a^b f(x) \mathrm{d}x = \int_a^c f(x) \mathrm{d}x + \int_c^b f(x) \mathrm{d}x.$$

当 c 点在区间 $[a, b]$ 内部时,性质 6.1.3 的几何意义是很明显的,如图 6.1.6 所示. 当 c 点在区间 $[a, b]$ 外部时,有

$$\int_a^c f(x) \mathrm{d}x = \int_a^b f(x) \mathrm{d}x + \int_b^c f(x) \mathrm{d}x$$

移项得

$$\int_a^b f(x) \mathrm{d}x = \int_a^c f(x) \mathrm{d}x - \int_b^c f(x) \mathrm{d}x$$

变换积分 $\int_b^c f(x) \mathrm{d}x$ 的上下限,得

$$\int_a^b f(x) \mathrm{d}x = \int_a^c f(x) \mathrm{d}x + \int_c^b f(x) \mathrm{d}x.$$

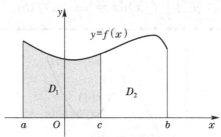

图 6.1.6

性质 6.1.4 若 $f(x) = 1$, 则 $\int_a^b f(x) \mathrm{d}x = b - a$.

性质 6.1.5 若 $f(x) \leqslant g(x)$, 则 $\int_a^b f(x) \mathrm{d}x \leqslant \int_a^b g(x) \mathrm{d}x \, (a \leqslant b)$.

例 6.1.3 比较定积分 $\int_3^4 \ln x\,\mathrm{d}x$ 与 $\int_3^4 \ln^2 x\,\mathrm{d}x$ 的大小.

解 当 $x \in [3,4]$ 时,$\ln x < \ln^2 x$,故 $\int_3^4 \ln x\,\mathrm{d}x < \int_3^4 \ln^2 x\,\mathrm{d}x$.

性质 6.1.6 $\left| \int_a^b f(x)\,\mathrm{d}x \right| \leqslant \int_a^b |f(x)|\,\mathrm{d}x\ (a \leqslant b)$.

性质 6.1.7 设在区间 $[a,b]$ 上,$m \leqslant f(x) \leqslant M$,则

$$m(b-a) \leqslant \int_a^b f(x)\,\mathrm{d}x \leqslant M(b-a).$$

性质 6.1.7 的几何解释是:$y = f(x)$ 在区间 $[a,b]$ 上的曲边梯形面积介于以区间 $[a,b]$ 的长度为底,分别以 m 和 M 为高的两个矩形面积之间.

例 6.1.4 估计定积分 $\int_{\frac{\pi}{4}}^{\frac{5\pi}{4}} (1+\sin^2 x)\,\mathrm{d}x$ 的大小.

解 当 $x \in \left[\frac{\pi}{4}, \frac{5\pi}{4} \right]$ 时,$0 \leqslant \sin^2 x \leqslant 1$,故

$$\pi \leqslant \int_{\frac{\pi}{4}}^{\frac{5\pi}{4}} (1+\sin^2 x)\,\mathrm{d}x \leqslant 2\pi.$$

性质 6.1.8(积分中值定理) 若 $f(x)$ 在 $[a,b]$ 上连续,则 $[a,b]$ 上至少存在一点 ξ,使得 $\int_a^b f(x)\,\mathrm{d}x = (b-a)f(\xi)$.

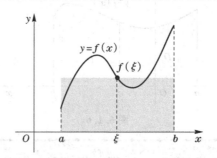

图 6.1.7 积分中值定理示意图

如图 6.1.7 所示,该性质的几何解释是:一条连续曲线 $y = f(x)$ 在区间 $[a,b]$ 上的曲边梯形面积等于以区间 $[a,b]$ 的长度为底,以区间 $[a,b]$ 中一

点 ξ 的函数值 $f(\xi)$ 为高的矩形面积,即有 $f(\xi) = \dfrac{\displaystyle\int_a^b f(x)\,\mathrm{d}x}{b-a}$,也称为函数

$f(x)$ 在区间 $[a,b]$ 上的积分平均值.

习题 6.1

1. 比较下列各对积分的大小.

   (1) $\displaystyle\int_0^1 x^2\,\mathrm{d}x$ 与 $\displaystyle\int_0^1 x^3\,\mathrm{d}x$;   (2) $\displaystyle\int_3^4 \ln x\,\mathrm{d}x$ 与 $\displaystyle\int_3^4 (\ln x)^2\,\mathrm{d}x$.

2. 证明:$\dfrac{2}{3} < \displaystyle\int_0^1 \dfrac{\mathrm{d}x}{\sqrt{2+x-x^2}} < \dfrac{1}{\sqrt{2}}$.

3. 用定积分表示由曲线 $y = \sqrt{x}$ 与直线 $x = 1$ 和直线 $x = 4$ 所围成的曲边梯形的面积.

4. 根据定积分的几何意义求下列各式的值.

   (1) $\displaystyle\int_0^1 (2x-1)\,\mathrm{d}x$;   (2) $\displaystyle\int_0^3 \sqrt{9-x^2}\,\mathrm{d}x$.

5. 利用定积分的性质化简下列各式.

   (1) $\displaystyle\int_0^1 f(x)\,\mathrm{d}x + \int_1^2 f(x)\,\mathrm{d}x$;   (2) $\displaystyle\int_a^{x+t} f(x)\,\mathrm{d}x - \int_a^x f(x)\,\mathrm{d}x$;

   (3) $\displaystyle\int_3^{-1} f(x)\,\mathrm{d}x + \int_{-1}^5 f(x)\,\mathrm{d}x$.

6. 已知汽车的速度随时间的变化而变化,且满足关系式 $v = \dfrac{2t}{1+t} \cdot \dfrac{m}{s}$,试用定积分表示该汽车从 2 s 到 6 s 所经过的距离.

§6.2 微积分基本公式

根据定积分的定义计算定积分的值,一般比较困难,有时候甚至无法计算.因此必须寻找计算定积分的新方法.

为了了解积分和导数的关系,同时反映定积分和不定积分之间的密切联系,使定积分的计算简单易行,本节介绍微积分学中的一个重要公式——微积分基本公式.

6.2.1　变上限积分

设函数 $f(x)$ 在 $[a,b]$ 上可积，x 为 $[a,b]$ 上任一点，则 $f(x)$ 在 $[a,x]$ 上也可积，定积分为 $\int_a^x f(x)\mathrm{d}x$. 由于积分变量与积分上限相同，为防止混淆，将其修改为 $\int_a^x f(t)\mathrm{d}t$，称作**变上限积分**，记为 $\Phi(x)$，即 $\Phi(x)=\int_a^x f(t)\mathrm{d}t$.

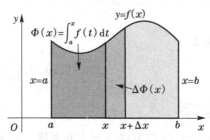

图 6.2.1　变上限积分

由于 $\int_a^b f(x)\mathrm{d}x$ 的值仅与 $f(x)$ 和 $[a,b]$ 有关，现在 $f(x)$，b 保持不变，x 在 $[a,b]$ 间变动，显然 $\int_a^x f(t)\mathrm{d}t$ 的值随着 x 的改变而改变，即变上限.

定积分 $\Phi(x)=\int_a^x f(t)\mathrm{d}t$ 在区间 $[a,b]$ 上定义了一个 x 的函数，也称为**变上限函数**.

定理 6.2.1　设 $f(x)$ 在 $[a,b]$ 上连续，则 $\Phi(x)=\int_a^x f(t)\mathrm{d}t$ 在 $[a,b]$ 上可导，且导数为 $\Phi'(x)=\dfrac{\mathrm{d}}{\mathrm{d}x}\left(\int_a^x f(t)\mathrm{d}t\right)=f(x)$.

证明　(1) $\forall x\in[a,b]$，$\Delta x\neq 0$，$x+\Delta x\in[a,b]$，有

$$\Delta\Phi(x)=\Phi(x+\Delta x)-\Phi(x)=\int_a^{x+\Delta x}f(t)\mathrm{d}t-\int_a^x f(t)\mathrm{d}t$$

$$=\int_x^{x+\Delta x}f(t)\mathrm{d}t=f(\xi)\Delta x，\xi\text{ 在 }x\text{ 与 }x+\Delta x\text{ 之间.}$$

从而有 $\dfrac{\Delta\Phi(x)}{\Delta x}=f(\xi)$.

当 $\Delta x\to 0$ 时，两边取极限，有 $\Phi'(x)=f(x)$.

这个定理告诉我们：$\Phi(x)=\int_a^x f(t)\mathrm{d}t$ 是 $f(x)$ 在 $[a,b]$ 上的一个原函数.

利用复合函数求导法则,定理 6.2.1 中的 $\int_a^x f(t)\mathrm{d}t$ 的积分上限 x 推广为可导函数 $g(x)$,则有如下结论:

设 $f(x)$ 在 $[a,b]$ 上连续,$g(x)$ 在 $[a,b]$ 上可导,则 $\Phi(x) = \int_a^{g(x)} f(t)\mathrm{d}t$ 在 $[a,b]$ 上可导,且导数为

(1) $\dfrac{\mathrm{d}}{\mathrm{d}x}\left(\int_a^{g(x)} f(t)\mathrm{d}t\right) = f(g(x))g'(x)$. 因为 $\int_a^b f(x)\mathrm{d}x = -\int_b^a f(x)\mathrm{d}x$,由变上限积分的求导公式,可得:

(2) $\left(\int_x^b f(t)\mathrm{d}t\right)' = -f(x)$.

(3) $\dfrac{\mathrm{d}}{\mathrm{d}x}\left(\int_{g(x)}^b f(t)\mathrm{d}t\right) = -f(g(x))g'(x)$. 结合积分的区间可加性,可得:

(4) $\dfrac{\mathrm{d}}{\mathrm{d}x}\left(\int_{g(x)}^{h(x)} f(t)\mathrm{d}t\right) = f(h(x))h'(x) - f(g(x))g'(x)$. ($g(x)$, $h(x)$ 均为可导函数)

例 6.2.1 求 $\Phi(x) = \int_0^{x^2} \sin(2t)\mathrm{d}t$ 的导数.

解 记 $\mu = x^2$,则 $\Phi(x) = \int_0^\mu \sin(2t)\mathrm{d}t = F(\mu)$. 则有

$$\Phi'(x) = \frac{\mathrm{d}F(\mu)}{\mathrm{d}\mu} \cdot \frac{\mathrm{d}\mu}{\mathrm{d}x} = \frac{\mathrm{d}}{\mathrm{d}\mu}\left(\int_0^\mu \sin(2t)\mathrm{d}t\right) \cdot 2x$$

$$= \sin(2\mu) \cdot 2x = 2x\sin(2x^2).$$

例 6.2.2 求 $\lim\limits_{x \to 0} \dfrac{\int_{\cos x}^1 t\ln t\,\mathrm{d}t}{x^4}$.

解 这属于 $\dfrac{0}{0}$ 型的极限,利用洛必达法则,有

$$\lim_{x \to 0} \frac{\int_{\cos x}^1 t\ln t\,\mathrm{d}t}{x^4} = \lim_{x \to 0} \frac{\cos x\ln\cos x \cdot \sin x}{4x^3}$$

$$= \frac{1}{4} \lim_{x \to 0} \cos x \cdot \lim_{x \to 0} \frac{\sin x}{x} \cdot \lim_{x \to 0} \frac{\ln\cos x}{x^2}$$

$$= \frac{1}{4} \lim_{x \to 0} \frac{-\sin x}{2x \cdot \cos x} = -\frac{1}{8}.$$

思考题:求由 $\int_0^y e^t\mathrm{d}t + \int_0^x \cos t\,\mathrm{d}t = 0$ 所确定的隐函数 y 对 x 的导数 $\dfrac{\mathrm{d}y}{\mathrm{d}x}$.

6.2.2　牛顿-莱布尼茨公式

> **定理6.2.2**　如果函数 $F(x)$ 是连续函数 $f(x)$ 在区间 $[a,b]$ 上的一个原函数,则 $\int_a^b f(x)\mathrm{d}x = F(b) - F(a)$,此公式称为牛顿(Newton)-莱布尼茨(Leibniz)公式.

证明　函数 $F(x)$ 是连续函数 $f(x)$ 的一个原函数,根据前面的定理知,积分上限的函数 $\Phi(x) = \int_a^x f(t)\mathrm{d}t$ 也是 $f(x)$ 的一个原函数. 于是这两个原函数之差为某个常数,即 $F(x) - \Phi(x) = C(a \leqslant x \leqslant b)$. 令 $x = a$,得 $F(a) - \Phi(a) = C$. 又由 $\Phi(x)$ 的定义式及上节定积分的补充规定知 $\Phi(a) = 0$,因此,$C = F(a)$. 把 $\Phi(x) = \int_a^x f(t)\mathrm{d}t$ 以及 $C = F(a)$ 代入 $F(x) - \Phi(x) = C$,可得 $\int_a^x f(t)\mathrm{d}t = F(x) - F(a)$. 令 $x = b$,就得到所要证明的公式. 为方便起见,以后把 $F(b) - F(a)$ 记作 $[F(x)]_a^b$.

牛顿-莱布尼茨公式给定积分提供了一种有效而简便的计算方法,也称为微积分基本公式.

例 6.2.3　计算定积分 $\int_0^1 x^2 \mathrm{d}x$.

解　$\int_0^1 x^2 \mathrm{d}x = \left[\dfrac{x^3}{3}\right]_0^1 = \dfrac{1}{3}$.

例 6.2.4　计算定积分 $\int_{-1}^{\sqrt{3}} \dfrac{1}{1+x^2}\mathrm{d}x$.

解　$\int_{-1}^{\sqrt{3}} \dfrac{1}{1+x^2}\mathrm{d}x = [\arctan x]_{-1}^{\sqrt{3}} = \dfrac{7}{12}\pi$.

例 6.2.5　计算定积分 $\int_1^4 |2x-4|\mathrm{d}x$.

解　因为 $|2x-4| = \begin{cases} 4-2x, & 1 \leqslant x \leqslant 2, \\ 2x-4, & 2 \leqslant x \leqslant 4, \end{cases}$ 由积分区间的可加性,得

$$\int_1^4 |2x-4|\mathrm{d}x = \int_1^2 (4-2x)\mathrm{d}x + \int_2^4 (2x-4)\mathrm{d}x$$
$$= [4x - x^2]_1^2 - [x^2 - 4x]_2^4 = -3.$$

6.2.6 计算正弦曲线 $y = \sin x$ 在 $[0,\pi]$ 上与 x 轴所围成的平面图形的面积.

解 $A = \int_0^\pi \sin x \mathrm{d}x = [-\cos x]_0^\pi = 2.$

习题 6.2

1.计算下列定积分.

(1) $\displaystyle\int_1^2 (x^2 + 3x + \frac{1}{x^2})\mathrm{d}x$;

(2) $\displaystyle\int_0^\pi (\sin x + \cos x)\mathrm{d}x$;

(3) $\displaystyle\int_{-1}^1 \frac{1}{1+x^2}\mathrm{d}x$;

(4) $\displaystyle\int_1^4 x\left(\sqrt{x} + \frac{1}{x^2}\right)\mathrm{d}x$;

(5) $\displaystyle\int_{-1}^1 |x|\,\mathrm{d}x$;

(6) $\displaystyle\int_{-1}^2 \left(x^2 + \frac{1}{1+x^2}\right)\mathrm{d}x$;

(7) $\displaystyle\int_0^{2\pi} |\sin x|\,\mathrm{d}x$;

(7) $\displaystyle\int_{-1}^3 (\mathrm{e}^x + 1)\mathrm{d}x$.

2.求下列极限.

(1) $\displaystyle\lim_{x\to 0} \frac{1}{x^3}\int_0^x \left(\frac{\sin t}{t} - 1\right)\mathrm{d}t$;

(2) $\displaystyle\lim_{x\to 0} \frac{1}{x^5}\left[\left(x - \int_0^x \cos t^2\right)\mathrm{d}t\right]$.

§6.3　定积分的换元法和分部积分法

应用牛顿-莱布尼茨公式计算定积分首先要解决的问题是求出被积函数的一个原函数,然后将定积分表示为原函数在积分区间上的增量. 因此,计算定积分与计算不定积分有着密切的联系. 计算不定积分有换元法和分部积分法,因此,在一定条件下,在定积分的计算中也有换元法和分部积分法.

6.3.1　定积分的换元积分法

> **定理 6.3.1** 设函数 $f(x)$ 在 $[a,b]$ 上连续,且函数 $x = \varphi(t)$ 满足:
>
> (1) $\varphi(t)$ 在 $[\alpha,\beta]$ 上是单值且有连续导数;
>
> (2) $\alpha \leqslant t \leqslant \beta$ 时, $a \leqslant \varphi(t) \leqslant b$ 且 $\varphi(\alpha) = a, \varphi(\beta) = b.$
>
> 则有换元公式: $\displaystyle\int_a^b f(x)\mathrm{d}x = \int_\alpha^\beta f(\varphi(t))\varphi'(t)\mathrm{d}t.$

证明 由假设知，$f(x)$ 在 $[a,b]$ 上是连续的，因而是可积的；又 $\varphi'(t)$ 在 $[\alpha,\beta]$ 上连续，从而 $f(\varphi(t))\varphi'(t)$ 在区间 $[\alpha,\beta]$（或 $[\beta,\alpha]$）上也是连续的，因而是可积的.

假设 $F(x)$ 是 $f(x)$ 的一个原函数，则 $\int_a^b f(x)\mathrm{d}x = F(b) - F(a)$.

另一方面，因为 $[F(\varphi(t))]' = [F'(\varphi(t))]\varphi'(t) = f(\varphi(t))\varphi'(t)$，所以 $F(\varphi(t))$ 是 $f(\varphi(t))\varphi'(t)$ 的一个原函数，从而

$$\int_\alpha^\beta f(\varphi(t))\varphi'(t)\mathrm{d}t = F(\varphi(\beta)) - F(\varphi(\alpha)) = F(b) - F(a) = \int_a^b f(x)\mathrm{d}x.$$

因此 $\int_a^b f(x)\mathrm{d}x = \int_\alpha^\beta f(\varphi(t))\varphi'(t)\mathrm{d}t$.

例 6.3.1 求定积分 $\int_{\frac{\pi}{3}}^\pi \sin\left(x + \frac{\pi}{3}\right)\mathrm{d}x$.

解 设 $t = x + \dfrac{\pi}{3}$，当 $x = \dfrac{\pi}{3}$ 时，$t = \dfrac{2\pi}{3}$；$x = \pi$ 时，$t = \dfrac{4\pi}{3}$.

故 $\int_{\frac{\pi}{3}}^\pi \sin\left(x + \dfrac{\pi}{3}\right)\mathrm{d}x = \int_{\frac{2\pi}{3}}^{\frac{4\pi}{3}} \sin t\,\mathrm{d}t = \left[-\cos t\right]_{\frac{2\pi}{3}}^{\frac{4\pi}{3}} = 0$.

例 6.3.2 计算 $\int_0^4 \dfrac{x+2}{\sqrt{2x+1}}\mathrm{d}x$.

解 设 $t = \sqrt{2x+1}$，则 $x = -\dfrac{t^2 - 1}{2}$.

当 $x = 0$ 时，$t = 1$；$x = 4$ 时，$t = 3$.

故 $\int_0^4 \dfrac{x+2}{\sqrt{2x+1}}\mathrm{d}x = \int_1^3 \dfrac{\frac{t^2-1}{2}+2}{t}t\,\mathrm{d}t = \dfrac{1}{2}\int_1^3 (t^2+3)\mathrm{d}t$

$$= \dfrac{1}{2}\left[\dfrac{t^3}{3} + 3t\right]_1^3 = \dfrac{22}{3}.$$

从上面的例子可以看出，应用换元法计算定积分时要注意两点：

(1)把原来的变量 x 代换成新变量 t 时，积分的上下限也要换成新变量 t 的积分上下限；

(2)求出一个原函数 $\Phi(t)$ 后，不必像计算不定积分那样，再把 $\Phi(t)$ 变换成原变量 x 的函数，只需直接求出 $\Phi(t)$ 在新变量 t 的积分区间上的增量即可.

例 6.3.3 设函数 $f(x)$ 在 $[-a,a]$ 上连续,试证明:

(1)若 $f(x)$ 为偶函数,则 $\displaystyle\int_{-a}^{a} f(x)\mathrm{d}x = 2\int_{0}^{a} f(x)\mathrm{d}x$;

(2)若 $f(x)$ 为奇函数,则 $\displaystyle\int_{-a}^{a} f(x)\mathrm{d}x = 0$.

证明
$$\int_{-a}^{a} f(x)\mathrm{d}x = \int_{-a}^{0} f(x)\mathrm{d}x + \int_{0}^{a} f(x)\mathrm{d}x$$
$$= -\int_{a}^{0} f(-x)\mathrm{d}x + \int_{0}^{a} f(x)\mathrm{d}x$$
$$= \int_{0}^{a} f(-x)\mathrm{d}x + \int_{0}^{a} f(x)\mathrm{d}x$$
$$= \int_{0}^{a} [f(x) + f(-x)]\mathrm{d}x.$$

(1)当 $f(x)$ 为偶函数时,有 $f(x) + f(-x) = 2f(x)$,故
$$\int_{-a}^{a} f(x)\mathrm{d}x = 2\int_{0}^{a} f(x)\mathrm{d}x.$$

(2)当 $f(x)$ 为奇函数时,$f(x) + f(-x) = 0$,有 $\displaystyle\int_{-a}^{a} f(x)\mathrm{d}x = 0$.

例 6.3.4 求 $\displaystyle\int_{-1}^{1} \frac{2+\sin x}{1+x^2}\mathrm{d}x$.

解 被积函数 $\dfrac{2+\sin x}{1+x^2} = \dfrac{2}{1+x^2} + \dfrac{\sin x}{1+x^2}$ 在 $[-1,1]$ 是偶函数和一个奇函数之和,从而有
$$\int_{-1}^{1} \frac{2+\sin x}{1+x^2}\mathrm{d}x = 2\int_{0}^{1} \frac{2}{1+x^2}\mathrm{d}x = 4\left[\arctan x\right]_{0}^{1} = \pi.$$

思考题: 设 $f(x)$ 在区间 $[a,b]$ 上连续,且 $\displaystyle\int_{a}^{b} f(x)\mathrm{d}x = 1$,求 $\displaystyle\int_{a}^{b} f(a+b-x)\mathrm{d}x$.

6.3.2　定积分的分部积分法

定理 6.3.2 若 $u(x),v(x)$ 在 $[a,b]$ 上具有连续的导数,则
$$\int_{a}^{b} u\,\mathrm{d}v = uv\,\big|_{a}^{b} - \int_{a}^{b} u'v\,\mathrm{d}x.$$

证明　因为 $(uv)' = u'v + uv'$，则有 $uv' = (uv)' - u'v$. 两边取定积分，有 $\int_a^b uv' \mathrm{d}x = uv \big|_a^b - \int_a^b u'v \mathrm{d}x$，即 $\int_a^b u \mathrm{d}v = uv \big|_a^b - \int_a^b v \mathrm{d}u$.

从定积分的分部公式可知,定积分的分部积分法与不定积分的分部积分法有相似的公式,只是每一项带有积分限.

例 6.3.5　求 $\int_0^1 x e^x \mathrm{d}x$.

解　$\int_0^1 x e^x \mathrm{d}x = \int_0^1 x \mathrm{d}e^x = x e^x \big|_0^1 - \int_0^1 e^x \mathrm{d}x = e - (e - 1) = 1.$

例 6.3.6　求 $\int_0^1 e^{\sqrt{x}} \mathrm{d}x$.

解　先用换元法. 令 $\sqrt{x} = t$, 则 $x = t^2, \mathrm{d}x = 2t\mathrm{d}t$, 且当 $x = 0$ 时 $t = 0$; $x = 1$ 时 $t = 1$. 于是 $\int_0^1 e^{\sqrt{x}} \mathrm{d}x = 2\int_0^1 t e^t \mathrm{d}t = 2\int_0^1 t \mathrm{d}e^t = 2\left[t e^t \right]_0^1 - 2\int_0^1 e^t \mathrm{d}t = 2.$

例 6.3.7　求 $\int_1^4 \dfrac{\ln x}{\sqrt{x}} \mathrm{d}x$.

解　$\int_1^4 \dfrac{\ln x}{\sqrt{x}} \mathrm{d}x = \int_1^4 2\ln x \mathrm{d}\sqrt{x} = 2\sqrt{x} \ln x \big|_1^4 - \int_1^4 2\sqrt{x} \cdot \dfrac{1}{x} \mathrm{d}x$

$\qquad = 8\ln 2 - 2\int_1^4 \dfrac{1}{\sqrt{x}} \mathrm{d}x = 8\ln 2 - 4\sqrt{x} \big|_1^4 = 4(2\ln 2 - 1).$

习题 6.3

1. 计算下列定积分的值.

(1) $\int_0^1 \dfrac{1}{\sqrt{4 - x^2}} \mathrm{d}x$;

(2) $\int_0^2 \dfrac{1}{1 + \sqrt{x}} \mathrm{d}x$

(3) $\int_0^{2\pi} \sqrt{\dfrac{1 - \cos 2x}{2}} \mathrm{d}x$;

(4) $\int_0^1 x e^{-x} \mathrm{d}x$;

(5) $\int_1^e \dfrac{1 + \ln x}{x} \mathrm{d}x$;

(6) $\int_2^3 (x - 3)^{2016} \mathrm{d}x$;

(7) $\int_1^2 \dfrac{x}{\sqrt{1 + x^2}} \mathrm{d}x$;

(8) $\int_0^\pi (1 - \sin x) \cos x \mathrm{d}x$.

2. 利用函数的奇偶性计算下列积分.

(1) $\int_{-\pi}^\pi x^4 \sin x \mathrm{d}x$;

(2) $\int_{-2}^2 x\sqrt{|x|} \mathrm{d}x$.

§6.4 广义积分

前面所讨论的定积分都是有界函数在有限闭区间上的定积分,但是在很多实际问题和理论分析中会遇到积分区间为无穷区间或者被积函数在所给区间上无界的情况,这两类积分不属于通常意义下的定积分,可称为反常积分,也叫广义积分.

6.4.1 无穷限的广义积分

> **定义 6.4.1** 设函数 $f(x)$ 在区间 $[a, +\infty)$ 上连续,若极限 $\lim\limits_{b \to +\infty} \int_a^b f(x)\mathrm{d}x$ 存在,则称此极限为函数 $f(x)$ 在无穷区间 $[a, +\infty)$ 上的**广义积分**,记作 $\int_a^{+\infty} f(x)\mathrm{d}x$, 即
>
> $$\int_a^{+\infty} f(x)\mathrm{d}x = \lim_{b \to +\infty} \int_a^b f(x)\mathrm{d}x,$$
>
> 此时也称广义积分 $\int_a^{+\infty} f(x)\mathrm{d}x$ 收敛. 若上述极限不存在,称广义积分 $\int_a^{+\infty} f(x)\mathrm{d}x$ 发散.

类似地,若极限 $\lim\limits_{a \to -\infty} \int_a^b f(x)\mathrm{d}x$ 存在,则称广义积分 $\int_{-\infty}^b f(x)\mathrm{d}x$ 收敛.

> **定义 6.4.2** 设函数 $f(x)$ 在区间 $(-\infty, +\infty)$ 上连续, $f(x)$ 在区间 $(-\infty, +\infty)$ 上的广义积分定义为
>
> $$\int_{-\infty}^{+\infty} f(x)\mathrm{d}x = \int_{-\infty}^c f(x)\mathrm{d}x + \int_c^{+\infty} f(x)\mathrm{d}x (c \text{ 为任意常数,通常取 } c = 0),$$
>
> $\int_{-\infty}^{+\infty} f(x)\mathrm{d}x$ 收敛的充要条件是 $\int_{-\infty}^c f(x)\mathrm{d}x$ 和 $\int_c^{+\infty} f(x)\mathrm{d}x$ 都收敛.

上述广义积分统称为无穷限的广义积分.

从定义可见,广义积分的基本思想是先计算定积分,再计算极限.

若 $F(x)$ 为 $f(x)$ 的一个原函数,记

$$F(+\infty) = \lim_{x \to +\infty} F(x), F(-\infty) = \lim_{x \to -\infty} F(x),$$

则上述广义积分的计算为

(1) $\int_a^{+\infty} f(x)\mathrm{d}x = [F(x)]_a^{+\infty} = F(+\infty) - F(a)$;

(2) $\int_{-\infty}^b f(x)\mathrm{d}x = [F(x)]_{-\infty}^b = F(b) - F(-\infty)$;

(3) $\int_{-\infty}^{+\infty} f(x)\mathrm{d}x = [F(x)]_{-\infty}^{+\infty} = F(+\infty) - F(-\infty)$.

例 6.4.1 计算广义积分 $\int_0^{+\infty} \dfrac{\arctan x}{1+x^2}\mathrm{d}x$.

解 $\int_0^{+\infty} \dfrac{\arctan x}{1+x^2}\mathrm{d}x = \lim_{b\to+\infty} \int_0^b \dfrac{\arctan x}{1+x^2}\mathrm{d}x = \left[\dfrac{1}{2}\arctan^2 x\right]\Big|_0^{+\infty} = \dfrac{\pi^2}{8}$.

例 6.4.2 计算广义积分 $\int_{-\infty}^0 \sin x\mathrm{d}x$ 以及 $\int_{-\infty}^{+\infty} \sin x\mathrm{d}x$.

解 $\int_{-\infty}^0 \sin x\mathrm{d}x = -\cos x\Big|_{-\infty}^0 = -(1 - \lim_{a\to-\infty}\cos a)$ 无极限,显然发散;

又由 $\int_{-\infty}^{+\infty} \sin x\mathrm{d}x = \int_{-\infty}^0 \sin x\mathrm{d}x + \int_0^{+\infty} \sin x\mathrm{d}x$ 知 $\int_{-\infty}^{+\infty} \sin x\mathrm{d}x$ 也发散.

例 6.4.3 讨论广义积分 $\int_{-\infty}^0 \dfrac{x}{\sqrt{1+x^2}}\mathrm{d}x$ 的敛散性.

解 $\int_{-\infty}^0 \dfrac{x}{\sqrt{1+x^2}}\mathrm{d}x = [\sqrt{1+x^2}]_{-\infty}^0 = 1 - \lim_{x\to-\infty}\sqrt{1+x^2}$

因为 $\lim_{x\to-\infty}\sqrt{1+x^2}$ 不存在,所以广义积分 $\int_{-\infty}^0 \dfrac{x}{\sqrt{1+x^2}}\mathrm{d}x$ 发散.

例 6.4.4 证明:当 $p > 1$ 时,广义积分 $\int_a^{+\infty} \dfrac{1}{x^p}\mathrm{d}x\,(a > 0)$ 收敛;当 $p \leqslant 1$ 时,此广义积分发散.

证明 当 $p = 1$ 时,$\int_a^{+\infty} \dfrac{1}{x^p}\mathrm{d}x = \int_a^{+\infty} \dfrac{1}{x}\mathrm{d}x = [\ln x]_a^{+\infty} = +\infty$,故发散;

当 $p \neq 1$ 时,$\int_a^{+\infty} \dfrac{1}{x^p}\mathrm{d}x = \left[\dfrac{x^{1-p}}{1-p}\right]_a^{+\infty} = \begin{cases} +\infty, & p < 1, \\ \dfrac{a^{1-p}}{p-1}, & p > 1. \end{cases}$

因此,当 $p > 1$ 时,此广义积分收敛,其值为 $\dfrac{a^{1-p}}{p-1}$;当 $p \leqslant 1$ 时,此广义积分发散.

6.4.2 无界函数的广义积分

> **定义 6.4.3** 设函数 $f(x)$ 在 $(a,b]$ 上连续,而在点 a 的右邻域内无界,取 $\varepsilon > 0$,如果极限 $\lim\limits_{\varepsilon \to 0^+} \int_{a+\varepsilon}^{b} f(x)\mathrm{d}x$ 存在,则称此极限为函数 $f(x)$ 在 $(a,b]$ 上的**广义积分**,也称为**瑕积分**,其中 $x = a$ 为瑕点,记作 $\int_{a}^{b} f(x)\mathrm{d}x$,即
>
> $$\int_{a}^{b} f(x)\mathrm{d}x = \lim_{\varepsilon \to 0^+} \int_{a+\varepsilon}^{b} f(x)\mathrm{d}x ,$$
>
> 此时称广义积分 $\int_{a}^{b} f(x)\mathrm{d}x$ 收敛. 若 $\lim\limits_{\varepsilon \to 0^+} \int_{a+\varepsilon}^{b} f(x)\mathrm{d}x$ 不存在,称广义积分 $\int_{a}^{b} f(x)\mathrm{d}x$ 发散.

类似地,如果函数 $f(x)$ 在 $[a,b)$ 上连续,而在点 b 的左邻域内无界,可以定义 $f(x)$ 在 $[a,b)$ 上的广义积分 $\int_{a}^{b} f(x)\mathrm{d}x = \lim\limits_{\varepsilon \to 0^+} \int_{a}^{b-\varepsilon} f(x)\mathrm{d}x$.

按瑕点在区间位置划分,瑕积分还有另外一种情况.

设函数 $f(x)$ 在 $[a,b]$ 上除点 $c(a<c<b)$ 外连续,而在点 c 的邻域内无界,如果两个广义积分 $\int_{a}^{c} f(x)\mathrm{d}x$ 与 $\int_{c}^{b} f(x)\mathrm{d}x$ 都收敛,则定义

$$\int_{a}^{b} f(x)\mathrm{d}x = \int_{a}^{c} f(x)\mathrm{d}x + \int_{c}^{b} f(x)\mathrm{d}x ,$$

并称 $\int_{a}^{b} f(x)\mathrm{d}x$ 收敛;否则就称积分 $\int_{a}^{b} f(x)\mathrm{d}x$ 发散.

设 $F(x)$ 为 $f(x)$ 的一个原函数,记 $F(a^+) = \lim\limits_{x \to a^+} F(x)$,$F(b^-) = \lim\limits_{x \to b^-} F(x)$,则

(1) $\int_{a}^{b} f(x)\mathrm{d}x = \lim\limits_{\varepsilon \to 0^+} \int_{a+\varepsilon}^{b} f(x)\mathrm{d}x = F(b) - F(a^+)$;

(2) $\int_{a}^{b} f(x)\mathrm{d}x = \lim\limits_{\varepsilon \to 0^+} \int_{a}^{b-\varepsilon} f(x)\mathrm{d}x = F(b^-) - F(a)$;

(3) $\int_{a}^{b} f(x)\mathrm{d}x = \int_{a}^{c} f(x)\mathrm{d}x + \int_{c}^{b} f(x)\mathrm{d}x = F(c^-) - F(a) + F(b) - F(c^+)$.

例 6.4.5 计算广义积分 $\int_0^4 \dfrac{\mathrm{d}x}{\sqrt{4-x}}$.

解 $\int_0^4 \dfrac{\mathrm{d}x}{\sqrt{4-x}} = \lim\limits_{\varepsilon \to 0^+} \int_0^{4-\varepsilon} \dfrac{\mathrm{d}x}{\sqrt{4-x}} = \lim\limits_{\varepsilon \to 0^+} (-2\sqrt{4-x}) \Big|_0^{4-\varepsilon}$

$$= \lim\limits_{\varepsilon \to 0^+} [-2\sqrt{\varepsilon} + 2\sqrt{4}] = 4.$$

例 6.4.6 求 $\int_0^6 (x-4)^{-\frac{2}{3}} \mathrm{d}x$.

解 $\int_0^6 (x-4)^{-\frac{2}{3}} \mathrm{d}x = \int_4^6 (x-4)^{-\frac{2}{3}} \mathrm{d}x + \int_0^4 (x-4)^{-\frac{2}{3}} \mathrm{d}x$

$$= 3(x-4)^{\frac{1}{3}} \Big|_{4^+}^6 + 3(x-4)^{\frac{1}{3}} \Big|_0^{4^-}$$

$$= 3(\sqrt[3]{2} + \sqrt[3]{4}).$$

例 6.4.7 讨论 $\int_0^1 \dfrac{x}{1-x^2} \mathrm{d}x$ 的敛散性.

解 由于 $x=1$ 是瑕点,所以

$$\int_0^1 \dfrac{x}{1-x^2} \mathrm{d}x = -\dfrac{1}{2} \int_0^1 \dfrac{1}{1-x^2} \mathrm{d}(1-x^2)$$

$$= \left[-\dfrac{1}{2} \ln(1-x^2) \right]_0^{1^-} = +\infty,$$

可知该反常积分发散.

例 6.4.8 证明:当 $q<1$ 时,广义积分 $\int_a^b \dfrac{\mathrm{d}x}{(x-a)^q}$ 收敛;当 $q \geqslant 1$ 时,此广义积分发散.

证明 当 $q=1$ 时, $\int_a^b \dfrac{\mathrm{d}x}{x-a} = [\ln(x-a)]_a^b = +\infty$, 发散;

当 $q \neq 1$ 时, $\int_a^b \dfrac{\mathrm{d}x}{(x-a)^q} = \left[\dfrac{(x-a)^{1-q}}{1-q} \right]_a^b = \begin{cases} \dfrac{(b-a)^{1-q}}{1-q}, & q<1, \\ +\infty, & q>1. \end{cases}$

思考题 求 $\lim\limits_{n \to \infty} \dfrac{1}{n} \left(\dfrac{1}{\sqrt{n^2+1}} + \dfrac{2}{\sqrt{n^2+4}} + \cdots + \dfrac{n}{\sqrt{n^2+n^2}} \right)$.

习题 6.4

1. 证明：$\displaystyle\int_0^1 \frac{\sin\dfrac{1}{x}}{x^2}\mathrm{d}x = \int_1^{+\infty}\sin t\,\mathrm{d}t.$

2. 判定下列各反常积分的收敛性，如果收敛，计算反常积分的值.

(1) $\displaystyle\int_{-\infty}^{+\infty}\sin x\,\mathrm{d}x;$

(2) $\displaystyle\int_{\frac{2}{\pi}}^{+\infty}\frac{1}{x^2}\cdot\sin\frac{1}{x}\,\mathrm{d}x;$

(3) $\displaystyle\int_{-\infty}^{-1}\frac{1}{x^2}\,\mathrm{d}x;$

(4) $\displaystyle\int_{-1}^{1}\frac{1}{x^4}\,\mathrm{d}x;$

(5) $\displaystyle\int_{-\infty}^{+\infty}\frac{1}{x^2+2x+2}\,\mathrm{d}x;$

(6) $\displaystyle\int_0^{+\infty}xe^{-x^2}\,\mathrm{d}x.$

§6.5　定积分的应用

定积分在日常生活及科学技术方面均有着十分广泛的应用.

本节从几何与物理两个角度，讨论定积分的应用. 首先介绍如何将所求的一些非均匀分布的实际量表示为定积分的一个重要思想方法，即微元法.

6.5.1　定积分微元法

回顾本章第 1 节求曲边梯形面积的问题，其步骤主要分为"分割""近似替代""求和""取极限"四步.

(1) 把 $[a,b]$ 分成 n 个小区间 $[x_0,x_1],[x_1,x_2],\cdots,[x_{n-1},x_n]$；

(2) 用小矩形面积代替相应的小曲边梯形面积(如图 6.1.2 所示)；

(3) 计算所有小矩形的面积和，得到曲边梯形面积 A 的近似值

$$A \approx \sum_{i=1}^{n}f(\xi_i)\Delta x_i;$$

(4) 所有小曲边梯形的面积和的极限即为曲边梯形面积 A 的精确值

$$A = \lim_{\lambda\to 0}\sum_{i=1}^{n}f(\xi_i)\Delta x_i.$$

在引入定积分的定义后，有 $A = \displaystyle\int_a^b f(x)\,\mathrm{d}x.$

在实际应用中,常常将上述步骤简化为以下两步:

(1)细分、近似:分割区间 $[a,b]$,不妨把其中任意小区间记为 $[x,x+\mathrm{d}x]$ $\subset[a,b]$,且其所对应的小曲边梯形的面积记为 ΔA. 在小区间 $[x,x+\mathrm{d}x]$ 上, 有 $\Delta A \approx \mathrm{d}A = f(x)\mathrm{d}x$. 我们称 $\mathrm{d}A$ 为所求量 A 的微分元素,简称为微元.

(2)累加、求积:将微元 $\mathrm{d}A$ 在 $[a,b]$ 上无限累加,即得

$$A = \int_a^b \mathrm{d}A = \int_a^b f(x)\mathrm{d}x.$$

这种先求整体量的微元再用定积分求整体量的方法叫作**微元法**. 在找出 微元的基础上,通过定积分即可求出所求的整体量. 定积分微元法是寻找定 积分表达式的一种非常有效且广泛使用的方法.

6.5.2　定积分在几何中的应用

定积分广泛应用于计算几何图形中的面积、体积以及弧长等.

1. 平面图形的面积

(1)在直角坐标系下计算平面图形的面积.

①由一上一下两条连续曲线 $y = f_1(x), y = f_2(x)(f_1(x) \leqslant f_2(x))$ 以 及直线 $x = a, x = b(a < b)$ 所围平面图形,如图 6.5.1 所示,其面积微元为

$$\mathrm{d}A = (f_2(x) - f_1(x))\mathrm{d}x,$$

面积为

$$A = \int_a^b (f_2(x) - f_1(x))\mathrm{d}x.$$

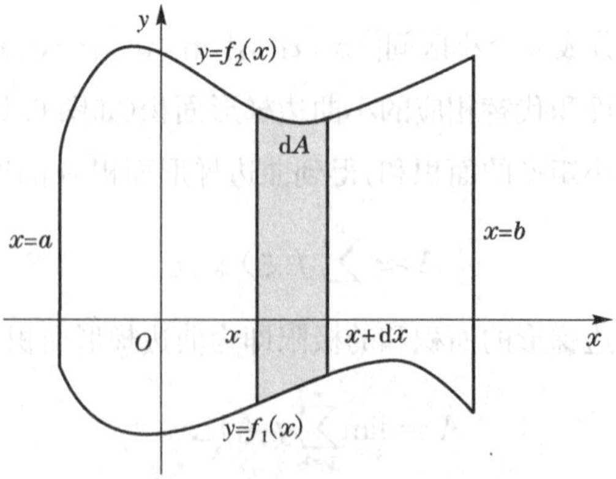

图 6.5.1　上、下两条连续曲线所围平面图形

②由一左一右两条连续曲线 $x = \varphi_1(y), x = \varphi_2(y)\,(\varphi_1(y) \leqslant \varphi_2(y))$ 以及直线 $y = c, y = a\,(c < a)$ 所围平面图形,如图 6.5.2 所示,其面积微元为

$$dA = (\varphi_2(y) - \varphi_1(y))dy,$$

面积为

$$A = \int_c^a (\varphi_2(y) - \varphi_1(y))dy.$$

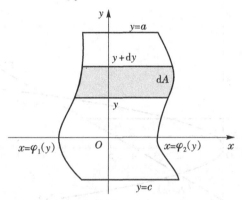

图 6.5.2 左、右两条连续曲线所围平面图形

例 **6.5.1** 求 $y = x^2 - 2, y = 2x + 1$ 围成的面积,如图 6.5.3 所示.

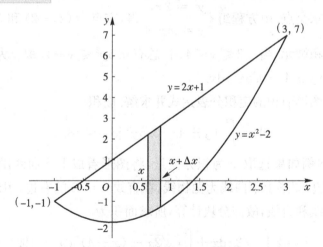

图 6.5.3 例 6.5.1 图

解 ①求交点.由方程组 $\begin{cases} y = x^2 - 2, \\ y = 2x + 1 \end{cases}$ 得,交点为 $M(-1, 1), N(3, 7)$.

②求面积微元.当 $-1 \leqslant x \leqslant 3$ 时,有 $x^2 - 2 \leqslant 2x + 1$,取 x 为积分变量,于是 $dA = [(2x + 1) - (x^2 - 2)]dx$.

③写出图形面积的定积分表达式并求解. 面积

$$A = \int_{-1}^{3} \big[(2x+1)-(x^2-2)\big]\mathrm{d}x = \Big(x^2 - \frac{1}{3}x^3 + 3x\Big)\Big|_{-1}^{3} = 10\frac{2}{3}.$$

例 6.5.2　计算 $y^2 = 2x, y = x-4$ 围成的面积(如图 6.5.4).

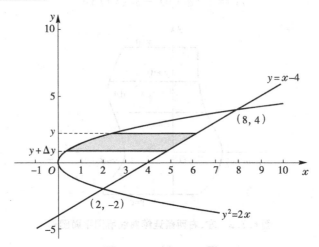

图 6.5.4　例 6.5.2 图

解　①求交点. 由方程组 $\begin{cases} y^2 = 2x, \\ y = x-4 \end{cases}$ 得, 交点为 $(2,-2)$ 和 $(8,4)$ 两点.

②求面积微元. 当 $-2 \leqslant y \leqslant 4$ 时, 总有 $0.5y^2 \leqslant y+4$, 取 y 为积分变量, 于是 $\mathrm{d}A = (y+4-0.5y^2)\mathrm{d}y$.

③写出图形面积的定积分表达式并求解. 面积

$$A = \int_{-2}^{4} \big[y+4-0.5y^2\big]\mathrm{d}y = 18.$$

注意: 本例如果选取 x 为积分变量, 将图形看成上下曲线围成, 在直线 $x = 2$ 的左边, 图形上下曲线为抛物线, 在直线 $x = 2$ 的右边, 图形上下曲线分别为抛物线和直线, 故需分块计算, 所求面积为

$$A = 2\int_{0}^{2} \sqrt{2x}\,\mathrm{d}x + \int_{2}^{8} \big[\sqrt{2x}-(x-4)\big]\mathrm{d}x = 18.$$

(2)在极坐标系下计算平面图形的面积.

设由连续曲线 $\rho = \rho(\theta)$ 及射线 $\theta = \alpha, \theta = \beta$ 围成的图形称为曲边扇形, 如图 6.5.5 所示. 极角 θ 为积分变量, $\theta \in [\alpha, \beta]$, 任取小区间 $[\theta, \theta + \mathrm{d}\theta]$, 其对应的小曲边扇形的面积用半径为 $\rho = \rho(\theta)$, 中心角为 $\mathrm{d}\theta$ 的小扇形面积近似,

则有曲边扇形的面积元素为 $\mathrm{d}S = \dfrac{1}{2}\left[\rho(\theta)\right]^2\mathrm{d}\theta$，故曲边扇形的面积为

$$S = \int_\alpha^\beta \frac{1}{2}\left[\rho(\theta)\right]^2\mathrm{d}\theta.$$

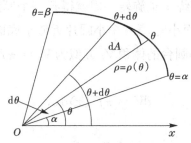

图 6.5.5　极坐标微元法

例 6.5.3 计算心形线 $\rho = a(1+\cos\theta)$ 所围成的图形的面积，$a > 0$.

解 从图 6.5.6 知，图形关于 x 轴对称，故由对称性有

$$S = 2\int_0^\pi \frac{1}{2}\left[a\left(1+\cos\theta\right)\right]^2\mathrm{d}\theta$$

$$= a^2\int_0^\pi \left(\frac{3}{2} + 2\cos\theta + \frac{1}{2}\cos 2\theta\right)\mathrm{d}\theta$$

$$= a^2\left[\frac{3}{2}\theta + 2\sin\theta + \frac{1}{4}\sin 2\theta\right]_0^\pi = \frac{3}{2}a^2\pi.$$

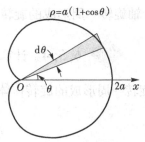

图 6.5.6　心形线

2. 立体图形的体积

（1）旋转体的体积.

如图 6.5.7 所示，在 $[a,b]$ 上，曲线 $y = f(x) \geqslant 0$，直线 $x = a, x = b, y = 0$ 围成曲边梯形. 此曲边梯形绕 x 轴旋转一周形成的旋转体如图6.5.8所示.

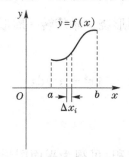

图 6.5.7

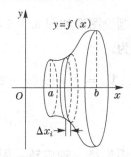

图 6.5.8

分析: 在区间 $[a,b]$ 内插入 $n-1$ 个分点,使 $a = x_0 < x_1 < x_2 < \cdots < x_{n-1} < x_n = b$,把曲线 $y = f(x)$ ($a \leqslant x \leqslant b$)分割成 n 个垂直于 x 轴的"小长条",如图 6.5.7 所示. 设第 i 个"小长条"的宽是 $\Delta x_i = x_i - x_{i-1}, i = 1, 2, \cdots, n$. 这个"小长条"绕 x 轴旋转一周就得到一个厚度是 Δx_i 的小圆片,如图 6.5.8 所示. 当 Δx_i 很小时,第 i 个小圆片近似于底面半径为 $y_i = f(x_i)$ 的小圆柱. 因此,第 i 个小圆台的体积 V_i 近似为 $V_i = \pi f^2(x_i) \Delta x_i$,由定积分的微元法,得

$$dV = \pi f^2(x) dx,$$

旋转体体积为

$$V = \pi \int_a^b f^2(x) dx.$$

类似地,由曲线 $x = \varphi(y)$,直线 $y = c, y = \mathrm{d}, x = 0$ 围成的曲边梯形绕 y 轴旋转一周形成的旋转体体积 $V = \pi \int_c^{\mathrm{d}} \varphi^2(y) dy$.

例 6.5.4 计算 $y = x(2-x)$ 与 x 轴围成的图形分别绕 x 轴、y 轴旋转一周形成的旋转体体积.

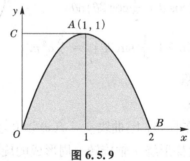

图 6.5.9

解 题设图形如图 6.5.9 阴影所示. 这个图形绕 x 轴旋转一周形成的旋转体体积为

$$V_x = \int_0^2 \pi [x(x-2)]^2 dx = \pi \int_0^2 (4x^2 - 4x^3 + x^4) dx$$

$$= \pi \left[\frac{4}{3} x^3 - x^4 + \frac{1}{5} x^5 \right]_0^2 = \frac{16}{15} \pi.$$

这个图形绕 y 轴旋转一周形成的旋转体体积,可视为平面图形 $OCAB$ 和 OCA 分别绕 y 轴旋转一周形成的旋转体体积之差. 弧段 OA 和 AB 的方

程分别为

$$x = 1 - \sqrt{1-y} \text{ 和 } x = 1 + \sqrt{1-y}.$$

于是所求体积为

$$V_y = \int_0^1 \pi \left(1 + \sqrt{1-y}\right)^2 \mathrm{d}y - \int_0^1 \pi \left(1 - \sqrt{1-y}\right)^2 \mathrm{d}y$$

$$= 4\pi \int_0^1 \sqrt{1-y}\,\mathrm{d}y = 4\pi \left[-\frac{2}{3}\left(1-y\right)^{\frac{3}{2}}\right]_0^1 = \frac{8}{3}\pi$$

利用定积分求旋转体的体积的步骤可总结为:①找准被旋转的平面图形,它的边界曲线直接决定被积函数;②分清端点;③确定几何体的构造;④利用定积分进行体积计算.

(2)平行截面面积为已知的空间物体的体积.

已知某立体图形位于空间平面 $x = a, x = b$ 之间(如图 6.5.8),任取任意小区间 $[x, x+\mathrm{d}x] \subset [a,b]$,若过点 x 作垂直于 x 轴的平面截此立体的截面积为 $A(x), a \leqslant x \leqslant b$,则有 $\mathrm{d}V = A(x)\mathrm{d}x$,故该物体的体积 $V = \int_a^b A(x)\mathrm{d}x$.

例 6.5.5 设一空间物体的底面是长半轴 $a = 10$,短半轴 $b = 5$ 的椭圆,垂直于长半轴的截面都是等边三角形(如图 6.5.10),长半轴在 x 轴,短半轴在 y 轴,求此空间物体的体积.

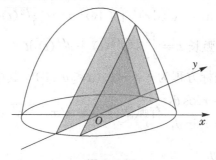

图 6.5.10

解 如图 6.5.10 所示,过点 x 作垂直于 x 轴的截面为等边三角形,底边长为 $2y$,则等边三角形的高为 $\sqrt{3}y$. 故截面面积

$$A(x) = \frac{1}{2} \cdot 2y\sqrt{3}y = \sqrt{3} \cdot 25\left(1 - \frac{x^2}{100}\right).$$

此空间物体体积

$$V = \int_{-10}^{10} A(x)\mathrm{d}x = 25\sqrt{3} \int_{-10}^{10} \left(1 - \frac{x^2}{100}\right)\mathrm{d}x = \frac{100}{3}\sqrt{3}.$$

3. 平面曲线的弧长

如图 6.5.11 所示,设某曲线弧的直角坐标方程为 $y = f(x), x \in [a, b]$. 其中 $f(x)$ 在 $[a, b]$ 上具有一阶连续导数,求曲线弧的弧长 s.

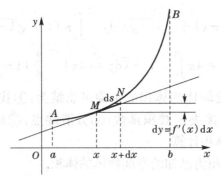

图 6.5.11

在 $[a, b]$ 上任取小区间 $[x, x + \mathrm{d}x]$,以对应小切线段的长代替小弧段的长. 小切线段长度 $\sqrt{(\mathrm{d}x)^2 + (\mathrm{d}y)^2} = \sqrt{1 + y'^2}\,\mathrm{d}x$,故弧长微元 $\mathrm{d}s = \sqrt{1 + y'^2}\,\mathrm{d}x$, 弧长 $s = \displaystyle\int_a^b \sqrt{1 + y'^2}\,\mathrm{d}x$.

若曲线弧的参数方程为 $\begin{cases} x = \varphi(t), \\ y = \psi(t) \end{cases}$ $(\alpha \leqslant t \leqslant \beta)$,其中 $\varphi(t), \psi(t)$ 在 $[\alpha, \beta]$ 上具有连续导数. 则 $\mathrm{d}s = \sqrt{(\mathrm{d}x)^2 + (\mathrm{d}y)^2} = \sqrt{[\varphi'^2(t) + \psi'^2(t)](\mathrm{d}t)^2} = \sqrt{\varphi'^2(t) + \psi'^2(t)}\,\mathrm{d}t$,弧长 $s = \displaystyle\int_\alpha^\beta \sqrt{\varphi'^2(t) + \psi'^2(t)}\,\mathrm{d}t$.

设曲线弧的极坐标方程为 $r = r(\theta)(\alpha \leqslant \theta \leqslant \beta)$,其中 $r(\theta)$ 在 $[\alpha, \beta]$ 上具有连续导数. 令 $\begin{cases} x = r\cos\theta, \\ y = r\sin\theta, \end{cases}$ 有弧微分 $\mathrm{d}s = \sqrt{x'^2 + y'^2}\,\mathrm{d}\theta = \sqrt{r^2 + r'^2}\,\mathrm{d}\theta$,弧长 $s = \displaystyle\int_\alpha^\beta \sqrt{r^2 + r'^2}\,\mathrm{d}\theta$.

例 6.5.6 求摆线 $\begin{cases} x = a(t - \sin t), \\ y = a(1 - \cos t) \end{cases}$ $(0 \leqslant t \leqslant 2\pi)(a > 0)$ 的弧长.

解 $\mathrm{d}x = a(1 - \cos t)\mathrm{d}t, \mathrm{d}y = a\sin t\,\mathrm{d}t$,

$$\mathrm{d}s = \sqrt{\mathrm{d}x^2 + \mathrm{d}y^2} = \sqrt{a^2(1 - 2\cos t + 1)}\,\mathrm{d}t = 2a\sin\frac{t}{2}\,\mathrm{d}t,$$

$$弧长\ s = 2a\int_0^{2\pi} \sin\frac{t}{2}\,\mathrm{d}t = -4a\cos\frac{t}{2}\Big|_0^{2\pi} = 8a.$$

6.5.3* 定积分在物理中的应用

定积分在物理学中有着广泛的应用,这里介绍一些比较有代表性的实例.

1. 变力沿直线运动所做的功

例 6.5.7 用铁锤将一铁钉击入木板,设木板对铁钉的阻力与击入木板的深度成正比,在击入第一次时,将铁钉击入木板 $1\,\mathrm{cm}$. 如果铁锤每次击打铁钉所做的功相等,锤击第二次时,铁钉又击入多少?

解 设铁钉深度为 x,则阻力为 $f = kx$ (k 为比例常数),则击第一次阻力所做的功

$$W_1 = \int_0^1 kx\,\mathrm{d}x = \frac{k}{2}.$$

设锤击第二次后,铁钉位于 l 处,则

$$W_2 = \int_1^l kx\,\mathrm{d}x = \frac{k}{2}(l^2 - 1).$$

$\because W_1 = W_2$,即 $\dfrac{k}{2} = \dfrac{k}{2}(l^2 - 1)$,$\therefore l = \sqrt{2}.$

故锤击第二次时,铁钉又击入了 $(\sqrt{2} - 1)\,\mathrm{cm}$.

2. 液体的压力

例 6.5.8 一个竖直的闸门,形状是等腰梯形,尺寸与坐标如图 6.5.12 所示,当水面齐闸门时,求闸门所受的压力.

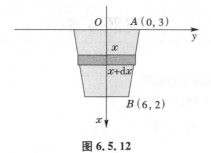

图 6.5.12

解 由 $A(0,3)$,$B(6,2)$ 两点有线段 AB 的方程为 $y = -\dfrac{x}{6} + 3$,$x \in [0,6]$.

取 x 为积分变量,在 $[0,6]$ 上任取一小区间 $[x,x+dx]$,由于在相同深处水的静压强是相同的,故当 dx 很小时,在此小区间上闸门所受压力的微元为

$$dP = \nu \cdot x \cdot 2y dx = \nu x \cdot 2\left(-\frac{x}{6}+3\right)dx = \nu\left(-\frac{x^2}{3}+6x\right)dx.$$

若取水的比重为 $\nu = 9.8 \times 10^3 \dfrac{\text{N}}{\text{m}^3}$, 则有

$$P = \int_0^6 \nu\left(-\frac{x^2}{3}+6x\right)dx \approx 8.23 \times 10^5 (\text{N}).$$

3. 引力

例 6.5.9 设有一长为 l, 质量为 M 的均匀细杆,另有一质量为 m 的质点和细杆在一条直线上,它到细杆近端的距离为 a,计算细杆对质点的引力.

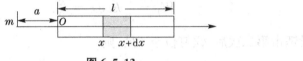

图 6.5.13

解 如图 6.5.13 所示.

(1)取积分变量为 x, 积分区间为 $[0,l]$;

(2)在 $[0,l]$ 上,任取小区间 $[x,x+dx]$,质点 m 与 $[x,x+dx]$ 对应一小段细杆的引力,即引力微元为 $dF = k\dfrac{m\dfrac{M}{l}dx}{(a+x)^2} = \dfrac{kmM}{l}\cdot\dfrac{dx}{(a+x)^2}$;

(3)所求引力为 $F = \displaystyle\int_0^l \dfrac{kmM}{l}\cdot\dfrac{dx}{(a+x)^2} = \dfrac{kmM}{l}\int_0^l\dfrac{dx}{(a+x)^2} = \dfrac{kmM}{a(a+l)}.$

习题 6.5

1.求由下列各曲线围成的图形的面积.

(1) $y = x^2$ 与直线 $y = 3x$;

(2) $y = \dfrac{1}{x}$ 与直线 $y = x, x = 2$;

(3) $y = \sin x$ 与 $y = \cos x$, $0 \leqslant x \leqslant \dfrac{\pi}{2}$;

(4)椭圆 $\dfrac{x^2}{a^2} + \dfrac{y^2}{b^2} = 1$.

2. 求星形线 $\sqrt[3]{x^2} + \sqrt[3]{y^2} = \sqrt[3]{a^2}$ 的全长.

3. 求对数螺线 $\rho = e^{2\varphi}$ 上 $\varphi = 0$ 到 $\varphi = 2\pi$ 的一段弧长.

4. 由曲线 $y = x^3$, 直线 $y = 0, x = 2$ 所围成的图形, 分别绕 x 轴、y 轴旋转一周形成的旋转体体积.

5. 把一个带 $+q$ 电量的点电荷放在 r 轴上的原点处, 它产生的电场对周围的电荷有作用力. 当这个单位正电荷从 $r = a$ 处移到 $r = b$ 处时, 计算电场力对它做的功.

6. 一物体在某介质中按 $x = ct^3$ 作直线运动, 介质的阻力与速度 dx/dt 的平方成正比. 计算物体由 $x = 0$ 移至 $x = a$ 时克服介质阻力所做的功.

7. 设星形线 $x = a\cos^3 t, y = a\sin^3 t$ 上每一点处的线密度的大小等于该点到原点的距离的立方, 求星形线在第一象限的弧段对位于原点处的单位质点的引力.

相关阅读

牛顿的数学成就

　　微积分的创立是牛顿最卓越的数学成就. 为解决运动问题, 牛顿创立了这种和物理概念直接联系的数学理论, 并将其称之为"流数术". 它所处理的一些具体问题, 如切线问题、求积问题、瞬时速度问题以及函数的极大和极小值问题等, 在牛顿前已经得到人们的研究了. 但牛顿超越了前人, 他站在了更高的角度, 对以往分散的结论加以综合, 将古希腊以来求解无限小问题的各种技巧统一为两类基本的算法——微分和积分, 并确立了这两类算法的互逆关系, 从而完成了微积分发明中最关键的一步, 为近代科学发展提供了最有效的工具, 开辟了数学上的一个新纪元.

　　牛顿没有及时发表微积分的研究成果, 他研究微积分可能比莱布尼茨早一些, 但是莱布尼茨所采取的表达形式更加合理, 而且关于微积分的著作出版时间也比牛顿早.

　　牛顿和莱布尼茨, 究竟谁才是这门学科的创立者, 在数学史上曾掀起一场激烈的争论. 这场争论在各自的学生、支持者和其他数学家中持续了相当长的一段时间, 造成了英国数学家与其他欧洲数学家的长期对立. 英国数学在一个时期里拘泥于牛顿的"流数术"而停步不前, 导致数学发展整整落后了一百年.

　　在 1665 年, 刚好 22 岁的牛顿发现了二项式定理, 这对于微积分的充分发展是必不可少的一步. 二项式定理在组合理论、开高次方、高阶等差数列求和以及差分法中有广泛的应用.

二项式级数展开式是研究级数论、函数论、数学分析、方程理论的有力工具. 在今天我们会发觉这个方法只适用于 n 是正整数,当 n 是正整数 $1,2,3,\cdots$ 级数正好终止在 $n+1$ 项. 如果 n 不是正整数,级数就不会终止,这个方法就不适用了. 但是我们要知道,莱布尼茨在 1694 年才引进"函数"这个词,在微积分研究的早期阶段,研究超越函数时用它们的级来处理是所用方法中最有成效的.

1707 年,牛顿的代数讲义经整理后出版,定名为《普遍算术》,主要讨论了代数基础及其(通过解方程)在解决各类问题中的应用. 书中陈述了代数基本概念与基本运算,用大量实例说明了如何将各类问题化为代数方程,同时对方程的根及其性质进行了深入探讨,引出了方程论方面的丰硕成果. 例如,书中得出了方程的根与其判别式之间的关系,指出可以利用方程系数确定方程根之幂的和数,即"牛顿幂和公式".

牛顿对解析几何与综合几何都有贡献. 他在 1736 年出版的《解析几何》中引入了曲率中心,给出密切线圆(或称曲线圆)概念,提出曲率公式及计算曲线的曲率方法,并将自己的许多研究成果总结成专论《三次曲线枚举》. 此外,他的数学工作还涉及数值分析、概率论和初等数论等众多领域.

复习题 6

1. 判断题.

(1) $(\int_a^b f(x)\mathrm{d}x)' = f(x)$. (   )

(2) $\int_0^1 f(x)\mathrm{d}x = -\int_1^0 f(x)\mathrm{d}x$. (   )

(3) 设 $f(x)$ 在 $[-a,a]$ 上连续且是偶函数,则 $\int_{-a}^a f(x)\mathrm{d}x = 0$. (   )

(4) 定积分 $\int_a^b f(x)\mathrm{d}x$ 的值仅取决于 x. (   )

2. 选择题.

(1) 根据定积分的几何意义,下列各式中正确的是(   ).

A. $\int_0^1 \sqrt{1-x^2}\mathrm{d}x = \pi$;
B. $\int_0^1 \sqrt{1-x^2}\mathrm{d}x = \dfrac{\pi}{2}$;

C. $\int_0^1 \sqrt{1-x^2}\mathrm{d}x = \dfrac{\pi}{4}$;
D. $\int_0^1 \sqrt{1-x^2}\mathrm{d}x = 2\pi$.

(2) $\int_0^1 (2x+a)\mathrm{d}x = 6$，则 a 是（　　）.

　A. 2;　　　　　　　B. 3;　　　　　　　C. 4;　　　　　　　D. 5.

(3) 定积分 $\int_{-1}^{1} x^5 \sqrt{1-x^2}\,\mathrm{d}x$ 的值为（　　）.

　A. 0;　　　　　　　B. 1;　　　　　　　C. -1;　　　　　　D. 2.

(4) 函数 $f(x)$ 在 $[a,b]$ 上连续是 $f(x)$ 在 $[a,b]$ 上可积的（　　）条件.

　A. 充分;　　　　　B. 必要;　　　　　C. 充要;　　　　　D. 既不充分也不必要.

3. 求极限 $\lim\limits_{x\to 0} \left(\int_0^x \ln(1+t)\mathrm{d}t\right)^2 / x^4$.

4. 计算下列定积分.

(1) $\int_0^3 \mathrm{e}^{|2-x|}\,\mathrm{d}x$;　　　　(2) $\int_1^{\sqrt{3}} \dfrac{1}{x\sqrt{1+x^2}}\,\mathrm{d}x$;　　　　(3) $\int_0^{\frac{\pi}{4}} \dfrac{x}{1+\cos 2x}\,\mathrm{d}x$.

5. 判定下列各反常积分的收敛性，如果收敛，计算反常积分的值.

(1) $\int_0^{+\infty} \dfrac{x}{(1+x)^3}\,\mathrm{d}x$;　(2) $\int_0^{+\infty} \mathrm{e}^{-\sqrt{x}}\,\mathrm{d}x$.

6. 湿热的夏季会引起湖泊区域的蚊子大量滋生. 假若蚊子每周增长的数量约为 $3000+10\mathrm{e}^{0.8t}$（单位 t：周），求在夏季第四周至第六周之间蚊子繁殖的数量？

7. 设导线在时刻 t（单位：s）的电流为 $i(t) = 0.006t\sqrt{t^2+1}$. 求在时间间隔 $[1,4]$ 秒内流过导线横截面的电量 $Q(t)$（单位：A）.

8. 在电力需求的电涌时期，消耗电能的速度 r 可近似地表示为 $r = t\mathrm{e}^t$（单位 t：h），求在前三个小时内消耗的总电能 E（单位：J）.

9. 某城市 2010 年的人口密度近似为

$$P(r) = \frac{4}{r^2+20},$$

其中 $P(r)$ 表示距离市中心 r 公里区域内的人口数，单位为每平方公里 10 万人.

(1) 试求距市中心 2 公里区域内的人口数；

(2) 若人口密度函数为 $P(r) = 0.3\mathrm{e}^{-0.2r}$，试求距市中心 2 公里区域内的人口数；

(3) 若实际统计结果为 $r = 0.5$ 时，人口数为 1.46，$r = 1$ 时，人口数为 1.80，$r = 1.5$ 时，人口数为 1.96，请问用以上哪个函数描述该市人口密度较为合适？

10. 利用极坐标计算两圆 $x^2+y^2=3$ 和 $x^2+y^2=\sqrt{3}y$ 的公共部分面积.

扫一扫，获取参考答案

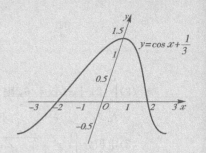

第7章 常微分方程

运用微积分知识解决实际问题时,首先要找出实际问题中变量之间的函数关系.虽然在许多情况下无法直接找出变量之间的函数关系,但是,有时可以建立含有自变量、未知函数及未知函数导数的方程式,这类方程就是微分方程.通过解微分方程,可得到所要求的函数关系式,从而达到解决实际问题的目的.

本章首先通过简单的实例引入常微分方程的基本概念;然后介绍几种常用的常微分方程的求解方法,即三种一阶微分方程及二阶常系数线性微分方程的解法,并介绍一些实际生活中的应用.

§7.1 微分方程的基本概念

7.1.1 引例

例 7.1.1 已知某曲线上任一点处切线斜率等于横坐标的 2 倍,且曲线经过点 $(1,2)$,求此曲线方程.

解 设曲线方程为 $y = f(x)$,由导数的几何意义知,曲线上一点的切线的斜率为 $\dfrac{\mathrm{d}y}{\mathrm{d}x}$,故由题设可知方程满足关系式

$$\frac{\mathrm{d}y}{\mathrm{d}x} = 2x.$$

两边同时积分,得

$$y = x^2 + C.$$

又曲线经过点 $(1,2)$,代入上式求得 $C = 1$,则所求曲线方程为

$$y = x^2 + 1.$$

例 7.1.2 小王驾车从甲地出发到乙地,他从静止开始,以 10 km/h^2 均匀地加速,中间没有减速或停车,经过 2 h 后到达乙地,求甲乙两地的距离是多少?

解 假设两地的距离为 s,到达乙地时速度为 $v \text{ km/h}$,由题意可建立方程

$$\begin{cases} \dfrac{\mathrm{d}^2 s}{\mathrm{d}t^2} = 10, \\ s(0) = 0, \\ \dfrac{\mathrm{d}s}{\mathrm{d}t}\bigg|_{t=0} = 0. \end{cases}$$

对 $\dfrac{\mathrm{d}^2 s}{\mathrm{d}t^2}$ 积分一次,得 $\dfrac{\mathrm{d}s}{\mathrm{d}t} = 10t + C_1$;再积分一次,得 $s = 5t^2 + C_1 t + C_2$.

将 $\dfrac{\mathrm{d}s}{\mathrm{d}t}\bigg|_{t=0} = 0$ 代入 $\dfrac{\mathrm{d}s}{\mathrm{d}t} = 10t + C_1$,解得 $C_1 = 0$.

将 $s(0) = 0$ 代入 $s = 5t^2 + C_1 t + C_2$,解得 $C_2 = 0$.

所以 $s = 5t^2$,甲乙两地距离 $s = 125 \text{ km}$.

上述两个问题有一个共同点:先找出实际问题对应的"含有未知函数导数的关系式",再对关系式求解得到实际问题对应的函数. 在数学上,把这种关系式称为微分方程.

7.1.2　微分方程的基本概念

微分方程 含有自变量、未知函数及未知函数的导数(或微分)的方程.

常微分方程 未知函数是一元函数的微分方程(未知函数是多元函数的方程,称为偏微分方程). 常微分方程简称为微分方程.

常微分方程的阶 在微分方程中未知函数的导数最高阶数.

如求函数 $f(x)$ 的原函数问题,就是求解一阶微分方程 $y' = f(x)$. 这是最简单的一阶微分方程. 又如方程 $xy'' - 4y' = 3x^4$ 是二阶的微分方程;而 $y''' = 2x$

与 $y^{(4)} - 4y''' + 10y'' - 12y' + 5y = \sin 2x$ 分别为三阶和四阶微分方程.

一般地,一阶微分方程的形式为

$$y' = f(x,y) \text{ 或 } F(x,y,y') = 0.$$

而二阶微分方程的一般形式为

$$y'' = f(x,y,y') \text{ 或 } F(x,y,y',y'') = 0.$$

由前面的例子,我们看到,在研究某些实际问题时,首先要建立微分方程,然后解微分方程,求出满足微分方程的函数. 也就是求出这样的函数,把它及它的导数代入微分方程时,能使该方程成为恒等式.

常微分方程的解　如果将某函数代入微分方程中,能使该方程成为恒等式,则称此函数为该微分方程的解.

例 7.1.1 中,$y = x^2 + C, y = x^2 + 1$ 是微分方程的解;例 7.1.2 中,$s = 5t^2 + C_1 t + C_2, s = 5t^2$ 是微分方程的解.

如果微分方程的解中含有任意常数,且相互独立的任意常数(指这些常数不能相互合并)的个数与微分方程的阶数相同,则称此解为微分方程的**通解**.

例 7.1.1 中,$y = x^2 + C$ 是微分方程的通解;例 7.1.2 中,$s = 5t^2 + C_1 t + C_2$ 是微分方程的通解.

设微分方程中未知函数 $y = y(x)$,如果微分方程是一阶的,那么通常用来确定任意常数的条件是

$$x = x_0 \text{ 时 } y = y_0$$

或

$$y|_{x=x_0} = y_0,$$

其中 x_0, y_0 都是给定的值;如果微分方程是二阶的,那么通常用来确定任意常数的条件是

$$x = x_0 \text{ 时 } y = y_0, y' = y_1,$$

或

$$y|_{x=x_0} = y_0, y'|_{x=x_0} = y_1,$$

其中 x_0, y_0, y_1 都是给定的值. 上述这种条件称为**初始条件**.

确定了通解中任意常数以后,得到的解称为微分方程的**特解**.

例 7.1.1 中,$y = x^2 + 1$ 是微分方程的一个特解;例 7.1.2 中,$s = 5t^2$ 是微分方程的一个特解.

例 7.1.3 以初速度 v_0 向上抛一个物体,不计阻力,求该物体的运动规律.

解 设运动开始时, $t=0$,物体位于 x_0 处,在时刻 t 物体位于 x 处,变量 x 和 t 之间的函数关系 $x=x(t)$ 就是要找的运动规律.根据导数的物理意义,按题意,未知函数 $x(t)$ 应满足关系式

$$\frac{\mathrm{d}^2 x}{\mathrm{d}t^2} = -g. \tag{1}$$

此外, $x(t)$ 还应满足下列条件

$$t=0 \text{ 时}, x=x_0, \frac{\mathrm{d}x}{\mathrm{d}t}=v_0. \tag{2}$$

将式(1)两端对 t 积分一次,得

$$\frac{\mathrm{d}x}{\mathrm{d}t} = -gt + C_1. \tag{3}$$

再积分一次,得

$$x = -\frac{1}{2}gt^2 + C_1 t + C_2. \tag{4}$$

把条件(2)代入式(3)和式(4),得 $C_1=v_0, C_2=x_0$,于是有

$$x = -\frac{1}{2}gt^2 + v_{01}t + x_0.$$

上述物体位置 x 关于时刻 t 的方程描述了该物体的运动规律.

例 7.1.4 验证函数 $y=Cx^2$ 是微分方程 $y'=\dfrac{2y}{x}$ 的通解,并求满足初始条件 $y(1)=2$ 的特解.

解 将函数 $y=Cx^2$ 的一阶导数 $y'=2Cx$ 代入方程 $y'=\dfrac{2y}{x}$,左端为 $y'=2Cx$,右端为 $\dfrac{2y}{x}=\dfrac{2Cx^2}{x}=2Cx$,两端相等,故函数 $y=Cx^2$ 是微分方程 $y'=\dfrac{2y}{x}$ 的解.又因为该函数中含有一个任意常数,与方程 $y'=\dfrac{2y}{x}$ 的阶数相同,故 $y=Cx^2$ 是微分方程 $y'=\dfrac{2y}{x}$ 的通解.

将初始条件 $y(1)=2$ 代入通解,解得 $C=2$,故所求特解为 $y=2x^2$.

习题 7.1

1. 说出下列微分方程的阶数.

 (1) $5x\mathrm{d}x + (y^3 - 2xy)\mathrm{d}y = 0$；   (2) $y' = 2xy$；

 (3) $x(y')^2 - 2yy' + x = 0$；   (4) $y^{(5)} - 4x = 0$；

 (5) $xy'' - 2y' = 8x\cos x$；   (6) $L\dfrac{\mathrm{d}^2 Q}{\mathrm{d}t^2} - R\dfrac{\mathrm{d}Q}{\mathrm{d}t} + \dfrac{1}{C}Q = 0$.

2. 下面哪些函数是微分方程 $y'' + 4y' + 4y = 0$ 的解? 哪些是通解? 哪些是特解?

 (1) $y = \mathrm{e}^{-x}$； (2) $y = x\mathrm{e}^{-2x}$； (3) $y = C\mathrm{e}^{-2x}$； (4) $y = (C_1 + C_2 x)\mathrm{e}^{-2x}$.

3. 在下列各题给出的微分方程的通解中,按照所给的初始条件确定特解.

 (1) $x^2 + y^2 = C, y\big|_{x=0} = 5$；

 (2) $x = C_1 \cos kt + C_2 \sin kt, x\big|_{t=0} = A, \dfrac{\mathrm{d}x}{\mathrm{d}t}\big|_{t=0} = 0$.

4. 写出由下列条件确定的曲线所满足的微分方程.

 (1)曲线在点 $P(x, y)$ 处的切线斜率等于该点横坐标的 2 倍；

 (2)曲线在点 $P(x, y)$ 处的切线斜率与该点的横坐标成反比.

§7.2 一阶微分方程

  一阶微分方程的一般形式为 $F(x, y, y') = 0$. 其中不一定含有 x, y, 只要含有 y' 即可. 本节将介绍几种常见的一阶微分方程的解法.

7.2.1 可分离变量的微分方程

  形如

$$\frac{\mathrm{d}y}{\mathrm{d}x} = f(x)g(y) \tag{7.2.1}$$

的一阶微分方程,称为**可分离变量的微分方程**.

  该微分方程的特点是等式右边可以分解成两个函数之积,其中一个仅是 x 的函数,另一个仅是 y 的函数. 下面,通过具体的例题来看这类方程的求解方法.

例 7.2.1 求方程 $y' = \mathrm{e}^y \sin x$ 的通解.

 解 分离变量,得

$$\mathrm{e}^{-y}\mathrm{d}y = \sin x\mathrm{d}x,$$

两边积分,得

$$\int e^{-y} dy = \int \sin x dx,$$

解得

$$-e^{-y} = -\cos x + C,$$

故原方程的通解为

$$\cos x - e^{-y} = C, \text{ 其中 } C \text{ 为任意常数.}$$

可分离变量的微分方程 $\dfrac{dy}{dx} = f(x)g(y)$ 的求解方法称为**分离变量法**,其求解步骤为:

第一步,分离变量,得 $\dfrac{1}{g(y)} dy = f(x) dx$ ($g(y) \neq 0$);

第二步,两边积分,有 $\displaystyle\int \dfrac{1}{g(y)} dy = \int f(x) dx$ (式中左边对 y 积分,右边对 x 积分);

第三步,求出不定积分,就得到方程的解.

例 7.2.2 求微分方程 $y' = 2xy$ 的通解.

解 分离变量,得

$$\frac{dy}{y} = 2x dx,$$

两边积分,得

$$\int \frac{dy}{y} = \int 2x dx,$$

解得

$$\ln|y| = x^2 + C_1 \ (C_1 \text{ 是任意常数}),$$

$$y = \pm e^{x^2 + C_1} = \pm e^{C_1} \cdot e^{x^2} = Ce^{x^2} \text{ (将} \pm e^{C_1} \text{ 用 } C \text{ 代替)},$$

故原方程通解为 $y = Ce^{x^2}$.

7.2.2 齐次型的微分方程

形如

$$\frac{dy}{dx} = \varphi\left(\frac{y}{x}\right) \tag{7.2.2}$$

的一阶微分方程,称为**齐次型的微分方程**,简称**齐次方程**.

例如,$(xy - y^2)\mathrm{d}x - (x^2 - 2xy)\mathrm{d}y = 0$ 是齐次方程,因为

$$\frac{\mathrm{d}y}{\mathrm{d}x} = \frac{xy - y^2}{x^2 - 2xy} = \frac{\dfrac{y}{x} - \left(\dfrac{y}{x}\right)^2}{1 - 2\left(\dfrac{y}{x}\right)} = \varphi\left(\frac{y}{x}\right).$$

齐次方程的特点是每一项所变量的次数都是相同的.

求解齐次方程 $\dfrac{\mathrm{d}y}{\mathrm{d}x} = \varphi(\dfrac{y}{x})$ 的步骤为:

第一步,作变量代换,设 $u = \dfrac{y}{x}$,把齐次方程化为可分离变量的微分方

程,因为 $y = u \cdot x, \dfrac{\mathrm{d}y}{\mathrm{d}x} = u + x\dfrac{\mathrm{d}u}{\mathrm{d}x}$,将它们代入齐次方程,得 $u + x\dfrac{\mathrm{d}u}{\mathrm{d}x} = \varphi(u)$,

即 $x\dfrac{\mathrm{d}u}{\mathrm{d}x} = \varphi(u) - u$;

第二步,用分离变量法,得 $\displaystyle\int \frac{\mathrm{d}u}{\varphi(u) - u} = \int \frac{\mathrm{d}x}{x}$,然后求出积分;

第三步,换回原变量,再以 $u = \dfrac{y}{x}$ 代回,即可求得所给齐次方程的通解.

例 7.2.3 求微分方程 $y' = \dfrac{y}{x} + \tan\dfrac{y}{x}$ 的通解.

解 第一步,作变量代换,设 $u = \dfrac{y}{x}$,则 $y = u \cdot x, \dfrac{\mathrm{d}y}{\mathrm{d}x} = u + x\dfrac{\mathrm{d}u}{\mathrm{d}x}$,代入

原方程得 $x\dfrac{\mathrm{d}u}{\mathrm{d}x} = \tan u$;

第二步,用分离变量法,得 $\displaystyle\int \frac{\mathrm{d}u}{\tan u} = \int \frac{\mathrm{d}x}{x}$,有 $\ln|\sin u| = \ln|x| + C_1$,

即 $\sin u = Cx$;

第三步,换回原变量,以 $u = \dfrac{y}{x}$ 代回,即得方程的通解 $\sin\dfrac{y}{x} = Cx$.

7.2.3 一阶线性微分方程

形如

$$\frac{\mathrm{d}y}{\mathrm{d}x} + P(x)y = Q(x) \tag{7.2.3}$$

的微分方程,称为**一阶线性微分方程**,其中 $P(x)$,$Q(x)$ 都是 x 的连续函数.

如果 $Q(x) \equiv 0$,则方程(7.2.3)为

$$\frac{\mathrm{d}y}{\mathrm{d}x} + P(x)y = 0,\tag{7.2.4}$$

这时称为**一阶线性齐次微分方程**;如果 $Q(x)$ 不恒为零,则方程(7.2.3)称为**一阶线性非齐次微分方程**.

例如,方程 $\dfrac{\mathrm{d}y}{\mathrm{d}x} + \dfrac{1}{x}y = \sin x$,是一阶线性非齐次微分方程,它对应的一阶线性齐次微分方程是 $\dfrac{\mathrm{d}y}{\mathrm{d}x} + \dfrac{1}{x}y = 0$.

1. 一阶线性齐次微分方程$\dfrac{\mathrm{d}y}{\mathrm{d}x}+P(x)y=0$ 的通解

一阶线性齐次微分方程 $\dfrac{\mathrm{d}y}{\mathrm{d}x} + P(x)y = 0$ 的求解步骤(即分离变量法):

分离变量,得 $\dfrac{\mathrm{d}y}{y} = -P(x)\mathrm{d}x$,两边积分,有 $\ln|y| = -\displaystyle\int P(x)\mathrm{d}x + C_1$. 因此,一阶线性齐次微分方程的通解为

$$y = Ce^{-\int P(x)\mathrm{d}x},\tag{7.2.5}$$

其中 $C = \pm e^{C_1}$. 由于 $y = 0$ 也是方程的解,所以式中 C 可为任意常数.

2. 一阶线性非齐次微分方程$\dfrac{\mathrm{d}y}{\mathrm{d}x}+P(x)y=Q(x)$的通解

显然,当 C 为常数时,式(7.2.5)不是非齐次微分方程(7.2.3)的解. 现在设想一下,把常数 C 换成待定函数 $u(x)$ 后,式(7.2.5)是方程(7.2.3)的解吗? 这里给出**常数变易法**.

设 $y = u(x)e^{-\int P(x)\mathrm{d}x}$,得 $\dfrac{\mathrm{d}y}{\mathrm{d}x} = u'(x)e^{-\int P(x)\mathrm{d}x} - u(x)P(x)e^{-\int P(x)\mathrm{d}x}$,代入方程(7.2.3),得 $u'(x)e^{-\int P(x)\mathrm{d}x} = Q(x)$,即 $u(x) = \displaystyle\int Q(x)e^{\int P(x)\mathrm{d}x}\mathrm{d}x + C$. 因此,**一阶线性非齐次微分方程的通解**为

$$y = e^{-\int P(x)\mathrm{d}x}\left[\int Q(x)e^{\int P(x)\mathrm{d}x}\mathrm{d}x + C\right].\tag{7.2.6}$$

用常数变易法求解一阶线性非齐次微分方程通解的步骤为:

第一步,先求出其对应的齐次微分方程的通解 $y = Ce^{-\int P(x)\mathrm{d}x}$;

第二步,将通解中常数 C 换成待定函数 $u(x)$,即 $y = u(x)\mathrm{e}^{-\int P(x)\mathrm{d}x}$,求出 $u(x)$,最后写出非齐次微分方程的通解.

下面来分析一下一阶线性非齐次微分方程的通解结构.通解(7.2.6)也可写成

$$y = C\mathrm{e}^{-\int P(x)\mathrm{d}x} + \mathrm{e}^{-\int P(x)\mathrm{d}x}\int Q(x)\mathrm{e}^{\int P(x)\mathrm{d}x}\mathrm{d}x.$$

上式右边第一项是非齐次方程(7.2.3)所对应的齐次方程(7.2.4)的通解,而第二项是非齐次方程(7.2.3)的一个特解(取 $C = 0$ 得到),于是有如下定理.

定理 7.2.1　一阶线性非齐次微分方程 $\dfrac{\mathrm{d}y}{\mathrm{d}x} + P(x)y = Q(x)$ 的通解,是由其对应的齐次方程 $\dfrac{\mathrm{d}y}{\mathrm{d}x} + P(x)y = 0$ 的通解加上非齐次方程本身的一个特解所构成.

例 7.2.4　求一阶线性非齐次微分方程 $\dfrac{\mathrm{d}y}{\mathrm{d}x} - \dfrac{2}{x+1}y = (x+1)^3$ 满足 $y(0) = 1$ 的特解.

解　第一步,先求 $\dfrac{\mathrm{d}y}{\mathrm{d}x} - \dfrac{2}{x+1}y = 0$ 的通解.分离变量,得

$$\frac{\mathrm{d}y}{y} = \frac{2}{x+1}\mathrm{d}x,$$

两边积分,有

$$\ln|y| = 2\ln|x+1| + C_1,$$

则 $\dfrac{\mathrm{d}y}{\mathrm{d}x} - \dfrac{2}{x+1}y = 0$ 的通解为

$$y = C(x+1)^2.$$

第二步,设 $y = u(x)(x+1)^2$,代入原方程,得 $u'(x) = x+1$,即

$$u(x) = \frac{1}{2}x^2 + x + C,$$

于是原方程的通解为

$$y = \left(\frac{1}{2}x^2 + x + C\right)(x+1)^2,$$

将条件 $y(0)=1$ 代入,得 $C=1$,因此所求特解为

$$y=(\frac{1}{2}x^2+x+1)(x+1)^2.$$

现将一阶微分方程的几种常见类型及解法归纳如表 7.2.1 所示.

表 7.2.1 一阶微分方程的几种常见类型及解法

方程类型		方　程	解　法
可分离变量的微分方程		$\dfrac{\mathrm{d}y}{\mathrm{d}x}=f(x)g(y)$	先分离变量,后两边积分(即分离变量法)
齐次的微分方程		$\dfrac{\mathrm{d}y}{\mathrm{d}x}=\varphi(\dfrac{y}{x})$	先作变量代换,$u=\dfrac{y}{x}$,把原方程化为可分离变量的方程,然后用分离变量法解出方程,最后换回原变量
一阶线性微分方程	齐次方程	$\dfrac{\mathrm{d}y}{\mathrm{d}x}+P(x)y=0$	分离变量法或直接用公式 $y=C\mathrm{e}^{-\int P(x)\mathrm{d}x}$
	非齐次方程	$\dfrac{\mathrm{d}y}{\mathrm{d}x}+P(x)y=Q(x)$	常数变易法或直接用公式 $y=\mathrm{e}^{-\int P(x)\mathrm{d}x}\left[\int Q(x)\mathrm{e}^{\int P(x)\mathrm{d}x}\mathrm{d}x+C\right]$

习题 7.2

1. 用分离变量法求下列微分方程通解.

(1) $\dfrac{\mathrm{d}y}{\mathrm{d}x}=-2xy$;

(2) $\dfrac{\mathrm{d}y}{\mathrm{d}x}=-2y(y-2)$;

(3) $\dfrac{\mathrm{d}y}{\mathrm{d}x}=\mathrm{e}^{x+y}$;

(4) $\dfrac{\mathrm{d}y}{\mathrm{d}x}=\dfrac{y}{\sqrt{1-x^2}}$;

(5) $x\mathrm{d}y+\mathrm{d}x=\mathrm{e}^y\mathrm{d}x$;

(6) $(1+x^2)\mathrm{d}y-2x(1+y^2)\mathrm{d}x=0$.

2. 求下列齐次型微分方程的通解.

(1) $\dfrac{\mathrm{d}y}{\mathrm{d}x}=\dfrac{2xy}{x^2+y^2}$;

(2) $\dfrac{\mathrm{d}y}{\mathrm{d}x}=\dfrac{y}{x}(1+\ln y-\ln x)$;

(3) $y^2+x^2\dfrac{\mathrm{d}y}{\mathrm{d}x}=xy\dfrac{\mathrm{d}y}{\mathrm{d}x}$.

3. 求下列微分方程的通解.

(1) $\dfrac{\mathrm{d}y}{\mathrm{d}x}+y=\mathrm{e}^{-x}$;

(2) $\dfrac{\mathrm{d}y}{\mathrm{d}x}+2xy=2x$;

(3) $\dfrac{\mathrm{d}y}{\mathrm{d}x}+3y=2$;

(4) $y'+y\tan x=\sin 2x$.

4.设降落伞从跳伞塔下落后,所受空气阻力与速度成正比,并设降落伞离开跳伞塔顶 ($t = 0$)时速度为零,求降落伞下落速度与时间的函数关系.

§7.3 二阶常系数线性微分方程

在自然科学及工程技术中,线性微分方程有着十分广泛的应用,在上一节我们介绍了一阶线性微分方程,本节主要介绍二阶常系数线性微分方程.

> **定义 7.3.1** 形如
> $$y'' + py' + qy = f(x) \qquad\qquad (7.3.1)$$
> 的微分方程,称为**二阶常系数线性微分方程**.其中 p, q 为常数,$f(x)$ 为 x 的连续函数.

如果 $f(x) \equiv 0$,则方程(7.3.1)为

$$y'' + py' + qy = 0, \qquad\qquad (7.3.2)$$

这时称为**二阶常系数线性齐次微分方程**;如果 $f(x)$ 不恒为零,则方程(7.3.1)称为**二阶常系数线性非齐次微分方程**.

例如,方程 $y'' - 6y' + 9y = e^{3x}$ 是二阶常系数线性非齐次微分方程,它对应的二阶常系数线性齐次微分方程是 $y'' - 6y' + 9y = 0$. 下面来分别讨论二阶常系数线性齐次与非齐次微分方程的解结构及解法.

7.3.1 二阶常系数线性齐次微分方程

1. 二阶常系数线性齐次微分方程 $y'' + py' + qy = 0$ 的解的结构

> **定义 7.3.2** 设 $y_1(x), y_2(x)$ 是两个定义在区间 (a, b) 内的函数,若它们的比 $\dfrac{y_1(x)}{y_2(x)}$ 为常数,则称它们是线性相关的,否则称它们是线性无关的.

例如,函数 $y_1 = e^x$ 与 $y_2 = 2e^x$ 是线性相关的,因为 $\dfrac{y_1}{y_2} = \dfrac{e^x}{2e^x} = \dfrac{1}{2}$;而函

数 $y_1 = \mathrm{e}^x$ 与 $y_2 = \mathrm{e}^{-x}$ 是线性无关的,因为 $\dfrac{y_1}{y_2} = \dfrac{\mathrm{e}^x}{\mathrm{e}^{-x}} = \mathrm{e}^{-2x} \neq C.$

> **定理 7.3.1(叠加原理)** 如果函数 $y_1(x)$ 和 $y_2(x)$ 是齐次方程
> (7.3.2)的两个解,则
> $$y = C_1 y_1(x) + C_2 y_2(x) \qquad (7.3.3)$$
> 也是齐次方程(7.3.2)的解,其中 C_1, C_2 为任意常数;且当 $y_1(x)$ 与
> $y_2(x)$ 线性无关时,式(7.3.3)就是齐次方程(7.3.2)的通解.

例如,对于方程 $y'' - y = 0$,容易验证 $y_1 = \mathrm{e}^x$ 与 $y_2 = \mathrm{e}^{-x}$ 是该方程的两个解,由于它们线性无关,因此 $y = C_1 \mathrm{e}^x + C_2 \mathrm{e}^{-x}$ 就是该方程的通解.

定理 7.3.1 的证明不难,利用导数运算性质很容易进行验证,请读者自行完成.

2. 二阶常系数线性齐次微分方程 $y'' + py' + qy = 0$ 的解法

由定理 7.3.1 可知,求齐次方程(7.3.2)的通解,可归结为求它的两个线性无关的解.

从齐次方程(7.3.2)的结构来看,它的解 y 与其一阶导数、二阶导数只差一个常数因子,而具有此特征的最简单的函数就是指数函数 e^{rx}(其中 r 为常数).因此,可设 $y = \mathrm{e}^{rx}$ 为齐次方程(7.3.2)的解(r 为待定),则 $y' = r\mathrm{e}^{rx}, y'' = r^2 \mathrm{e}^{rx}$,代入齐次方程得 $\mathrm{e}^{rx}(r^2 + pr + q) = 0.$ 由于 $\mathrm{e}^{rx} \neq 0$,所以有
$$r^2 + pr + q = 0. \qquad (7.3.4)$$
由此可见,只要 r 满足方程(7.3.4),函数 $y = \mathrm{e}^{rx}$ 就是齐次方程(7.3.2)的解,我们称方程(7.3.4)为齐次方程(7.3.2)的特征方程,满足方程(7.3.4)的根为特征根.

由于特征方程(7.3.4)是一个一元二次方程,它的两个根 r_1 与 r_2 可用公式
$$r_{1,2} = \frac{-p \pm \sqrt{p^2 - 4q}}{2}$$
求出.下面有三种不同的情况,分别对应着齐次方程(7.3.2)通解的三种不同情形.

(1)当 $p^2 - 4q > 0$ 时,有两个不相等的实根 r_1 与 r_2,这时易验证

$y_1 = e^{r_1 x}$ 与 $y_2 = e^{r_2 x}$ 就是齐次方程两个线性无关的解,因此齐次方程(7.3.2)的通解为

$$y = C_1 e^{r_1 x} + C_2 e^{r_2 x},$$

其中 C_1, C_2 为两个相互独立的任意常数.

(2)当 $p^2 - 4q = 0$ 时,有两个相等的实根 $r_1 = r_2 = r$,这时同样可以验证 $y_1 = e^{rx}$ 与 $y_2 = xe^{rx}$ 是齐次方程(7.3.2)两个线性无关的解,因此齐次方程(7.3.2)的通解为

$$y = (C_1 + C_2 x)e^{rx},$$

其中 C_1, C_2 为两个相互独立的任意常数.

(3)当 $p^2 - 4q < 0$ 时,有一对共轭复根 $r_1 = \alpha + i\beta$ 与 $r_2 = \alpha - i\beta\ (\beta \neq 0)$,这时可以验证 $y_1 = e^{\alpha x}\cos\beta x$ 与 $y_2 = e^{\alpha x}\sin\beta x$ 就是齐次方程(7.3.2)两个线性无关的解,因此齐次方程(7.3.2)的通解为

$$y = (C_1\cos\beta x + C_2\sin\beta x)e^{\alpha x},$$

其中 C_1, C_2 为两个相互独立的任意常数.

综上所述,求齐次方程 $y'' + py' + qy = 0$ 的通解步骤为:

第一步,写出齐次方程的特征方程 $r^2 + pr + q = 0$;

第二步,求出特征根 r_1 与 r_2;

第三步,根据特征根的不同情形,按照表 7.3.1 写出齐次方程(7.3.2)的通解.

表 7.3.1 二阶常系数线性齐次微分方程 $y'' + py' + qy = 0$ 的通解

特征方程 $r^2 + pr + q = 0$ 的两个特征根 r_1, r_2	齐次方程 $y'' + py' + qy = 0$ 的通解
两个不相等的实根 r_1 与 r_2	$y = C_1 e^{r_1 x} + C_2 e^{r_2 x}$
两个相等的实根 $r_1 = r_2 = r$	$y = (C_1 + C_2 x)e^{rx}$
一对共轭复根 $r_1 = \alpha + i\beta$ 与 $r_2 = \alpha - i\beta$	$y = (C_1\cos\beta x + C_2\sin\beta x)e^{\alpha x}$

例 7.3.1 求微分方程 $y'' - 2y' - 3y = 0$ 的通解.

解 所给方程的特征方程为 $r^2 - 2r - 3 = 0$,求得其特征根为 $r_1 = -1$ 与 $r_2 = 3$,故所给方程的通解为

$$y = C_1 e^{-x} + C_2 e^{3x}.$$

7.3.2 求微分方程 $y'' - 4y' + 4y = 0$，满足条件 $y(0) = 0, y'(0) = 1$ 的特解.

解　所给方程的特征方程为 $r^2 - 4r + 4 = 0$，求得其特征根为 $r_1 = r_2 = 2$，故所给方程的通解为

$$y = (C_1 + C_2 x)e^{2x}.$$

将初始条件 $y(0) = 0, y'(0) = 1$ 代入，得 $C_1 = 0, C_2 = 1$，故所给方程的特解为

$$y = xe^{2x}.$$

7.3.3 求微分方程 $\dfrac{\mathrm{d}^2 y}{\mathrm{d}x^2} + 2\dfrac{\mathrm{d}y}{\mathrm{d}x} + 3y = 0$ 的通解.

解　所给方程的特征方程为 $r^2 + 2r + 3 = 0$，求得它有一对共轭复根为 $r_{1,2} = -1 \pm \sqrt{2}\mathrm{i}$，故所给方程的通解为

$$y = (C_1 \cos\sqrt{2}x + C_2 \sin\sqrt{2}x)e^{-x}.$$

7.3.2　二阶常系数非齐次线性微分方程

由定理 7.2.1 知，一阶常系数线性非齐次微分方程的通解是对应的齐次方程的通解和非齐次方程本身的一个特解所构成的. 那么我们可以合理地猜测，二阶非齐次常系数线性微分方程的通解也具有同样的结构.

定理 7.3.2　设 y^* 是二阶非齐次线性微分方程(7.3.1)的特解，Y 是对应的齐次线性微分方程(7.3.2)的通解，则 $y = y^* + Y$ 就是二阶非齐次线性微分方程(7.3.1)的通解.

定理 7.3.3(二阶非齐次线性微分方程的叠加原理)　设 y_1^* 和 y_2^* 分别是二阶非齐次线性微分方程 $y'' + py' + qy = f_1(x)$ 和 $y'' + py' + qy = f_2(x)$ 的特解，Y 是对应的齐次线性微分方程 $y'' + py' + qy = 0$ 的通解. 则有 $y = y_1^* + y_2^* + Y$ 是二阶非齐次线性微分方程 $y'' + py' + qy = f_1(x) + f_2(x)$ 的通解.

定理 7.3.4　若方程 $y'' + py' + qy = u(x) + \mathrm{i}v(x)$ 有解 $y = U(x) + \mathrm{i}V(x)$，其中 $u(x), v(x)$ 都是连续函数. 则 $U(x), V(x)$ 分别是方程 $y'' + py' + qy = u(x)$ 和 $y'' + py' + qy = v(x)$ 的解.

由以上二阶常系数非齐次线性微分方程解的结构知,求解二阶常系数非齐次微分方程通解的关键是找出其特解.

形如(7.3.1)的二阶常系数微分方程特解的形式与右端的 $f(x)$ 有关,如果要对 $f(x)$ 的一般情形来求方程(7.3.1)的特解仍是非常困难的.为简单起见,这里只给出一种常用形式.

当 $f(x) = P_m(x)\mathrm{e}^{\lambda x}$ 时,其中 λ 是常数, $P_m(x)$ 是 x 的一个 m 次多项式,二阶常系数非齐次线性微分方程(7.3.1)具有形如

$$y^* = x^k Q_m(x)\mathrm{e}^{\lambda x}$$

的特解,其中 $Q_m(x)$ 是与 $P_m(x)$ 同次(m 次)的多项式,而 k 按 λ 不是特征方程的根、是特征方程的单根或是特征方程的重根依次取 0、1 或 2.

例 7.3.4 下列方程具有什么样形式的特解?

(1) $y'' + y' - 6y = \mathrm{e}^{5x}$;　　　　　　(2) $y'' + y' - 6y = 3x\mathrm{e}^{-3x}$;

(3) $y'' - 2y' + y = -(4x^2 + 6)\mathrm{e}^x$.

解　(1)因 $\lambda = 5$ 不是特征方程 $r^2 + r - 6 = 0$ 的根,故方程具有特解形式 $y^* = b_0 \mathrm{e}^{5x}$.

(2)因 $\lambda = -3$ 是特征方程 $r^2 + r - 6 = 0$ 的单根,故方程具有特解形式 $y^* = x(b_0 x + b_1)\mathrm{e}^{-3x}$.

(3)因 $\lambda = 1$ 是特征方程 $r^2 - 2r + 1 = 0$ 的二重根,所以方程具有特解形式 $y^* = x^2(b_0 x^2 + b_1 x + b_2)\mathrm{e}^x$.

例 7.3.5 求方程 $y'' - 3y' + 2y = x\mathrm{e}^{2x}$ 的通解.

解　题设方程对应的齐次方程的特征方程为 $r^2 - 3r + 2 = 0$,特征根为 $r_1 = 1, r_2 = 2$,于是,该齐次方程的通解为 $Y = C_1 x + C_2 \mathrm{e}^{2x}$. 因 $\lambda = 2$ 是特征方程的单根,故可设题设方程的特解为 $y^* = x(b_0 x + b_1)\mathrm{e}^{2x}$. 将其代入题设方程,得 $2b_0 x + b_1 + 2b_0 = x$,比较等式两端同次幂的系数,求得 $b_0 = \dfrac{1}{2}$, $b_1 = -1$. 于是,求得题设方程的一个特解 $y^* = x\left(\dfrac{1}{2}x - 1\right)\mathrm{e}^{2x}$. 因此,所求题设方程的通解为

$$y = C_1 \mathrm{e}^x + C_2 \mathrm{e}^{2x} + x\left(\dfrac{1}{2}x - 1\right)\mathrm{e}^{2x}.$$

例 7.3.6 求微分方程 $y'' + y = x + e^x$ 的通解.

解 特征方程为 $r^2 + 1 = 0$，特征根为 $r_1 = i, r_2 = -i$，故对应齐次方程的通解为 $Y = C_1 \cos x + C_2 \sin x$，观察可得，$y'' + y = x$ 的一个特解为 $y_1^* = x$，$y'' + y = e^x$ 的一个特解为 $y_2^* = \dfrac{1}{2}e^x$. 由非齐次线性微分方程的叠加原理知

$y^* = y_1^* + y_2^* = x + \dfrac{1}{2}e^x$ 是原方程的一个特解，因此原方程的通解为

$$y = C_1 \cos x + C_2 \sin x + x + \frac{1}{2}e^x.$$

习题 7.3

1. 求下列微分方程的通解.

(1) $y'' - 6y' = 0$；

(2) $y'' - 4y' + 4y = 0$；

(3) $y'' + y' + 2y = 0$；

(4) $y'' - 5y' + 6y = 0$.

2. 求下列方程的一个特解.

(1) $y'' + 2y' = 3e^{-2x}$；

(2) $\begin{cases} y'' - 4y' = 5, \\ y|_{x=0} = 1, y'|_{x=0} = 0. \end{cases}$

3. 求下列方程的通解.

(1) $y'' - 2y' = (x-1)e^x$；

(2) $2y'' + 5y' = 5x^2 - 2x - 1$；

(3) $y'' - 6y' + 9y = (x+1)e^{3x}$.

§7.4* 微分方程的应用举例

7.4.1 新产品推广模型

假设市场上要推出一款新产品，t 时刻的销量为 $x(t)$. 新产品性能优良质量好，所以产品本身就是宣传品，t 时刻产品销量的增量 $\dfrac{dx}{dt}$ 与 $x(t)$ 成正比；此外，新产品销售有稳定的市场容量 N，统计结果表明，$\dfrac{dx}{dt}$ 与尚未购买

该新产品的顾客潜在的销售数量 $N - x(t)$ 也成正比,因此有以下逻辑斯谛模型

$$\frac{\mathrm{d}x}{\mathrm{d}t} = kx(N-x),\text{其中常数 } k > 0 \text{ 为比例系数.}$$

分离变量、积分,可得逻辑斯谛曲线

$$x(t) = \frac{N}{1 + C\mathrm{e}^{-kNt}}.$$

由 $\dfrac{\mathrm{d}x}{\mathrm{d}t} = \dfrac{-CkN^2\mathrm{e}^{-kNt}}{(1 + C\mathrm{e}^{-kNt})^2}$ 及 $\dfrac{\mathrm{d}^2x}{\mathrm{d}t^2} = \dfrac{-Ck^2N^2\mathrm{e}^{-kNt}(C\mathrm{e}^{-kNt} - 1)}{(1 + C\mathrm{e}^{-kNt})^3}$ 得,当 $0 <$

$x(t^*) < N$ 时,$\dfrac{\mathrm{d}x}{\mathrm{d}t} > 0$. 即新产品销量 $x(t)$ 单调且增加. 当 $x(t^*) = \dfrac{N}{2}$ 时,

$\dfrac{\mathrm{d}^2x}{\mathrm{d}t^2} = 0$;当 $x(t^*) > \dfrac{N}{2}$ 时,$\dfrac{\mathrm{d}^2x}{\mathrm{d}t^2} < 0$;当 $x(t^*) < \dfrac{N}{2}$ 时,$\dfrac{\mathrm{d}^2x}{\mathrm{d}t^2} > 0$. 即当新产

品销量达到消费者最大需求量 N 的一半时,新产品畅销最佳;当新产品销量不足 N 的一半时,新产品销售速度不断增加;当新产品销量超过一半时,新产品销量速度就会慢慢减少.

大量调研结果表明,许多新产品的销售曲线与逻辑斯谛曲线是相当接近的. 通过对新产品的销售曲线性状进行分析,可以得出指导生产与销售的策略:新产品在推出销售的前期应小批量生产,同时多加强宣传和广告力度;当新产品消费者达到 $20\%\sim80\%$ 时,企业可进行大批量生产;当新产品消费者超过 80% 时,企业应选择适当时机转产,以求实现更好的效益.

7.4.2 生物种群的繁殖问题

设某种生物种群在 t 时刻的个体数量为 $N = N(t)$,选定某一时刻为 $t = 0$,在该时刻的个体数量为 $N = N_0$,试确定函数 $N(t)$.

为了找出函数 $N(t)$,必须做一些假设. 由于生物个体的数量 $N(t)$ 只能取正整数,因此严格来说,它并不随时间的变化而连续变动. 但如果个体数量很大,那么相对于最小的增量单位来说,就可以看作连续变化的. 因此我们可将 $N(t)$ 近似看作连续变动的,用导数来表示它的变化率.

英国经济学家马尔萨斯提出:一种群个体数量的增长率 $\dfrac{\mathrm{d}N}{\mathrm{d}t}$ 与该时刻种

群的个体数量 N 成正比,由此假设可得微分方程

$$\frac{\mathrm{d}N}{\mathrm{d}t} = rN,$$

其中比例系数 r 可根据统计数据确定.

分离变量,并两边积分,可得 $\ln N = rt + C_1$,即

$$N = \mathrm{e}^{rt+C_1} = C\mathrm{e}^{rt},$$

由初始条件 $N|_{t=0} = N_0$,求得 $C = N_0$,因此

$$N(t) = N_0\mathrm{e}^{rt}.$$

7.4.3 飞机降落问题

飞机在下降滑跑时,其尾部张开一幅降落伞,这个降落伞有何作用? 结合实际问题进行与数学知识的联系——当机场跑道长度不足时,常常使用降落伞作为飞机的减速装置. 对于这个减速伞,它的设计原理是什么呢? 在飞机接触跑道开始着陆时,飞机尾部张开一幅减速伞,利用空气对伞的阻力减少飞机的滑跑距离,保障飞机在较短的跑道上安全着陆. 对此,我们可以将这一实际问题抽象成一般的数学问题来对飞机减速伞的设计与应用加以研究.

问题:将阻力系数为 4.5×10^6 的减速伞装备在 9 吨的飞机上. 现已知机场跑道长 1500 m,若飞机着陆速度为每小时 700 km,并忽略飞机所受的其他外力. 问跑道长度能否保障飞机安全着陆?

对上述问题模型的基本假设以下:

(1)忽略飞机所受的其他外力,并把飞机看成物理学上的质点,即不计飞机长度但有质量;

(2)令飞机所受空气阻力为 f,飞机的反向加速度为 a,设飞机滑行 t 时刻的速度为 $v(t)$,滑行距离为 $s(t)$;

(3)设 k 为减速伞的阻力与飞机的滑跑速度成正比的比例系数,即 $f = kv$.

根据牛顿第二定律 $f = ma$ 可建立微分方程:

$$m\frac{\mathrm{d}v}{\mathrm{d}xt} = -kv,$$

又

$$\frac{\mathrm{d}v}{\mathrm{d}t} = \frac{\mathrm{d}v}{\mathrm{d}s} \cdot \frac{\mathrm{d}s}{\mathrm{d}t} = v \cdot \frac{\mathrm{d}v}{\mathrm{d}s},$$

由上面两式可解得

$$s(t) = -\frac{m}{k}v(t) + C,$$

$t = 0$ 时, $s(0) = 0$,故

$$C = \frac{m}{k}v(0), s(t) = \frac{m}{k}[v(0) - v(t)].$$

当 $v(t) \to 0$ 时, $s(t) \to \frac{m}{k}v(0) = \frac{9000 \times 700}{4.5 \times 10^6}$ km $= 1400$ m.

当飞机停止运动时,求得 $s \approx 1400$ m < 1500 m.说明该跑道的长度能保障飞机安全着陆.

7.4.4　沉船速度问题

由于受到大风袭击,一渔船侧翻沉入河底.为满足调查需要,须确定渔船的下沉深度 y(从水平面算起)与下沉速度 v 之间的函数关系,设渔船在重力作用下,从水平面开始铅直下沉,在下沉过程中受到阻力和浮力的作用.设渔船的质量为 m, 体积为 B, 河水比重为 ρ, 渔船所受的阻力与下沉速度成正比,比例系数为 $k(k > 0)$. 试建立 y 与 v 所满足的微分方程,并求出函数关系式 $y = y(v)$.

分析渔船受力,应用牛顿第二定律写出微分方程,列出初始条件,解微分方程,求特解.

取沉船点为坐标原点 O, 竖直向下为 y 轴正方向,则探测仪器受到的重力为 $G = mg$,阻力为 $f = -kv$,浮力为 $h = B\rho g$,所以船体所受合力为

$$F = G + f + h = mg - kv - B\rho g.$$

由牛顿第二定律,可知

$$m\frac{\mathrm{d}^2 y}{\mathrm{d}t^2} = m\frac{\mathrm{d}v}{\mathrm{d}t} = mv\frac{\mathrm{d}v}{\mathrm{d}y} = F = mg - kv - B\rho g,$$

$$\frac{mv}{mg - kv - B\rho g}\mathrm{d}v = \mathrm{d}y,$$

$$\frac{-\frac{m}{k}(mg - kv - B\rho g) + \frac{m}{k}(mg - B\rho g)}{mg - kv - B\rho g}\mathrm{d}v = \mathrm{d}y,$$

$$-\frac{m}{k}v + \frac{m}{k}(mg - B\rho g)(-\frac{1}{k})\ln|mg - kv - B\rho g| = y + c.$$

c 为任意常数,代入初始条件, $t = 0$ 时, $v = 0, y = 0$, 则有

$$c = \frac{m}{k}(mg - B\rho g)(-\frac{1}{k})\ln|mg - kv - B\rho g|$$

$$= -\frac{m(mg - B\rho g)}{k^2}\ln|mg - B\rho g|,$$

故 $\qquad y = -\dfrac{m}{k}v + \dfrac{m}{k}(mg - B\rho g)\left(-\dfrac{1}{k}\right)\ln|mg - kv - B\rho g| - c$

$\qquad\qquad = -\dfrac{m}{k}\mathrm{v} - \dfrac{m(mg - B\rho g)}{k^2}\ln\left|\dfrac{mg - kv - B\rho g}{mg - B\rho g}\right|.$

由于渔船要下沉,所以 $F > 0$,即 $mg - kv - B\rho g > 0$,所以

$$y = -\dfrac{m}{k}v - \dfrac{m(mg - B\rho g)}{k^2}\ln\left|\dfrac{mg - kv - B\rho g}{mg - B\rho g}\right|.$$

常微分方程在数学建模中的应用可将生产生活实际与数学理论巧妙地结合起来,给人们提供解决问题的新思维和方式.

习题 7.4

1. 一条曲线通过点 $(2,3)$,它在两坐标轴间的任意切线均被切点平分,求此曲线的方程.

2. 设自原点到一条曲线上任意一点的距离,等于此曲线该点的切线与 x 轴的交点到该点的距离,求此曲线的方程.

3. 某银行账户以当年余额 5% 的年利率连续每年盈取利息,假设最初存入的数额为 10000 元,并且这之后没有其他数额存入或取出,给出账户中余额所满足的微分方程以及存款到第十年的余额.

相关阅读

常微分方程的理论起源及其发展

1. 常微分方程理论的形成

(1)常微分方程的理论基础.

欧拉是常微分方程的鼻祖.在研究过程中,欧拉指出了常微分方程存在唯一解和无数解的情况,其自创的近似值求解法成为微分方程初始值证明的依据.此外,欧拉还发现了利用积分因子求微积分方程的特殊算法,这些理论成果无疑为常微分方程的理论形成奠定了良好的基础.

(2)常微分方程的理论拓展.

对常微分方程进行理论拓展的科学家是拉格朗日,他是欧拉思想的传播者和延续者,也是这一时期较为活跃的数学家.拉格朗日在微分方程的研究

中注入了自身的全部心血,在欧拉的基础上建立了一阶线性微分方程的理论,给出了相应的解法,并将其命名为拉格朗日方法.可以说,拉格朗日在常微分方程的研究领域中作了重要的贡献.他将欧拉常系数的研究成果推广为变系数的情况,并且将降阶方法引入其中,首次确认了奇解的存在性,同时给出了相应的解法,丰富了这一时期的常微分方程研究理论.

(3)常微分方程的定解理论阶段.

发现问题仅仅是探索的第一步,我们所要做的关键是为发现的问题找到解决的路径.常微分方程的求解问题在数学界一直存在争议,但值得肯定的是,常微分方程的求解在向着科学化的方向发展.18世纪末期,拉格朗日将参数变法应用到四阶非齐次方程的求解问题中,并且得到了成功的验证,成为这一时期对常微分方程研究的最大突破,而后人们将重点集中于定解方向.由于微分方程和积分方程存在着必然的联系,在这样的理论指导下,数学家尝试用已知的函数来表示满足常微分方程的解,最终用折线法求得了常微分方程中的近似解,在数学史上开创了又一个新纪元.

2. 常微分方程的发展

(1)偏微分方程发展方向.

柯西是研究偏微分方程的第一人,其思想内涵的来源是常微分方程.柯西将阶数大于1的方程转化为方程组,在研究方程组存在性定理的过程中,证明了存在性界的计算法.该方法被当时的俄国数学家柯瓦列夫斯卡娅所接受,在研究中进一步得到了发展.这一成果被命名为"柯西-柯瓦列夫斯卡娅定理",用于纪念这一伟大的发明组合.柯瓦列夫斯卡娅深入研究了偏微分方程组解的存在性问题,在研究中还意外发现了这一时代中人们不能接受的方程案例.

(2)特殊函数发展方向.

自傅里叶引进偏微分方程的分离变量法后,便拉开了偏微分方程发展的序幕.在求解过程中,数学家发现了一个规律,函数的封闭形式的解或者积分往往无法得到,于是引进了幂级数和广义的幂级数解法,在演算中得到了不同于初等函数的表达形式,我们称之为特殊函数.从字面上可以看出,特殊函数是指具有特殊性质的函数,比较典型的有伽玛函数、贝塞尔函数、菲涅耳积分等,随着研究的深入,特殊函数作为一项新的理论出现,在用途以及性质方面有着更加深远的意义,弥补了常微分方程的不足.

(3)超几何发展方向.

超几何函数是指由无限项的多项式(即幂级数)定义的函数,其系数按特

定的规则确定.超几何函数不是单一存在的,而是和物理学中的微分方程函
数结合在一起.高斯在研究椭圆的周长时,遇到了典型的超几何问题.在前人
的研究成果基础上,高斯得出了满足超几何微分方程的定理.在与其他科学
家交流的过程中,高斯指出,在星球体的运动中,超几何是存在的典型案例,
而且以方程组的形式存在,这种方程组的级数较高,通常在三级以上,且收敛
很快.高斯研究了方程中的不同变元的解之间的相互关系,得到了 24 个完全
组的解,并将这些解划分为 6 个组别,实现了单值问题向复值问题的过渡,成
为将常微分方程引入复域的真正引导者.

　　随着技术的进步以及科学的发展,常微分方程的应用领域势必会越来越
广.在数学基础和物理知识的铺垫下,相信常微分方程的发展空间会进一步
扩展,为人类的科学研究事业提供有力的支撑.

（摘自《普洱学院学报》,2015 年第 6 期,谭丹英,关于常微分方程的理论起源及其发展）

复习题 7

1.指出下列等式中哪些是微分方程,并指出微分方程的阶数.

(1) $y'' - xy' + 2y = 1$;

(2) $y^4 + y = 0$;

(3) $y^{(4)} + y = 0$;

(4) $\dfrac{\mathrm{d}^2 u}{\mathrm{d}t^2} + 3t = \sin t$.

2.验证 $y_1 = \cos \omega x$ 和 $y_2 = \sin \omega x$ 都是方程 $y'' + \omega^2 y = 0$ 的解,并说明它们是否线性无关,试写出该方程的通解.

3.求下列微分方程的通解.

(1) $\dfrac{\mathrm{d}y}{\mathrm{d}x} + 3y = 8$;

(2) $2\dfrac{\mathrm{d}y}{\mathrm{d}x} - y = \mathrm{e}^x$;

(3) $y' = \dfrac{y + \ln x}{x}$;

(4) $y' - 2xy = \mathrm{e}^{x^2} \cos x$;

(5) $y'' + y' - 2y = 0$;

(6) $9y'' + 6y' + y = 0$;

(7) $y'' - 3y' + 2y = \mathrm{e}^{5x}$.

4.求下列微分方程满足初始条件的特解.

(1) $x^2 y' + xy - \ln x = 0, y|_{x=1} = \dfrac{1}{2}$;

(2) $y'' - 2y' = \mathrm{e}^x(x^2 + x - 3), y|_{x=0} = 2, y'|_{x=0} = 2$.

5.一质量为 m 的物体仅受重力的作用而下落,如果其初始位置和初始速度都为 0,试写出物体下落的距离 S 与时间 t 所满足的微分方程.

6. 设曲线 $y = f(x)$ 上任一点处的切线斜率为 $\dfrac{2y}{x} + 2$，且经过点 $(1,2)$，求该曲线方程.

7. 将每立方米含有 200 g 污染物的污水以 $50\ \mathrm{m}^3/\mathrm{min}$ 的速度流过污水处理池，在池内每分钟可处理掉 20% 的污染物，且水被搅匀后排出. 已知处理池容量为 $1000\ \mathrm{m}^3$，处理池内开始时装满净水，求流出的水中污染物浓度的函数.

8. 某养鱼池最多养 1000 条鱼，鱼的数目 y 是时间 t 的函数，且 y 的变化速度与 y 及 $1000 - y$ 的乘积成正比. 现知养鱼 100 条，3 个月后变为 250 条，求函数 $y(t)$ 及 6 个月后养鱼池里的鱼的数目.

扫一扫，获取参考答案

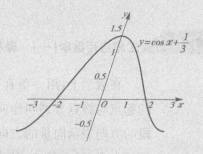

第8章 向量代数与空间解析几何

平面解析几何通过平面直角坐标系,建立点与实数对之间一一对应的关系,以及平面图形与二元方程之间的对应关系,因此可以用代数方法来研究平面几何问题.同平面解析几何一样,空间解析几何是通过建立空间直角坐标系,把空间的点与三元有序数组对应起来,用三元方程及方程组来表示空间的几何图形,因此可用代数的方法来研究空间几何问题.向量代数作为数学的一门分支,与空间解析几何的联系非常紧密,是研究空间解析几何的重要工具和有力手段.

为了以后更好地学习与掌握多元函数微积分,本章以向量为工具,讨论平面与直线的问题,重点介绍一些常见的曲面与曲线的基本知识.

§8.1 向量与坐标

8.1.1 向量的概念

在实际问题中,有一类量用一个实数就可以表示,如长度、温度、质量、功等,我们把这类量称为**数量**或**标量**;另外有一类量仅用一个实数不能完全表示,因为它们不仅有大小而且有方向,例如力、力矩、位移、速度、加速度等,这种量就是**向量**或**矢量**.

在数学上,用一条有方向的线段(称为有向线段)来表示向量.有向线段的起点与终点分别叫作向量的起点与终点,有向线段的方向表示向量的方向,有向线段的长度表示向量的大小.起点是 A、终点是 B 的向量记作 $\overrightarrow{AB}$,如图 8.1.1 所示.有时也用一个黑体字母(书写时,在字母上面加箭头)来表示向量,例如 $\boldsymbol{a}$、$\boldsymbol{r}$、$\boldsymbol{v}$、$\boldsymbol{F}$ 或 $\vec{a}$、$\vec{r}$、$\vec{v}$、$\vec{F}$.

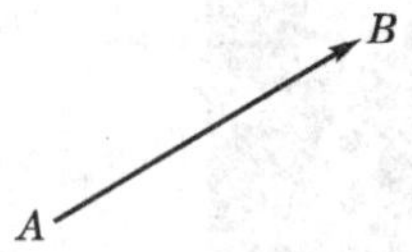

图 8.1.1　向量的表示

向量的大小叫作向量的**模**,向量 $\boldsymbol{a}$、$\vec{b}$、$\overrightarrow{AB}$ 的模分别记作 $|\boldsymbol{a}|$、$|\vec{b}|$、$|\overrightarrow{AB}|$.

在实际问题中,有些向量与起点有关,有些向量与起点无关.本书中,我们只研究与起点无关的向量,通常称这种向量为**自由向量**,后面简称**向量**.因此,如果向量 $\boldsymbol{a}$ 和 $\boldsymbol{b}$ 的大小相等,且方向相同,则向量 $\boldsymbol{a}$ 和 $\boldsymbol{b}$ 是相等的,记作 $\boldsymbol{a} = \boldsymbol{b}$.相等的向量经过平移后可以完全重合.

模等于 1 的向量叫作**单位向量**;模等于 0 的向量叫作**零向量**,记作 $\boldsymbol{0}$ 或 $\vec{0}$,零向量的起点与终点重合,它的方向是任意的.

与向量 $\boldsymbol{a}$ 模相等而方向相反的向量称为向量 $\boldsymbol{a}$ 的负向量,记作 $-\boldsymbol{a}$;向量 $\overrightarrow{AB}$ 的负向量是 $\overrightarrow{BA}$.

两个非零向量 $\boldsymbol{a}$ 与向量 $\boldsymbol{b}$,如果它们的方向相同或相反,则称这两个向量平行,又称两向量共线,记作 $\boldsymbol{a} /\!/ \boldsymbol{b}$.零向量可以认为与任何向量都平行.

8.1.2　向量的线性运算

1. 向量的加减法

向量加法的**三角形法则**:如图 8.1.2 所示,设有两个向量 $\boldsymbol{a}$ 与 $\boldsymbol{b}$,平移向量使 $\boldsymbol{b}$ 的起点与 $\boldsymbol{a}$ 的终点重合,此时从 $\boldsymbol{a}$ 的起点到 $\boldsymbol{b}$ 的终点的向量 $\boldsymbol{c}$ 称为向量 $\boldsymbol{a}$ 与 $\boldsymbol{b}$ 的和,记作 $\boldsymbol{a} + \boldsymbol{b}$,即 $\boldsymbol{c} = \boldsymbol{a} + \boldsymbol{b}$.

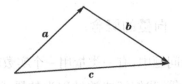

图 8.1.2　向量加法的三角形法则

当向量 $\boldsymbol{a}$ 与 $\boldsymbol{b}$ 不平行时,向量加法还可以利用**平行四边形法则**来求.

如图 8.1.3 所示,平移向量使 $\boldsymbol{a}$ 与 $\boldsymbol{b}$ 的起点重合,以 $\boldsymbol{a}$、$\boldsymbol{b}$ 为邻边作一平行

四边形,从公共顶点到对角顶点的向量等于向量 a 与 b 的和 $a+b$.

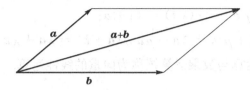

图 8.1.3　向量加法的平行四边形法则

向量的加法符合下列运算规律:

①交换律: $a+b=b+a$;

②结合律: $(a+b)+c=a+b+c$.

向量的减法可以由向量的加法来定义:设有两个
向量 a 与 b 之差,记作 $a-b$,可以看作 a 与 b 的负向量
$-b$ 之和,即 $a-b=a+(-b)$,如图 8.1.4 所示.

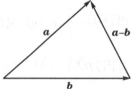

因此,将向量 a 与 b 起点放在一起,向量 $a-b$ 是
从向量 b 的终点指向向量 a 的终点的向量. 任意向量

图 8.1.4　向量的减法

$\overrightarrow{AB}$ 及点 O,则有 $\overrightarrow{AB}=\overrightarrow{AO}+\overrightarrow{OB}=\overrightarrow{OB}-\overrightarrow{OA}$. 由三角形两边之和大于第三
边的原理,易得

$$|a\pm b|\leqslant|a|+|b|.$$

其中,等号在 a 与 b 同向或反向时成立.

2. 向量的数乘

> **定义 8.1.1**　实数 λ 与向量 a 的乘积 λa 是一个向量,它的模
> $|\lambda a|=|\lambda||a|$. 当 $\lambda>0$ 时,λa 的方向与 a 相同;当 $\lambda<0$ 时 λa 的
> 方向与 a 相反;当 $\lambda=0$ 时,$|\lambda a|=0$,即 λa 为零向量,这时它的方
> 向可以是任意的. 我们把这种运算称为向量的数乘,运算结果称为
> 数乘向量(简称数乘).

由定义得到,若记与非零向量 a 同方向的单位向量为 e_a,则有 $a=|a|e_a$,即

$$e_a=\frac{1}{|a|}a.$$

这说明非零向量 a 乘以它的模的倒数,便是与 a 同方向的单位向量.

向量与数的乘法满足以下运算律:(λ,μ 为实数)

①交换律：$\vec{a}+\vec{b}=\vec{b}+\vec{a}$；

②结合律：$\lambda(\mu a)=\mu(\lambda a)=(\lambda\mu)a$；

③分配律：$(\lambda+\mu)a=\lambda a+\mu a,\lambda(a+b)=\lambda a+\lambda b$.

向量的加法运算与数乘运算统称为向量的线性运算.

例 8.1.1 在 $\triangle ABC$ 中，D 是 BC 边的中点，设 $\overrightarrow{AB}=c,\overrightarrow{AC}=b$（如图 8.1.5 所示），试用 b,c 表示向量 $\overrightarrow{DA},\overrightarrow{DB}$ 和 $\overrightarrow{DC}$.

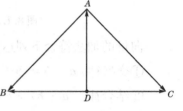

图 8.1.5　三角形 ABC

解 因为 $\overrightarrow{AC}+\overrightarrow{CB}=\overrightarrow{AB}$，即 $b+2\overrightarrow{DB}=c$，得 $\overrightarrow{DB}=\dfrac{1}{2}(c-b)$，又得 $\overrightarrow{DC}=-\overrightarrow{DB}=\dfrac{1}{2}(b-c)$.

又因为 $\overrightarrow{DA}+\overrightarrow{AC}=\overrightarrow{DC}$，所以 $\overrightarrow{DA}=\overrightarrow{DC}-\overrightarrow{AC}=\dfrac{1}{2}(b-c)-b=-\dfrac{1}{2}(b+c)$.

由于向量 λa 与 a 平行，因此我们常用向量与数的乘积来说明两个向量之间的平行关系，即有定理 8.1.1.

> **定理 8.1.1** 设向量 $a\neq 0$，那么向量 b 平行于 a 的充分必要条件是：存在唯一的实数 λ，使得 $b=\lambda a$.

证明略.

给定一个点及一个单位向量就确定了一条数轴. 设点 O 及单位向量 i 确定了数轴 Ox，对于轴上任一点 P，对应一个向量 $\overrightarrow{OP}$，由于 $\overrightarrow{OP}\ /\!/\ i$，根据上述定理，必有唯一的实数 x，使 $\overrightarrow{OP}=xi$（实数 x 叫作轴上有向线段 $\overrightarrow{OP}$ 的值），且 $\overrightarrow{OP}$ 与实数 x 一一对应. 于是点 $P\leftrightarrow$ 向量 $\overrightarrow{OP}=xi\leftrightarrow$ 实数 x，从而数轴上的点 P 与实数 x 有一一对应的关系. 据此，定义实数 x 为轴上点 P 的坐标，由此可知，数轴上点 P 的坐标为 x 的充分必要条件是 $\overrightarrow{OP}=xi$.

8.1.3　空间直角坐标系

在空间取定一点 O 和三个两两垂直的单位向量 i、j、k，就确定了三条都以点 O 为原点的两两垂直的数轴，依次记为 x 轴（横轴）、y 轴（纵轴）、z 轴（竖轴），统称为坐标轴. 它们构成了一个空间直角坐标系，称为 $Oxyz$ 坐标系

或 $[O;i,j,k]$ 坐标系点，点 O 叫作坐标原点，如图 8.1.6 所示．

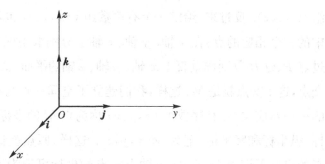

图 8.1.6　空间直角坐标系

坐标轴的正向通常符合右手法则，即右手握住 z 轴，以四指握拳方向表示 x 轴正向，由 x 轴正向按逆时针方向旋转 $\dfrac{\pi}{2}$ 角度到 y 轴正向，则大拇指的指向就是 z 轴的方向．这样的坐标系称为右手坐标系．

三条坐标轴两两确定互相垂直的三个平面：xOy、yOz、zOx，统称为坐标面．三个坐标面将空间分成八个部分，每一部分称为一个卦限．位于 xOy 坐标面上方有四个卦限，依次称为第 Ⅰ、Ⅱ、Ⅲ、Ⅳ 卦限；而位于其下方的部分依次称为第 Ⅴ、Ⅵ、Ⅶ、Ⅷ 卦限，如图 8.1.7 所示．

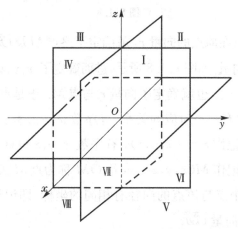

图 8.1.7　空间直角坐标系有八个卦限

在空间直角坐标系中，如何表示一点的坐标呢？

设 M 为空间中一点，过点 M 作三个平面分别垂直于三条坐标轴，它们与 x 轴、y 轴、z 轴的交点依次为 P、Q、R（图 8.1.8），设 P、Q、R 三点在三个坐标轴上的坐标依次为 x、y、z. 这样,空间一点 M 就确定了唯一的一个有序数组 (x,y,z). 反过来,给定一个有序数组 (x,y,z),也可以下列方式确定空间中的一个相应的点:在 x 轴、y 轴、z 轴上分别取坐标为 x、y、z 的点 P、Q、R,过点 P、Q、R 分别作垂直于 x 轴、y 轴、z 轴的平面,这三个平面有且仅有一个交点,这个交点就是 M. 这样,我们建立了空间一点与有序数组 (x,y,z) 之间的一一对应关系. 有序数组 (x,y,z) 称为点 M 的坐标,x、y、z 分别称为横坐标、纵坐标和竖坐标,记为 $M(x,y,z)$. 这样,原点就记为 $(0,0,0)$,x 轴上一点的坐标可记为 $(x,0,0)$,y 轴上一点的坐标可记为 $(0,y,0)$,z 轴上一点的坐标可记为 $(0,0,z)$;xOy 面上一点的坐标可记为 $(x,y,0)$,yOz 面上一点的坐标可记为 $(0,y,z)$,zOx 面上一点的坐标可记为 $(x,0,z)$.

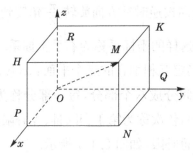

图 8.1.8

显然,给定起点在原点的向量 r,就确定了终点 M 及 $\overrightarrow{OP}=xi$,$\overrightarrow{OQ}=yj$,$\overrightarrow{OR}=zk$ 三个分向量,如图 8.1.8 所示,进而确定了 x、y、z 三个有序数;反之,给定三个有序数 x、y、z 也就确定了向量 r 与点 M. 于是点 M、向量 r 与三个有序数 x、y、z 之间有一一对应的关系. 有序数 x、y、z 称为向量 r(在坐标系 $Oxyz$ 中)的坐标,记作 $r=(x,y,z)$;有序数 x、y、z 也称为点 M(在坐标系 $Oxyz$ 中)的坐标,记作 $M(x,y,z)$. 向量 $\overrightarrow{OM}$ 称为点 M 关于原点 O 的向径.

综上所述,一个点与该点的向径有相同的坐标,即记号 (x,y,z) 既可表示点 M,又可表示向量 $\overrightarrow{OM}$.

8.1.4　利用坐标作向量的线性运算

利用向量的坐标,可得向量的加法、减法以及数乘运算如下:

设 $\boldsymbol{a}=(a_x,a_y,a_z)$,$\boldsymbol{b}=(b_x,b_y,b_z)$,$\lambda$ 为实数,则

$$a + b = (a_x i + a_y j + a_z k) + (b_x i + b_y j + b_z k)$$
$$= (a_x + b_x) i + (a_y + b_y) j + (a_z + b_z) k$$
$$= (a_x + b_x, a_y + b_y, a_z + b_z);$$
$$a - b = (a_x i + a_y j + a_z k) - (b_x i + b_y j + b_z k)$$
$$= (a_x - b_x) i + (a_y - b_y) j + (a_z - b_z) k$$
$$= (a_x - b_x, a_y - b_y, a_z - b_z);$$
$$\lambda a = \lambda(a_x i + a_y j + a_z k)$$
$$= (\lambda a_x) i + (\lambda a_y) j + (\lambda a_z) k$$
$$= (\lambda a_x, \lambda a_y, \lambda a_z).$$

由此可见,对向量进行加、减及数乘运算,只需对向量的各个坐标分别进行相应的数量运算.

定理 8.1.1 中指出,当向量 $a \neq 0$ 时,向量 $b \parallel a$ 相当于 $b = \lambda a$,坐标表示式为

$$(b_x, b_y, b_z) = \lambda(a_x, a_y, a_z).$$

这就相当于向量 b 与 a 对应坐标成比例,即

$$\frac{b_x}{a_x} = \frac{b_y}{a_y} = \frac{b_z}{a_z} = \lambda.$$

应当指出,上式中若某一分母为 0,则应认为相应的分子也是 0.

例 8.1.2 已知向量 $a = (0,1,2), b = (1,1,0)$,求 $a + b, a - b, 2a + 3b$.

解 $a + b = (0+1, 1+1, 2+0) = (1,2,2);$

$a - b = (0-1, 1-1, 2-0) = (-1,0,2);$

$2a + 3b = (0,2,4) + (3,3,0) = (3,5,4).$

8.1.5 向量的模、方向角和投影

1. 向量的模与两点间的距离公式

设向量 $r = (x, y, z)$,作 $\overrightarrow{OM} = r$(如图 7.1.9),$r = \overrightarrow{OM} = \overrightarrow{OP} + \overrightarrow{OQ} + \overrightarrow{OR}$,根据勾股定理可得 $|r| = |OM| = \sqrt{|OP|^2 + |OQ|^2 + |OR|^2}$.

设 $\overrightarrow{OP} = x i, \overrightarrow{OQ} = y j, \overrightarrow{OR} = z k$,则有 $|OP| = |x|, |OQ| = |y|,$

$|OR| = |z|$, 向量模的坐标表示式为

$$|\boldsymbol{r}| = \sqrt{x^2 + y^2 + z^2}.$$

设点 A 为 (x_1, y_1, z_1), 点 B 为 (x_2, y_2, z_2), 则

$$\overrightarrow{AB} = \overrightarrow{OB} - \overrightarrow{OA} = (x_2, y_2, z_2) - (x_1, y_1, z_1)$$
$$= (x_2 - x_1, y_2 - y_1, z_2 - z_1),$$

于是点 A 与点 B 间的距离为

$$|AB| = |\overrightarrow{AB}| = \sqrt{(x_2 - x_1)^2 + (y_2 - y_1)^2 + (z_2 - z_1)^2}.$$

例 8.1.3 求 z 轴上与两点 $A(-4,1,7)$ 和 $B(3,5,-2)$ 等距离的点.

解 设所求的点为 $M(0,0,z)$, 依题意有 $|MA|^2 = |MB|^2$, 即 $(0+4)^2 + (0-1)^2 + (z-7)^2 = (3-0)^2 + (5-0)^2 + (-2-z)^2$, 解得 $z = \dfrac{14}{9}$, 所以所求的点为 $M\left(0, 0, \dfrac{14}{9}\right)$.

2. 方向角与方向余弦

向量可以用它的坐标表示, 也可以用它的模和方向表示, 为了应用上的方便, 下面来找出两种表示方法的关系.

我们先引入两个向量夹角的概念. 设有两个非零向量 $\boldsymbol{a}, \boldsymbol{b}$, 平移两个向量使得它们的起点位于同一点, 两个向量之间**不超过 π 的夹角**(设 φ 为夹角, $0 \leqslant \varphi \leqslant \pi$)称为向量 $\boldsymbol{a}$ 与 $\boldsymbol{b}$ 的夹角, 记作 $\angle(\boldsymbol{a}, \boldsymbol{b})$. 如果向量 $\boldsymbol{a}$ 与 $\boldsymbol{b}$ 中有一个是零向量, 规定它们的夹角可以在 0 与 π 之间任意取值.

类似地, 可以定义向量与一数轴的夹角或者空间两数轴的夹角.

非零向量 $\boldsymbol{r}$ 与三条坐标轴的夹角 α, β, γ 称为向量 $\boldsymbol{r}$ 的方向角. 方向角的余弦 $\cos\alpha, \cos\beta, \cos\gamma$ 称为向量 $\boldsymbol{r}$ 的方向余弦.

设向量 $\boldsymbol{r} = (x, y, z)$, 由图 8.1.8 不难得出 $OP = |OM|\cos\alpha$, 于是

$$\cos\alpha = \frac{OP}{|OM|} = \frac{x}{|\boldsymbol{r}|} = \frac{x}{\sqrt{x^2 + y^2 + z^2}};$$

同理

$$\cos\beta = \frac{y}{|\boldsymbol{r}|} = \frac{z}{\sqrt{x^2 + y^2 + z^2}}, \quad \cos\gamma = \frac{z}{|\boldsymbol{r}|} = \frac{z}{\sqrt{x^2 + y^2 + z^2}}.$$

从而

$$(\cos\alpha, \cos\beta, \cos\gamma) = \left(\frac{x}{|\boldsymbol{r}|}, \frac{y}{|\boldsymbol{r}|}, \frac{z}{|\boldsymbol{r}|}\right) = \frac{1}{|\boldsymbol{r}|}(x, y, z) = \frac{\boldsymbol{r}}{|\boldsymbol{r}|} = \boldsymbol{e}_r.$$

这说明,以向量 $\boldsymbol{r}$ 的方向余弦为坐标的向量就是与 $\boldsymbol{r}$ 同方向的单位向量 $\boldsymbol{e}_r$,且有

$$\cos^2\alpha + \cos^2\beta + \cos^2\gamma = 1.$$

例 8.1.4 设点 A 位于第 I 卦限,其向径的模 $|\overrightarrow{OA}| = 2$,且向径 $\overrightarrow{OA}$ 与 x 轴、y 轴的夹角分别为 $\dfrac{\pi}{3}$ 和 $\dfrac{\pi}{4}$,求点 A 的坐标.

解 设点 A 的坐标为 (x, y, z),由关系式 $x = |\boldsymbol{r}|\cos\alpha, y = |\boldsymbol{r}|\cos\beta, z = |\boldsymbol{r}|\cos\gamma$ 得

$$x = 2\cos\frac{\pi}{3} = 1, y = 2\cos\frac{\pi}{4} = \sqrt{2}.$$

又 $\cos^2\alpha + \cos^2\beta + \cos^2\gamma = 1$,由点 A 位于第 I 卦限得

$$\cos\gamma = \sqrt{1 - \left(\frac{1}{2}\right)^2 - \left(\frac{\sqrt{2}}{2}\right)^2} = \frac{1}{2}.$$

于是 $z = 2 \cdot \dfrac{1}{2} = 1$,故点 A 的坐标为 $(1, \sqrt{2}, 1)$.

思考题:求空间一点 $M(x, y, z)$ 到各坐标轴的距离.

3. 向量在轴上的投影

设点 O 及单位向量 $\boldsymbol{e}$ 确定 u 轴.任给向量 $\boldsymbol{r}$,作 $\overrightarrow{OM} = \boldsymbol{r}$,再过点 M 作与 u 轴垂直的平面交 u 轴于点 M'(点 M' 叫作点 M 在 u 轴上的投影),则向量 $\overrightarrow{OM'}$ 称为向量 $\boldsymbol{r}$ 在 u 轴上的分向量.设 $\overrightarrow{OM'} = \lambda\boldsymbol{e}$,则数 λ 称为向量 $\boldsymbol{r}$ 在 u 轴上的**投影**,记作 $\mathrm{Prj}_u\boldsymbol{r}$ 或 $(\boldsymbol{r})_u$,如图 8.1.9 所示.

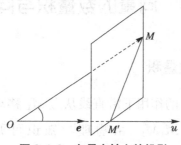

图 8.1.9　向量在轴上的投影

按此定义,向量 $a = (a_x, a_y, a_z)$ 在直角坐标系 $Oxyz$ 中的坐标 a_x, a_y, a_z 就是 a 在三条坐标轴上的投影,即

$$a_x = \mathrm{Prj}_x a, a_y = \mathrm{Prj}_y a, a_z = \mathrm{Prj}_z a.$$

> **性质1**　$(a)_u = |a| \cos \varphi$,即 $\mathrm{Prj}_u a = |a| \cos \varphi$,其中 φ 为向量与 u 轴的夹角.
>
> **性质2**　$(a+b)_u = (a)_u + (b)_u$,即 $\mathrm{Prj}_u(a+b) = \mathrm{Prj}_u a + \mathrm{Prj}_u b$. (可以推广至有限个向量)
>
> **性质3**　$(\lambda a)_u = \lambda (a)_u$,即 $\mathrm{Prj}_u(\lambda a) = \lambda \mathrm{Prj}_u a$.

习题 8.1

1. 求向量 $a = (2, 3, -1)$ 的模.

2. 设向量 $u = a - b + 2c, v = -a + 3b - c$,试用 a, b, c 表示向量 $2u + 3v$.

3. 求与向量 $a = \left(\dfrac{1}{2}, 1, 2 \right)$ 同方向的单位向量.

4. 求空间一点 $M(1, -2, 3)$ 关于各坐标平面、各坐标轴和坐标原点对应的点的坐标.

5. 求空间一点 $M(2, 4, 3)$ 到各坐标轴的距离.

6. 已知三角形的三顶点为 $P_i(x_i, y_i, z_i)$ $(i = 1, 2, 3)$,求 $\triangle P_1 P_2 P_3$ 的重心(即三角形的三中线的交点)的坐标.

7. 已知两点 $A(2, 2, \sqrt{2})$ 和 $B(1, 3, 0)$,求向量 $\overrightarrow{AB}$ 的模、方向余弦和方向角.

8. 已知向量 r 的模是 4,且其与 u 轴的夹角为 $\dfrac{\pi}{3}$,求 r 在 u 轴上的投影.

§8.2　向量的数量积与向量积

8.2.1　向量的数量积

设一物体在恒力 F 的作用下沿直线从点 M_1 移动到点 M_2,如图 8.2.1 所示,以 s 表示位移 $\overrightarrow{M_1 M_2}$. 由物理学知识可知,力 F 所做的功为 $W = |F| |s| \cos \theta$,其中 θ 为力 F 与位移 s 之间的夹角.在数学上,我们把它

抽象为数量积的概念.

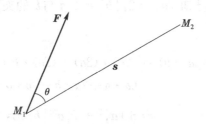

图 8.2.1　恒力 F 做的功

> **定义 8.2.1**　对于两个向量 a 和 b，定义 $|a|$、$|b|$ 及它们的夹角 θ 的余弦的乘积称为向量 a 和 b 的数量积，记为 $a \cdot b$，如图 8.2.2 所示，即 $a \cdot b = |a||b|\cos\theta$.

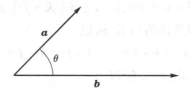

图 8.2.2　向量 a 与 b 的数量积

注意：(1)两个向量 a 和 b 的数量积 $a \cdot b$ 中的"·"不能省略，数量积也称为点积、内积；

(2)两个向量的数量积，其结果是一个数，而不是向量.

由定义可知，向量的数量积具有如下性质：

(1) $a \cdot a = |a|^2$；

(2)对于两个非零向量 a 和 b，如果 $a \cdot b = 0$，则 $a \perp b$；反之，如果 $a \perp b$，则 $a \cdot b = 0$.

由于零向量的方向可以看成任意的，故可以认为零向量与任何向量都垂直，因此上述结论又可以叙述成：向量 $a \perp b$ 的充分必要条件是 $a \cdot b = 0$.

向量的数量积满足下面的运算律：

①交换律：$a \cdot b = b \cdot a$；

②分配律：$(a + b) \cdot c = a \cdot c + b \cdot c$；

③结合律：$(\lambda a) \cdot b = a \cdot (\lambda b) = \lambda(a \cdot b)$.

例 **8.2.1** 已知 $|a|=2$，$|b|=1$，a 与 b 的夹角为 $\dfrac{\pi}{3}$，求 $(2a+3b)\cdot$ $(3a-b)$.

解　$(2a+3b)\cdot(3a-b)=(2a)\cdot(3a)-(2a)\cdot b+(3b)\cdot(3a)-(3b)\cdot b$

$$=6a\cdot a+7a\cdot b-3b\cdot b$$

$$=6\,|a|^2+7\,|a|\,|b|\cos\frac{\pi}{3}-3\,|b|^2$$

$$=6\cdot2^2+7\cdot2\cdot1\cdot\frac{1}{2}-3\cdot1^2=28.$$

设 $a=(a_x,a_y,a_z)$，$b=(b_x,b_y,b_z)$，根据数量积的运算律，则有

$$a\cdot b=(a_x i+a_y j+a_z k)\cdot(b_x i+b_y j+b_z k)$$

$$=a_xb_x i\cdot i+a_xb_y i\cdot j+a_xb_z i\cdot k+a_yb_x j\cdot i+a_yb_y j\cdot j+$$

$$a_yb_z j\cdot k+a_zb_x k\cdot i+a_zb_y k\cdot j+a_zb_z k\cdot k.$$

由于 i、j、k 为互相垂直的向量，所以

$$i\cdot j=j\cdot k=k\cdot i=0;\ j\cdot i=k\cdot j=i\cdot k=0.$$

又由于 i、j、k 的模均为 1，所以

$$i\cdot i=j\cdot j=k\cdot k=1.$$

因而

$$a\cdot b=a_xb_x+a_yb_y+a_zb_z.$$

当 $a\neq0$，$b\neq0$ 时，由 $a\cdot b=|a|\,|b|\cos\theta$，得

$$\cos\theta=\frac{a\cdot b}{|a|\,|b|}=\frac{a_xb_x+a_yb_y+a_zb_z}{\sqrt{a_x^2+a_y^2+a_z^2}\,\sqrt{b_x^2+b_y^2+b_z^2}}.$$

这就是两向量夹角余弦的坐标表示式.

例 **8.2.2** 已知三点 $M(1,1,1)$、$A(2,2,1)$ 和 $B(2,1,2)$，求 $\angle AMB$.

解　作向量 $\overrightarrow{MA}$ 及 $\overrightarrow{MB}$，$\angle AMB$ 就是向量 $\overrightarrow{MA}$ 与 $\overrightarrow{MB}$ 的夹角. $\overrightarrow{MA}=$ $(1,1,0)$，$\overrightarrow{MB}=(1,0,1)$，从而 $\overrightarrow{MA}\cdot\overrightarrow{MB}=1\times1+1\times0+0\times1=1$；

$$|\overrightarrow{MA}|=\sqrt{1^2+1^2+0^2}=\sqrt{2};\ |\overrightarrow{MB}|=\sqrt{1^2+0^2+1^2}=\sqrt{2}.$$

根据两向量夹角的余弦表达式，得

$$\cos\angle AMB=\frac{\overrightarrow{MA}\cdot\overrightarrow{MB}}{|\overrightarrow{MA}|\,|\overrightarrow{MB}|}=\frac{1}{\sqrt{2}\cdot\sqrt{2}}=\frac{1}{2}.$$

从而

$$\angle AMB=\frac{\pi}{3}.$$

8.2.2 两向量的向量积

定义 8.2.2　两个向量 a 和 b 的向量积(也称外积)是一个向量,记作 $a \times b$,其模和方向分别为:

① $|a \times b| = |a| |b| \sin\angle(a,b)$;

② $c = a \times b$ 的方向与 a 和 b 都垂直,且 a、b、c 遵循右手法则,如图 8.2.3 所示,即让右手的拇指与四指垂直,使四指先指向 a,然后让四指沿着握拳方向转到 b,这时大拇指的指向就是 c 的方向.

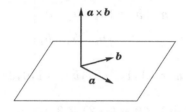

图 8.2.3　向量积的方向

由向量积的定义,易得向量积有如下性质:

① $a \times a = 0$;

②对于两个非零向量 a,b,如果 $a \times b = 0$,那么 $a /\!/ b$;反之,如果 $a /\!/ b$,那么 $a \times b = 0$.

这是因为如果 $a \times b = 0$,由于 $|a| \neq 0$,$|b| \neq 0$,故必有 $\sin\angle(a,b) = 0$,于是 $\angle(a,b) = 0$ 或 π,从而 $a /\!/ b$;反之,如果 $a /\!/ b$,那么 $\angle(a,b) = 0$ 或 π,于是 $\sin\angle(a,b) = 0$,从而 $|a \times b| = 0$,即 $a \times b = 0$. 由于可以认为零向量与任何向量都平行,因此,上述结论可叙述为:向量 $a /\!/ b$ 的充分必要条件是 $a \times b = 0$.

③若 a 与 b 不平行,则以 a 与 b 为邻边构成的平行四边形的面积等于 a 与 b 的向量积的模.

向量积符合以下运算规律:

①反交换律: $b \times a = -a \times b$;

②分配律: $(a+b) \times c = a \times c + b \times c$;

③结合律: $(\lambda a) \times b = a \times (\lambda b) = \lambda(a \times b)$($\lambda$ 为数).

设 $a = (a_x, a_y, a_z), b = (b_x, b_y, b_z)$，根据向量积的运算律，则有

$a \times b = (a_x i + a_y j + a_z k) \times (b_x i + b_y j + b_z k)$

$= a_x b_x i \times i + a_x b_y i \times j + a_x b_z i \times k + a_y b_x j \times i + a_y b_y j \times j + a_y b_z j \times k +$

$\quad a_z b_x k \times i + a_z b_y k \times j + a_z b_z k \times k.$

由于 $i \times i = j \times j = k \times k = 0, i \times j = k, j \times k = i, k \times i = j, j \times i = -k,$
$k \times j = -i, i \times k = -j,$ 所以

$\quad a \times b = (a_y b_z - a_z b_y) i + (a_z b_x - a_x b_z) j + (a_x b_y - a_y b_x) k.$

为了帮助记忆，利用三阶行列式的符号，上式可写成

$$a \times b = \begin{vmatrix} i & j & k \\ a_x & a_y & a_z \\ b_x & b_y & b_z \end{vmatrix}.$$

例 8.2.3 设 $a = (1, 1, -2), b = (1, 0, 3)$，求 $a \cdot b$ 和 $a \times b$.

解 $a \cdot b = 1 \times 1 + 1 \times 0 + (-2) \times 3 = -5;$

$$a \times b = \begin{vmatrix} i & j & k \\ 1 & 1 & -2 \\ 1 & 0 & 3 \end{vmatrix}$$

$= [1 \times 3 - 0 \times (-2)] i + [(-2) \times 1 - 1 \times 3] j + (1 \times 0 - 1 \times 1) k$

$= 3i - 5j - k.$

例 8.2.4 求以 $A(1, 2, -1)$、$B(-2, 3, 1)$ 和 $C(1, 1, 2)$ 为顶点的三角形面积.

解 $\overrightarrow{AB} = (-3, 1, 2), \overrightarrow{AC} = (0, -1, 3)$，所要求的三角形面积 S 是以 $\overrightarrow{AB}, \overrightarrow{AC}$ 为邻边的平行四边形面积的一半，因此

$$\overrightarrow{AB} \times \overrightarrow{AC} = \begin{vmatrix} i & j & k \\ -3 & 1 & 2 \\ 0 & -1 & 3 \end{vmatrix} = (5, 9, 3),$$

$$S = \frac{1}{2} |\overrightarrow{AB} \times \overrightarrow{AC}| = \frac{1}{2} \sqrt{25 + 81 + 9} = \frac{1}{2} \sqrt{115}.$$

习题 8.2

1. 判断下列命题是否成立?

(1)如果 $a \cdot b = 0$,则必有 $a = 0$ 或 $b = 0$;

(2)如果 $a \neq 0$,且 $a \times b = a \times c$,则 $b = c$;

(3)如果 $a \neq 0$,则 a 与 $b - \dfrac{a \cdot b}{|a|^2}a$ 垂直;

(4) $a \times b = |a| \, |b| \sin \theta$ (θ 是 a, b 间的夹角).

2. 已知向量 $a = (3. -1, 2)$, $b = (1, 2, -1)$, 计算:

(1) $a \cdot b$ 和 $a \times b$;   (2) $-2a \cdot 3b$;   (3) a 与 b 的夹角余弦.

3. 设 $a = 3i + 5j - 2k$, $b = 2i + j + 4k$, 问 λ 与 μ 有怎样的关系时, 能使 $\lambda a + \mu b$ 与 z 轴垂直.

4. 求向量 $a = (4, -3, 5)$ 在向量 $b = (2, 2, 1)$ 上的投影.

5. 已知向量 c 垂直于向量 $a = (2, -3, 1)$ 和 $b = (1, -2, 3)$, 且满足 $c \cdot (1, 2, -7) = 10$, 求 c.

6. 一质点在力 $F = 4i + 2j + 2k$ 的作用下, 从点 $A(2, 1, 0)$ 移动到点 $B(5, -2, 6)$, 求 F 所做的功及 F 与 $\overrightarrow{AB}$ 间的夹角.

§8.3 平面及其方程

8.3.1 点的轨迹、方程的概念

与在平面解析几何中将平面曲线视为动点的轨迹一样, 在空间解析几何中, 曲面 S 可以视为空间点的几何轨迹. 在这样的意义下, 如果曲面 S 与三元方程 $F(x, y, z) = 0$ 有如下关系, 则称方程 $F(x, y, z) = 0$ 为曲面 S 的方程, 而曲面 S 称为方程 $F(x, y, z) = 0$ 的图形:

①曲面 S 上任一点的坐标 (x, y, z) 都满足方程 $F(x, y, z) = 0$;

②不在曲面 S 上的点的坐标 (x, y, z) 都不满足方程 $F(x, y, z) = 0$.

空间曲线 C 可以看作两个曲面 $F(x, y, z) = 0$ 与 $G(x, y, z) = 0$ 的交线, 于是 C 上任意一点的坐标应满足方程组

$$\begin{cases} F(x, y, z) = 0, \\ G(x, y, z) = 0. \end{cases}$$

反之, 如果点 M 不在曲线 C 上, 那么它不可能同时在两个曲面上, 所以

它的坐标不满足方程组.

平面与直线是空间中最简单且重要的几何图形,下面我们将以向量为工具建立平面和直线的方程.

8.3.2　平面的点法式方程

为了建立平面的方程,先给出法向量的概念.

垂直于平面 Ⅱ 的任意一条非零向量 n 称为平面 Ⅱ 的法向量.

显然,平面 Ⅱ 的法向量 n 不是唯一的,有无数个,而且平面上的任意向量都与法向量垂直.

由立体几何的知识可知,过空间一点且与已知直线垂直的平面是唯一确定的. 根据法向量定义,只要知道平面里的一点和平面的一条法向量就可以确定该平面.

设平面 Ⅱ 的一个法向量为 $n = (A, B, C)$,且平面过点 $M_0(x_0, y_0, z_0)$,下面建立平面 Ⅱ 的方程. 设 $M(x, y, z)$ 是平面 Ⅱ 上任一点(如图 8.3.1 所示),则向量 $\overrightarrow{M_0M}$ 必在平面 Ⅱ 上.

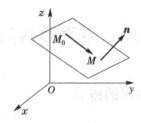

图 8.3.1　点 M_0 和法向量 n 确定的平面

因为 n 垂直于平面 Ⅱ,故其一定垂直于平面 Ⅱ 上的任何向量,当然也垂直于 $\overrightarrow{M_0M}$,即 n 与 $\overrightarrow{M_0M}$ 的数量积等于零,即 $n \cdot \overrightarrow{M_0M} = 0$,将 $n = (A, B, C)$,$\overrightarrow{M_0M} = (x - x_0, y - y_0, z - z_0)$ 代入,即得

$$A(x - x_0) + B(y - y_0) + C(z - z_0) = 0. \tag{8.3.1}$$

显然,平面 Ⅱ 上任一点 $M(x, y, z)$ 的坐标都满足上面的方程. 当点 $M(x, y, z)$ 不在平面 Ⅱ 上时,向量 $\overrightarrow{M_0M}$ 与法向量 n 不垂直,从而 $n \cdot \overrightarrow{M_0M} \neq 0$,因而点 $M(x, y, z)$ 的坐标不满足该方程. 由此可知式(8.3.1)就是平面 Ⅱ 的方程,而平面 Ⅱ 就是方程(8.3.1)的图形.

由于方程(8.3.1)是由平面上一点 $M_0(x_0, y_0, z_0)$ 及它的一个法线向量 $n = (A, B, C)$ 确定的,所以方程(8.3.1)称为平面的**点法式方程**.

例 8.3.1　设一平面过点 $M_0(3,0,-1)$，平面的法向量为 $n = (3,-7,5)$，求此平面的方程.

解　根据平面的点法式方程，有 $3(x-3)-7(y-0)+5(z+1)=0$，整理，得

$$3x-7y+5z-4=0.$$

例 8.3.2　求过三点 $M_1(1,0,-1)$，$M_2=(2,1,2)$ 和 $M_3=(-1,1,-4)$ 的平面方程.

解　由于 $\overrightarrow{M_1M_2}=(1,1,3)$，$\overrightarrow{M_1M_3}=(-2,1,-3)$，可知 M_1,M_2,M_3 三点不共线，因此过这三点可以确定一个平面. 又所求平面的法线向量可取为

$$n=\overrightarrow{M_1M_2}\times\overrightarrow{M_1M_3}=\begin{vmatrix} i & j & k \\ 1 & 1 & 3 \\ -2 & 1 & -3 \end{vmatrix}=-6i-3j+3k,$$

从而所求平面的方程为 $-6(x-1)-3(y-0)+3(z+1)=0$，整理，得

$$2x+y-z-3=0.$$

8.3.3　平面的一般方程

平面的点法式方程(8.3.1)可以写成

$$Ax+By+Cz+D=0, \qquad (8.3.2)$$

其中，$D=-Ax_0-By_0-Cz_0$，故平面方程是三元一次方程. 反过来，三元一次方程(8.3.2)是否就是一个平面的方程呢？

任取满足该方程的一组数 x_0,y_0,z_0，即 $Ax_0+By_0+Cz_0+D=0$，用式(8.3.2)减上式，可得与式(8.3.2)同解的方程，即

$$A(x-x_0)+B(y-y_0)+C(z-z_0)=0. \qquad (8.3.3)$$

观察方程(8.3.3)，为过点 $M_0(x_0,y_0,z_0)$，法向量为 $n=(A,B,C)$ 的平面的点法式方程. 这就说明了方程(8.3.2)表示一个平面. 方程(8.3.2)称为**平面的一般方程**.

由上面的讨论可以得到一个重要结论：

关于 x,y,z 的一个三元一次方程的图形是一个平面，而 x,y,z 的系数就是该平面法向量的坐标.

对于一些特殊的三元一次方程,这时它所表示的平面又具有某些特点.

①当 $D=0$ 时,方程(8.3.2)变为 $Ax+By+Cz=0$,表示一个通过原点的平面;

②当 $A=0,D\neq0$ 时,方程(8.3.2)变为 $By+Cz+D=0$,法线向量 $\boldsymbol{n}=(0,B,C)$ 垂直于 x 轴,方程表示一个平行于 x 轴的平面;

③当 $A=D=0$ 时,方程(8.3.2)变为 $By+Cz=0$,表示一个通过 x 轴的平面;

④当 $A=B=0,D\neq0$ 时,方程(8.3.2)变为 $Cz+D=0$,此时 $\boldsymbol{n}=(0,0,C)$ 与 z 轴平行,所以平面与 xOy 面平行;

⑤当 $A=B=D=0$ 时,方程(8.3.2)变为 $Cz=0$,表示 xOy 面.

例 8.3.3 求通过 x 轴和点 $(3,2,1)$ 的平面方程.

解 由于平面通过 x 轴,从而平面的法向量垂直于 x 轴,且通过原点. 设平面方程为

$$Ax+By+Cz+D=0,$$

则 $A=0,D=0$,因此平面的方程为

$$By+Cz=0.$$

因为它通过点 $(3,2,1)$,所以有 $2B+C=0$,即 $C=-2B$,以此代入方程 $By+Cz=0$ 得所求平面的方程为

$$y-2z=0.$$

例 8.3.4 设一平面与 x、y、z 轴的交点依次为 $P(a,0,0)$、$Q(0,b,0)$、$R(0,0,c)$,如图 8.3.2 所示,求此平面的方程(其中 $abc\neq0$).

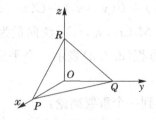

图 8.3.2 平面在三坐标轴上的截距

解　设所求平面的方程为

$$Ax + By + Cz + D = 0.$$

由 $P(a,0,0)$、$Q(0,b,0)$、$R(0,0,c)$ 三点都在这平面上，可得

$$\begin{cases} aA + D = 0, \\ bB + D = 0, \\ cC + D = 0, \end{cases}$$

解得
$$A = -\frac{D}{a}, B = -\frac{D}{b}, C = -\frac{D}{c}.$$

代入所设方程并化简，可得所求平面的方程为

$$\frac{x}{a} + \frac{y}{b} + \frac{z}{c} = 1.$$

此方程称为**平面的截距式方程**，而 a、b、c 分别为所求平面在 x、y、z 轴上的截距.

8.3.4　两平面的夹角

两平面的法向量的夹角(通常指锐角)称为两平面的夹角.

设平面 Π_1 和 Π_2 的方程分别为 $\Pi_1 : A_1 x + B_1 y + C_1 z + D_1 = 0$ 和 $\Pi_2 : A_2 x + B_2 y + C_2 z + D_2 = 0$，则平面的法向量分别为 $\boldsymbol{n}_1 = (A_1, B_1, C_1)$ 和 $\boldsymbol{n}_2 = (A_2, B_2, C_2)$. 如图 8.3.3 所示，平面 Π_1 和 Π_2 的夹角应是它们法向量的夹角 $\theta \left(0 \leqslant \theta \leqslant \dfrac{\pi}{2}\right)$，因此 $\cos\theta = |\cos\angle(\boldsymbol{n}_1, \boldsymbol{n}_2)|$. 按两向量数量积的坐标表示式，可得平面 Π_1 和 Π_2 的夹角 θ, 即

$$\cos\theta = |\cos\angle(\boldsymbol{n}_1, \boldsymbol{n}_2)| = \frac{|\boldsymbol{n}_1 \cdot \boldsymbol{n}_2|}{|\boldsymbol{n}_1||\boldsymbol{n}_2|}$$

$$= \frac{|A_1 A_2 + B_1 B_2 + C_1 C_2|}{\sqrt{A_1^2 + B_1^2 + C_1^2} \cdot \sqrt{A_2^2 + B_2^2 + C_2^2}}.$$

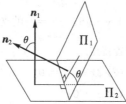

图 8.3.3　两平面的夹角

平面 Π_1 和 Π_2 相互垂直的充要条件是：$A_1A_2 + B_1B_2 + C_1C_2 = 0$. 平面 Π_1 和 Π_2 平行或重合的充要条件是：$\dfrac{A_1}{A_2} = \dfrac{B_1}{B_2} = \dfrac{C_1}{C_2}$.

例 8.3.5 求两平面 $2x+y-z+3=0$ 和 $x+2y+z-2=0$ 的夹角.

解 $\boldsymbol{n}_1 = (A_1, B_1, C_1) = (2, 1, -1)$, $\boldsymbol{n}_2 = (A_2, B_2, C_2) = (1, 2, 1)$,

$$\cos\theta = \frac{|2\times 1 + 1\times 2 + (-1)\times 1|}{\sqrt{2^2+1^2+(-1)^2} \cdot \sqrt{1^2+2^2+1^2}} = \frac{1}{2}.$$

故所求夹角为 $\theta = \dfrac{\pi}{3}$.

例 8.3.6 设一平面过 z 轴，且垂直于平面 $3x-2y+5z=0$，求此平面的方程.

解 因为所求平面过 z 轴，故设所求平面方程为 $Ax+By=0$. 由题知，此平面与平面 $3x-2y+5z=0$ 垂直，故 $3A-2B=0$, $B=\dfrac{3}{2}A$，故所求平面方程为 $Ax+\dfrac{3}{2}Ay=0$，即 $2x+3y=0$.

思考题：设 P_0 是平面 $Ax+By+Cz+D=0$ 外的一点，求 P_0 到平面的距离.

习题 8.3

1. 求过点 $(3,0,-1)$ 且与平面 $3x-7y+5z=12$ 平行的平面方程.

2. 求过 $M_1(1,1,-1)$, $M_2(-2,-2,2)$, $M_3(1,-1,2)$ 三个点的平面方程.

3. 一平面通过 z 轴，且与平面 $2x+y-\sqrt{5}z-7=0$ 的夹角为 $\dfrac{\pi}{3}$，求该平面方程.

4. 指出下列方程表示的平面的位置特点.

   (1) $x+y-10=0$;   (2) $2x-3z=0$;   (3) $y+2z=1$;

   (4) $2x+3=0$;   (5) $z=0$;   (6) $x+y+z=0$.

5. 求平面 $6x+3y-2z=0$ 和 $x+2y+6z-12=0$ 的夹角.

6.按下列条件求平面方程.

(1)过点 $(5,-7,4)$ 与平面 $2x-y+3z+5=0$ 平行；

(2)过点 $(-2,1,5)$ 与 xOy 面平行；

(3)通过 z 轴和点 $(-3,1,-2)$.

§8.4　空间直线及其方程

空间中确定一条直线的条件很多,如两相交平面可以确定一条直线,过已知点并平行于已知直线可以确定一条直线,过两点可以确定一条直线,等等.本节将利用这些条件来确定直线的方程.

8.4.1　空间直线的一般方程

空间直线可以看作两个平面的交线.设两个相交平面 Π_1 和 Π_2 的方程分别为 $A_1x+B_1y+C_1z+D_1=0$ 和 $A_2x+B_2y+C_2z+D_2=0$,其中系数 A_1,B_1,C_1 与 A_2,B_2,C_2 不成比例.如果直线 L 是这两个平面的交线,则 L 上任一点的坐标应同时满足这两个平面的方程,即应满足方程组

$$\begin{cases} A_1x+B_1y+C_1z+D_1=0, \\ A_2x+B_2y+C_2z+D_2=0. \end{cases} \tag{8.4.1}$$

反之,如果一点不在直线 L 上,就不会同时在平面 Π_1 和 Π_2 上,它的坐标就不会满足方程组(8.4.1).故方程组(8.4.1)就是空间直线 L 的方程,称为**空间直线的一般方程**.

由于过空间一直线可以做无穷多个平面,其中任意两个平面方程联立均可以表示这条直线,因此空间直线的一般方程不是唯一的.

8.4.2　空间直线的对称式方程

如果一非零向量平行于一条已知直线,则称这个向量为该直线的方向向量,通常用 s 表示.显然,直线上的任一向量都平行于该直线的方向向量.

当直线 L 上的一点 $M_0(x_0,y_0,z_0)$ 和它的一个方向向量 $s=(m,n,p)$ 已知时,直线 L 的位置就完全确定了(如图 8.4.1 所示),下面来建立这条

直线的方程.

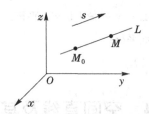

图 8.4.1 由点 M_0 和方向向量 s 确定的直线

设 $M(x,y,z)$ 为直线 L 上的任一点,那么向量 $\overrightarrow{M_0M} = (x-x_0,y-y_0,z-z_0)$ 与 s 平行,由两向量平行的充要条件得

$$\frac{x-x_0}{m} = \frac{y-y_0}{n} = \frac{z-z_0}{p}. \tag{8.4.2}$$

式(8.4.2)称为直线的**对称式方程**或**点向式方程**.因为 $s \neq \mathbf{0}$,所以 m,n,p 不能同时为零,但可以有一个或两个数为零.若式(8.4.2)的分母为 0,则其相应的分子也为 0.例如,当 $m=0,n$、$p \neq 0$ 时,式(8.4.2)应理解为

$$\begin{cases} x-x_0 = 0, \\ \dfrac{y-y_0}{n} = \dfrac{z-z_0}{p}. \end{cases}$$

如果引入变量 t,设

$$\frac{x-x_0}{m} = \frac{y-y_0}{n} = \frac{z-z_0}{p} = t.$$

则有

$$\begin{cases} x = x_0 + mt, \\ y = y_0 + nt, \\ z = z_0 + pt, \end{cases} \tag{8.4.3}$$

式(8.4.3)称为直线的**参数方程**.

例 8.4.1 设一直线经过两点 $M_1(x_1,y_1,z_1)$,$M_2(x_2,y_2,z_2)$,求此直线的方程.

解 因为点 M_1、M_2 在直线上,故可取直线的方向向量 s 为

$$s = \overrightarrow{M_1M_2} = (x_2-x_1,y_2-y_1,z_2-z_1).$$

于是所求直线的对称式方程为

$$\frac{x-x_1}{x_2-x_1} = \frac{y-y_1}{y_2-y_1} = \frac{z-z_1}{z_2-z_1}.$$

上述方程称为直线的**两点式方程**.

8.4.3 空间直线方程一般式与对称式的互换

若已知空间直线 L 的一般方程 $\begin{cases} A_1 x + B_1 y + C_1 z + D_1 = 0, \\ A_2 x + B_2 y + C_2 z + D_2 = 0, \end{cases}$ 将其化为

对称式 $\dfrac{x-x_0}{m} = \dfrac{y-y_0}{n} = \dfrac{z-z_0}{p}$ 的形式,通过如下两步:

(1)求直线上一点 M_0(不妨设 $z=0$,将其代入直线方程的一般式,求得 $x=x_0, y=y_0$);

(2)求直线的方向向量 s. 因为 s 与这两个平面的法线向量 $n_1 = (A_1, B_1, C_1)$, $n_2 = (A_2, B_2, C_2)$ 都垂直,可取

$$s = n_1 \times n_2 = \begin{vmatrix} i & j & k \\ A_1 & B_1 & C_1 \\ A_2 & B_2 & C_2 \end{vmatrix} = mi + nj + pk.$$

例 8.4.2 试将直线方程 $\begin{cases} x - y - 4z + 12 = 0, \\ 2x + y - 2z + 3 = 0 \end{cases}$ 化为对称式方程.

解 先求直线上的一点. 不妨设 $z=0$ 代入方程组,得

$$\begin{cases} x - y + 12 = 0, \\ 2x + y + 3 = 0. \end{cases}$$

解得 $x = -5, y = 7$,所以 $(-5, 7, 0)$ 为此直线上的一点.

再求该直线的一个方向向量 s. 由于 s 与这两个平面的法线向量 $n_1 = (1, -1, -4)$,$n_2 = (2, -1, -2)$ 都垂直,可取

$$s = n_1 \times n_2 = \begin{vmatrix} i & j & k \\ 1 & -1 & -4 \\ 2 & 1 & -2 \end{vmatrix} = 6i - 6j + 3k.$$

故所给直线的对称式方程为

$$\frac{x+5}{6} = \frac{y-7}{-6} = \frac{z}{3}, \text{或} \frac{x+5}{2} = \frac{y-7}{-2} = z.$$

反过来,若已知空间直线的对称式方程 $\dfrac{x-x_0}{m} = \dfrac{y-y_0}{n} = \dfrac{z-z_0}{p}$,可将

其视为一个方程组,通过化简、整理便可得到空间直线 L 的一般方程.

思考题:将空间直线 L 的对称式方程 $\dfrac{x+1}{-2} = \dfrac{y-2}{3} = z$ 化成一般方程.

8.4.4　两直线的夹角

两直线的方向向量的夹角(通常指锐角)称为两直线的夹角.

设直线 L_1 和 L_2 的方向向量分别为 $s_1 = (m_1, n_1, p_1)$ 和 $s_2 = (m_2, n_2, p_2)$，那么 L_1 和 L_2 的夹角 φ 应是 $\angle(s_1, s_2)$ 和 $\angle(-s_1, s_2) = \pi - \angle(s_1, s_2)$ 中的锐角，因此 $\cos\varphi = |\cos\angle(s_1, s_2)|$. 按照两向量夹角的余弦公式，直线 L_1 和 L_2 的夹角 φ 可由

$$\cos\varphi = \frac{|m_1 m_2 + n_1 n_2 + p_1 p_2|}{\sqrt{m_1^2 + n_1^2 + p_1^2} \cdot \sqrt{m_2^2 + n_2^2 + p_2^2}}$$

来确定.

根据两向量垂直、平行的充要条件可得出下列结论：

①两直线 L_1 和 L_2 互相垂直相当于 $m_1 m_2 + n_1 n_2 + p_1 p_2 = 0$；

②两直线 L_1 和 L_2 互相平行或重合相当于 $\dfrac{m_1}{m_2} = \dfrac{n_1}{n_2} = \dfrac{p_1}{p_2}$.

例 8.4.3　求两条直线 $L_1: \dfrac{x+5}{1} = \dfrac{y-7}{-2} = \dfrac{z}{1}$ 与

$L_2: \begin{cases} x - 2y + z - 4 = 0, \\ 2x + z + 3 = 0 \end{cases}$ 的夹角.

解　设直线 L_1 和 L_2 的夹角为 φ，L_1 的方向向量可取为 $s_1 = (1, -2, 1)$，L_2 的方向向量可取为

$$s_2 = \begin{vmatrix} i & j & k \\ 1 & -2 & 1 \\ 2 & 0 & 1 \end{vmatrix} = -2i + j + 4k,$$

则

$$\cos\varphi = \frac{|1 \cdot (-2) + (-2) \cdot 1 + 1 \cdot 4|}{\sqrt{1^2 + (-2)^2 + 1^2} \cdot \sqrt{(-2)^2 + 1^2 + 4^2}} = 0,$$

$\varphi = \dfrac{\pi}{2}$，即两直线互相垂直.

8.4.5　直线与平面的夹角

当直线与平面不垂直时，直线和它在平面上的投影直线的夹角

$\varphi\left(0\leqslant\varphi<\dfrac{\pi}{2}\right)$ 称为直线与平面的夹角(如图 8.4.2 所示);当直线与平面垂直时,直线与平面的夹角为 $\dfrac{\pi}{2}$.

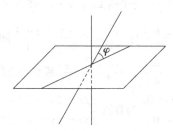

图 8.4.2　直线与平面的夹角

设直线的方向向量 $\mathbf{s}=(m,n,p)$,平面的法向量 $\mathbf{n}=(A,B,C)$,直线与平面的夹角为 φ,记 $\theta=\angle(\mathbf{s},\mathbf{n})$,那么 $\varphi=\left|\dfrac{\pi}{2}-\theta\right|$,因此

$$\sin\varphi=|\cos\theta|=\frac{|Am+Bn+Cp|}{\sqrt{A^2+B^2+C^2}\cdot\sqrt{m^2+n^2+p^2}}.$$

因为直线与平面垂直相当于直线的方向向量与平面的法向量平行,所以直线与平面垂直相当于

$$\frac{A}{m}=\frac{B}{n}=\frac{C}{p}.$$

因为直线与平面平行或直线在平面上相当于直线的方向向量与平面的法向量垂直,所以直线与平面平行或者直线在平面上相当于

$$Am+Bn+Cp=0.$$

习题 8.4

1. 求下列各直线的方程.

(1) 过点 $(4,-1,3)$ 且平行于直线 $\dfrac{x-1}{2}=\dfrac{y}{1}=\dfrac{z-1}{5}$;

(2) 过点 $M_1(0,-2,1)$ 和点 $M_2(3,0,2)$;

(3) 过点 $(-1,2,1)$ 且平行于直线 $\begin{cases}x+y-2z-1=0,\\x+2y-z+1=0.\end{cases}$

2.用对称式方程及参数方程表示直线
$$\begin{cases} x-y+z-1=0, \\ 2x+y+z-4=0. \end{cases}$$

3.求直线 $\dfrac{x-2}{1}=\dfrac{y-3}{1}=\dfrac{z-4}{2}$ 与平面 $2x+y+z-6=0$ 交点.

4.求两直线 $\dfrac{x-1}{1}=\dfrac{y}{-4}=\dfrac{z+3}{1}$ 与 $\dfrac{x}{-2}=\dfrac{y-3}{2}=\dfrac{z+1}{1}$ 间的夹角.

5.求过点 $(2,1,3)$ 且与直线 $\dfrac{x+1}{3}=\dfrac{y-1}{2}=\dfrac{z}{-1}$ 垂直相交的直线的方程.

6.求直线 $\begin{cases} 5x-3y+3z-9=0, \\ 3x-2y+z-1=0 \end{cases}$ 与直线 $\begin{cases} 2x+2y-z+23=0, \\ 3x+8y+z-18=0 \end{cases}$ 的夹角的余弦.

7.求直线 $\begin{cases} x+y-5=0, \\ 2x-z+5=0 \end{cases}$ 与平面 $2x+y+z+3=0$ 的夹角.

§8.5 曲面及其方程

8.5.1 旋转曲面

> **定义 8.5.1** 以一条平面曲线 C 绕同一平面内的一条直线 l 旋转一周所形成的曲面称为**旋转曲面**,其中曲线 C 叫作旋转曲面的**母线**,定直线 l 叫作旋转曲面的**轴**.

设在 yOz 坐标面上有一已知曲线 C,它的方程为 $f(y,z)=0$,把这曲线绕 z 轴旋转一周,就得到一个以 z 轴为轴的旋转曲面(如图 8.5.1 所示),它的方程可以按如下方法求得.

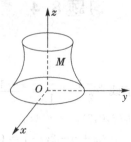

图 8.5.1 旋转曲面

设 $M(x,y,z)$ 为曲面上任一点,它是曲线 C 上点 $M_1(0,y_1,z_1)$ 绕 z 轴旋转而得到的. 因此有 $f(y_1,z_1)=0,z=z_1,|y_1|=\sqrt{x^2+y^2}$,从而得

$$f(\pm\sqrt{x^2+y^2},z)=0.$$

这就是所求旋转曲面的方程.

在曲线 C 的方程 $f(y,z)=0$ 中将 y 改成 $\pm\sqrt{x^2+y^2}$,便得曲线 C 绕 z 轴旋转所生成的旋转曲面的方程 $f(\pm\sqrt{x^2+y^2},z)=0$.

注意: 建立旋转曲面方程关键是抓住曲线上的点在旋转过程中保持不变的量. 如曲线绕 z 轴旋转一周,得到以 z 轴为轴的旋转曲面的过程中,点的竖坐标不变,到 z 轴的距离不变.

同理,曲线 C 绕 y 轴旋转所生成的旋转曲面的方程为

$$f(y,\pm\sqrt{x^2+z^2})=0.$$

类似地,可以得到 xOy 面上的曲线绕 x,y 轴旋转,zOx 面上的曲线绕 z,x 轴旋转的旋转曲面方程.

例 8.5.1 求 yOz 面上直线 $z=ky(k>0)$ 绕 z 轴旋转所得的曲面方程.

解 在方程 $z=ky$ 中,使 z 保持不变,将 y 换成 $\pm\sqrt{x^2+y^2}$ 得旋转曲面方程,即

$$z=\pm k\sqrt{x^2+y^2} \text{ 或 } z^2=k^2(x^2+y^2).$$

该曲面为圆锥面,如图 8.5.2 所示,圆锥面的顶点是原点. 其中方程 $z=k\sqrt{x^2+y^2}$ 表示上半圆锥面,方程 $z=-k\sqrt{x^2+y^2}$ 表示下半圆锥面.

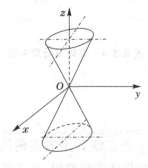

图 8.5.2　圆锥面

例 8.5.2 将 zOx 面上的双曲线 $\dfrac{x^2}{a^2} - \dfrac{z^2}{c^2} = 1$ 分别绕 z 轴和 x 轴旋转一周,求所生成的旋转曲面的方程.

解 绕 z 轴旋转所生成的旋转曲面叫作旋转单叶双曲面,如图 8.5.3 所示,它的方程为

$$\frac{x^2 + y^2}{a^2} - \frac{z^2}{c^2} = 1.$$

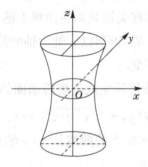

图 8.5.3 旋转单叶双曲面

绕 x 轴旋转所生成的旋转曲面叫作旋转双叶双曲面,如图 8.5.4 所示,它的方程为

$$\frac{x^2}{a^2} - \frac{y^2 + z^2}{c^2} = 1.$$

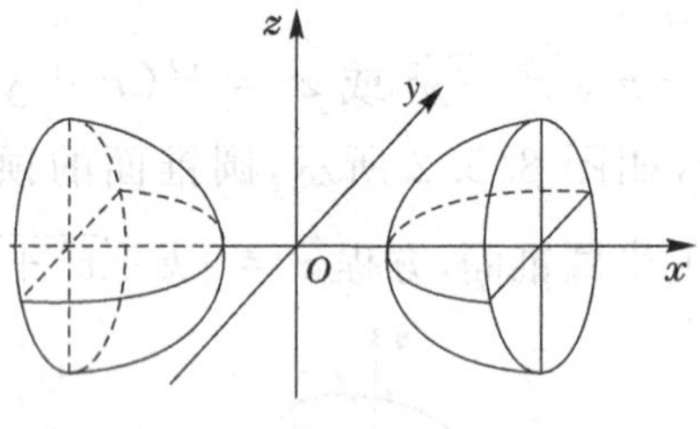

图 8.5.4 旋转双叶双曲面

8.5.2 柱面

定义 8.5.2 空间一条直线 L 沿着定曲线 C 平行移动形成的轨迹叫作柱面,定曲线 C 叫作柱面的**准线**,动直线 L 叫作柱面的**母线**.

设准线 C 是 xOy 面上的一条曲线,其方程为 $F(x,y)=0$,动直线 L 平行于 z 轴,并沿准线 C 平行移动,所生成的是母线平行于 z 轴的柱面(如图8.5.5 所示),其方程也是

$$F(x,y)=0.$$

上式不含 z,这说明,空间的一点 $M(x,y,z)$,只要它的前两个坐标 x,y 满足该方程,则点 M 就在这柱面上.

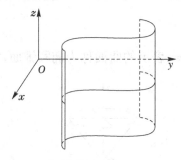

图 8.5.5 柱面

例 8.5.3 指出方程 $x^2+y^2=R^2$ 在空间直角坐标系下的图形.

解 因为方程中不含 z,说明图形上一点 $M(x,y,z)$ 只要 x,y 满足方程 $x^2+y^2=R^2$,则点 M 就在这图形上. 故 $x^2+y^2=R^2$ 表示一个以 xOy 面上的圆 $x^2+y^2=R^2$ 为准线,以平行于 z 轴的直线为母线的柱面.

同理,方程 $\dfrac{x^2}{a^2}+\dfrac{y^2}{b^2}=1$,$\dfrac{x^2}{a^2}-\dfrac{y^2}{b^2}=1$,$y^2=2px(p>0)$,分别表示母线平行于 z 轴的椭圆柱面、圆柱面、抛物柱面、双曲柱面.

类似地,方程 $F(y,z)=0$ 分别表示母线平行于 x 轴的柱面,其准线是 yOz 面上的曲线 $C:F(y,z)=0$. 方程 $F(x,z)=0$ 表示母线平行于 y 轴的柱面,其准线是 zOx 面上的曲线 $C:F(x,z)=0$.

思考题:柱面方程有什么特征?

*8.5.3 二次曲面

三元二次方程 $F(x,y,z)=0$ 表示的曲面称为二次曲面. 在空间解析几何中,研究二次曲面形状的方法主要有两种:一种方法是截痕法,用坐标面和平行于坐标面的平面和曲面相截,考察其交线的形状,然后加以分析,从而了

解曲面的立体形状;另一种方法是伸缩变形法.

设 S 是一个曲面,其方程为 $F(x,y,z)=0$,S' 是将曲面 S 沿 x 轴方向伸缩 λ 倍所得的曲面. 显然,若 $(x,y,z)\in S$,则 $(\lambda x,y,z)\in S'$;若 $(x,y,z)\in S'$,则 $\left(\dfrac{1}{\lambda}x,y,z\right)\in S$. 因此,对于任意的 $(x,y,z)\in S'$,有 $F\left(\dfrac{1}{\lambda}x,y,z\right)=0$,即 $F\left(\dfrac{1}{\lambda}x,y,z\right)=0$ 是曲面 S' 的方程.

1. 椭圆锥面

由方程 $\dfrac{x^2}{a^2}+\dfrac{y^2}{b^2}=z^2$ 表示的曲面称为椭圆锥面,如图 8.5.6 所示.

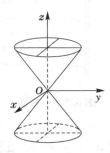

图 8.5.6　椭圆锥面

截痕法: 以垂直于 z 轴的平面 $z=t$ 截此平面,当 $t=0$ 时得点 $(0,0,0)$;当 $t\neq 0$ 时,得平面 $z=t$ 上的椭圆 $\dfrac{x^2}{(at)^2}+\dfrac{y^2}{(bt)^2}=1$. 当 t 变化时,表示一族长短轴比例不变的椭圆,当 $|t|$ 从大到小逐渐变为 0 时,这族椭圆从大到小逐渐缩为一点.

伸缩法: 将圆锥面 $x^2+y^2=a^2z^2$ 沿 y 轴方向伸缩 $\dfrac{b}{a}$ 倍,所得方程为

$$x^2+\left(\frac{a}{b}y\right)^2=a^2z^2,$$

即

$$\frac{x^2}{a^2}+\frac{y^2}{b^2}=z^2.$$

2. 椭球面

由方程 $\dfrac{x^2}{a^2}+\dfrac{y^2}{b^2}+\dfrac{z^2}{c^2}=1$ 表示的曲面称为椭球面.

将 zOx 面上的椭圆 $\dfrac{x^2}{a^2}+\dfrac{z^2}{c^2}=1$ 绕 z 轴旋转,所得曲面称为旋转椭球面,其方程为

$$\frac{x^2+y^2}{a^2}+\frac{z^2}{c^2}=1.$$

再将旋转椭球面沿 y 轴方向伸缩 $\dfrac{b}{a}$ 倍,便得到椭球面 $\dfrac{x^2}{a^2}+\dfrac{y^2}{b^2}+\dfrac{z^2}{c^2}=1$,如图 8.5.7 所示.

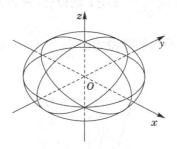

图 8.5.7 椭球面

当 $a=b=c$ 时,椭球面 $\dfrac{x^2}{a^2}+\dfrac{y^2}{b^2}+\dfrac{z^2}{c^2}=1$ 成为 $x^2+y^2+z^2=a^2$,这是球心在原点,半径为 a 的球面. 显然,球面是旋转椭球面的特殊情形,旋转椭球面是椭球面的特殊情形. 将球面 $x^2+y^2+z^2=a^2$ 沿 z 轴方向伸缩 $\dfrac{c}{a}$ 倍,即得旋转椭球面 $\dfrac{x^2+y^2}{a^2}+\dfrac{z^2}{c^2}=1$;再沿 y 轴方向伸缩 $\dfrac{b}{a}$ 倍,即得椭球面 $\dfrac{x^2}{a^2}+\dfrac{y^2}{b^2}+\dfrac{z^2}{c^2}=1$.

3. 单叶双曲面

由方程 $\dfrac{x^2}{a^2}+\dfrac{y^2}{b^2}-\dfrac{z^2}{c^2}=1$ 表示的曲面称为单叶双曲面.

将 zOx 面上的双曲线 $\dfrac{x^2}{a^2}-\dfrac{z^2}{c^2}=1$ 绕 z 轴旋转,得旋转单叶双曲面 $\dfrac{x^2+y^2}{a^2}-\dfrac{z^2}{c^2}=1$,再沿 y 轴方向伸缩 $\dfrac{b}{a}$ 倍,即得单叶双曲面 $\dfrac{x^2}{a^2}+\dfrac{y^2}{b^2}-\dfrac{z^2}{c^2}=1$.

4. 双叶双曲面

由方程 $\dfrac{x^2}{a^2}-\dfrac{y^2}{b^2}-\dfrac{z^2}{c^2}=1$ 表示的曲面称为双叶双曲面.

将 zOx 面上的双曲线 $\dfrac{x^2}{a^2} - \dfrac{z^2}{c^2} = 1$ 绕 x 轴旋转,得旋转双叶双曲面

$\dfrac{x^2}{a^2} - \dfrac{y^2 + z^2}{c^2} = 1$,再沿 y 轴方向伸缩 $\dfrac{b}{c}$ 倍,即得双叶双曲面 $\dfrac{x^2}{a^2} - \dfrac{y^2}{b^2} - \dfrac{z^2}{c^2} = 1$.

5. 椭圆抛物面

由方程 $\dfrac{x^2}{a^2} + \dfrac{y^2}{b^2} = z$ 表示的曲面称为椭圆抛物面.

将 zOx 面上的双曲线 $\dfrac{x^2}{a^2} = z$ 绕 z 轴旋转,所得曲面叫作旋转抛物面,再

沿 y 轴方向伸缩 $\dfrac{b}{a}$ 倍,即得椭圆抛物面 $\dfrac{x^2}{a^2} + \dfrac{y^2}{b^2} = z$,如图 8.5.8 所示.

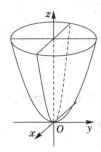

图 8.5.8 椭圆抛物面

6. 双曲抛物面

由方程 $\dfrac{x^2}{a^2} - \dfrac{y^2}{b^2} = z$ 表示的曲面称为双曲抛物面.

用平面 $x = t$ 截此曲面,所得截痕 l 为平面 $x = t$ 上的抛物线

$$-\frac{y^2}{b^2} = z - \frac{t^2}{a^2}.$$

此抛物线开口朝下,其顶点坐标为 $\left(t, 0, \dfrac{t^2}{a^2} \right)$. 当 t 变化时,l 的形状都是

抛物线,但顶点位置随着 t 变化而变化,而 l 的顶点的轨迹 L 方程为 $z = \dfrac{x^2}{a^2}$,

平面 $y = 0$ 上的抛物线.

因此,以 l 为母线,L 为准线,母线 l 的顶点在准线 L 上滑动,且母线作平行移动,这样得到的曲面便是双曲抛物面,如图 8.5.9 所示.

还有三种二次曲面是以二次曲线为准线的柱面:

$$\frac{x^2}{a^2} + \frac{y^2}{b^2} = 1, \frac{x^2}{a^2} - \frac{y^2}{b^2} = 1, y^2 = 2px,$$

依次称为椭圆柱面、双曲柱面、抛物柱面.

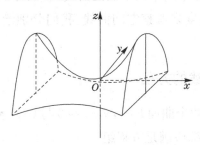

图 8.5.9　双曲抛物面

习题 8.5

1. 将 xOy 坐标面上的直线 $y = 2x$ 分别沿 x 轴及 y 轴旋转一周,各得一锥面,求出这两个锥面的方程.

2. 将 xOz 坐标面上的抛物线 $2x^2 + 3z = 1$ 分别沿 x 轴及 z 轴旋转一周,求所生成的旋转曲面的方程.

3. 指出下列方程在平面解析几何和空间解析几何中分别表示什么图形.

    (1) $x = 2$;
               (2) $y = x + 1$;

    (3) $x^2 + y^2 = 4$;
        (4) $x^2 - y^2 = 1$.

4. 说明下列旋转曲面是怎样形成的.

    (1) $\dfrac{x^2}{4} + \dfrac{y^2}{9} + \dfrac{z^2}{9} = 1$;
        (2) $x^2 - \dfrac{y^2}{4} + z^2 = 1$;

    (3) $x^2 - y^2 - z^2 = 1$;
         (4) $(z - a)^2 = x^2 + y^2$.

*5. 写出下列曲面方程的名称,并画出曲面的草图.

    (1) $(x - a)^2 + y^2 = a^2$;
        (2) $x^2 = 4y$;

    (3) $\dfrac{x^2}{9} + \dfrac{z^2}{4} = 1$;
        (4) $\dfrac{x^2}{9} + \dfrac{y^2}{4} + z^2 = 1$;

    (5) $\dfrac{z}{3} = \dfrac{x^2}{4} + \dfrac{y^2}{9}$;
        (6) $16x^2 + 4y^2 - z^2 = 64$.

*6. 试用截痕法讨论双叶双曲面 $-x^2 - \dfrac{y^2}{4} + z^2 = 1$ 的形状,并作出草图.

§8.6 空间曲线及其方程

空间曲线可以看作空间中两个曲面的交线,也可以看作空间点的运动轨迹.从这两种不同的角度来考察空间曲线,我们分别给出空间曲线的一般方程和参数方程.

8.6.1 空间曲线的方程

设空间曲线 C 是两个曲面 $F(x,y,z)=0$ 与 $G(x,y,z)=0$ 的交线,于是 C 上任意一点 M 的坐标应满足方程组

$$\begin{cases} F(x,y,z)=0, \\ G(x,y,z)=0. \end{cases}$$

反之,如果点 M 不在曲线 C 上,那么它不可能同时在两个曲面上,所以它的坐标不满足方程组.因此,曲线 C 可以用上述方程组表示.上述方程组叫作**空间曲线的一般方程**.

例 8.6.1 方程组 $\begin{cases} x^2+y^2+z^2=25, \\ z=3 \end{cases}$ 表示怎样的曲线?

解 方程组中第一个方程表示球心在原点、半径为 5 的球面,第二个方程表示平行于 xOy 面的平面,故方程组表示球面与平面的交线,该交线是以点 $(0,0,3)$ 为圆心、半径为 4、在平面 $z=3$ 上的圆.

应当指出,由于通过空间一条曲线的曲面有无穷多个,因此,即使在同一个空间直角坐标系下,表示空间曲线的方程也不是唯一的.如方程组
$\begin{cases} x^2+y^2+z^2=1, \\ x^2+y^2=1, \end{cases}$ $\begin{cases} x^2+y^2=1, \\ z=0, \end{cases}$ $\begin{cases} x^2+y^2+z^2=1, \\ z=0, \end{cases}$ $\begin{cases} x^2+y^2+(z-1)2=2, \\ z=0 \end{cases}$
都表示 xOy 面上以原点为圆心的单位圆.

空间曲线除了用曲面方程联立的方程组表示外,还可以用参数方程表示:

$$\begin{cases} x=x(t), \\ y=y(t), \\ z=z(t). \end{cases}$$

称此方程组为**空间曲线的参数方程**,变量 t 称为参数.

8.6.2 空间曲线在坐标面上的投影

设空间曲线 C 的一般方程为

$$\begin{cases} F(x,y,z) = 0, \\ G(x,y,z) = 0, \end{cases}$$

消去变量 z 得方程

$$H(x,y) = 0.$$

$H(x,y) = 0$ 表示一个母线平行于 z 轴的柱面,从上面的讨论可知,此柱面包含曲线 C.

以曲线 C 为准线,母线平行于 z 轴(即垂直于 xOy 坐标面)的柱面称为曲线 C 关于 xOy 坐标面的**投影柱面**,投影柱面与 xOy 面的交线叫作空间曲线 C 在 xOy 面上的**投影曲线**,简称**投影**.

因此,方程 $H(x,y) = 0$ 所表示的柱面也就是曲线 C 的投影柱面,而方程

$$\begin{cases} H(x,y) = 0, \\ z = 0 \end{cases}$$

也就是曲线 C 在 xOy 面上的投影曲线的方程.

同样,上述方程组中消去变量 x 或变量 y,所得结果 $R(y,z) = 0$ 和 $T(x,z) = 0$ 分别表示曲线 C 关于 yOz 坐标面和 xOz 坐标面的投影柱面,而

$$\begin{cases} R(y,z) = 0, \\ x = 0 \end{cases} \quad \text{和} \quad \begin{cases} T(x,z) = 0, \\ y = 0 \end{cases}$$

分别是曲线 C 在 yOz 面和 xOz 面上的投影曲线的方程.

例 8.6.2 已知球面方程为 $x^2 + y^2 + z^2 = 1$,锥面方程为 $z = \sqrt{x^2 + y^2}$,求它们的交线 C 关于 xOy 面上的投影柱面及投影曲线.

解 交线 C 的方程为 $\begin{cases} x^2 + y^2 + z^2 = 1, \\ z = \sqrt{x^2 + y^2}, \end{cases}$ 消去 z 得曲线 C 关于 xOy 面的投影柱面方程为 $2(x^2 + y^2) = 1$,曲线 C 在 xOy 面上的投影曲线方程为

$$\begin{cases} 2(x^2 + y^2) = 1, \\ z = 0. \end{cases}$$

思考题:例 8.6.2 中球面与锥面所围成的立体结构在 xOy 面上的投影是什么图形?

习题 8.6

1. 指出下列方程组在平面解析几何与空间解析几何中分别表示什么图形.

(1) $\begin{cases} 2x + y - 2 = 0, \\ x - y + 3 = 0; \end{cases}$ 　　(2) $\begin{cases} \dfrac{x^2}{9} + \dfrac{y^2}{4} = 1, \\ y = 2. \end{cases}$

2. 将下列曲线的一般方程化为参数方程.

(1) $\begin{cases} x^2 + y^2 + z^2 = 9, \\ y = x; \end{cases}$ 　　(2) $\begin{cases} (x - 1)^2 + y^2 = 4, \\ z = 0. \end{cases}$

3. 求曲线 $\begin{cases} z = \sqrt{x^2 + y^2}, \\ z^2 = 2x \end{cases}$ 在 xOy 面上的投影曲线的方程.

4. 求旋转抛物面 $z = x^2 + y^2 (0 \leqslant z \leqslant 4)$ 在三个坐标面上的投影.

相关阅读

笛卡尔与解析几何

解析几何是一门划时代的科学. 它彻底改变了数学的研究方法, 使初等数学发展为高等数学, 为数学科学搭建了赖以繁衍生息的大厦框架.

1637 年, 法国的哲学家、物理学家及数学家笛卡尔发表了他的著作《方法论》, 这本书的后面有 3 篇附录:《折光学》《流星学》和《几何学》. 当时的这个"几何学"实际上指的是数学. 笛卡尔的《几何学》共分 3 卷, 第 1 卷讨论尺规作图, 第 2 卷讨论曲线的性质, 第 3 卷讨论立体和"超立体"的作图, 但他实际讨论的是代数问题, 即探讨方程根的性质. 后世的数学家和数学史学家都把笛卡尔的《几何学》作为解析几何的起点. 从笛卡尔的《几何学》中可以看出, 笛卡尔的中心思想是建立起一种"普遍"的数学, 把算术、代数、几何统一起来. 他设想, 把任何数学问题化为一个代数问题, 再把任何代数问题归结为求解一个方程式. 为了实现上述的设想, 笛卡尔从天文和地理的经纬度出发, 指出平面上的点和实数对 (x, y) 的对应关系. x, y 的不同数值可以确定平面上不同的点, 这样就可以用代数的方法研究曲线的性质. 这就是解析几何的基本思想.

平面解析几何的基本思想有两个点:

第一, 在平面建立坐标系取定两条相互垂直的、具有一定方向和度量单位的直线,称为平面上的一个直角坐标系 Oxy. 利用坐标系可以在平面内的点和一对实数 (x,y) 间建立起一一对应的关系. 平面坐标系中,除了直角坐标系外,还有斜坐标系、极坐标系、空间直角坐标系等. 在空间坐标系中还有球面坐标系和柱面坐标系.

第二,坐标系为几何对象与数、几何关系与函数建立了密切的联系,这样就可以将空间形式的研究归结成比较成熟也容易驾驭的数量关系的研究了. 用这种方法研究几何学,通常就称为解析法. 这种解析法不但对于解析几何是重要的,而且对于几何学的各个分支的研究也是十分重要的. 应用坐标法不仅可以通过代数的方法解决几何问题,而且还可以把变量、函数以及数和形等重要概念密切联系起来. 正如笛卡尔所言,"一切问题可以化成数学问题,一切数学问题可以化成代数问题,一切代数问题可以化成方程求解的问题".

解析几何的产生并不是偶然的,在笛卡尔写《几何学》以前,就有许多学者研究过用两条相交直线作为一种坐标系,也有人在研究天文、地理的时候,提出了一个点的位置可由两个"坐标"(经度和纬度)来确定. 这些都对解析几何的创建产生了很大的影响. 在数学史上,一般认为和笛卡尔同时代的法国业余数学家费马(1601—1665)也是解析几何的创建者之一,应该与笛卡尔分享这份荣誉. 费马是一个业余从事数学研究的学者,对数论、解析几何、概率论三个方面都有重要贡献. 他性情谦和,对自己所写的"书"无意发表. 但从他的书信中可以知道,他早在笛卡尔发表《几何学》以前,就已写了关于解析几何的小文,形成了解析几何的思想. 直到 1679 年,费马死后,他的思想和著述才得到公开发表.

虽然作为一本解析几何的书来看,笛卡尔的《几何学》是不完整的,但它引入了新的思想、新的方法,为开辟数学新园地做出了重要贡献. 笛卡尔生前因怀疑教会信条受到迫害,长年在国外避难. 他的著作生前或被禁止出版或被烧毁,去世后多年仍被列入"禁书目录". 但在今天,法国首都巴黎安葬民族先贤的圣心堂中,庄重的大理石墓碑上镌刻着"笛卡尔,欧洲文艺复兴以来,第一个为人类争取并保证理性权利的人". 笛卡尔的著作开启了自然科学与哲学的崭新时代.《几何学》是他公开发表的唯一数学著作,虽然只有 117 页,但它标志着代数与几何的第一次完美结合. 许多相当难解的几何问题转化为代数问题后,便能轻而易举地找到答案. 综上所述,笛卡尔被称为解析几何的创始人.

复习题 8

1. 填空题.

(1) 点 $(5,3,-2)$ 在第_____卦限.

(2) 设向量 $a=i+j-4k, b=2i+\lambda k$，且 a 与 b 垂直，则 $\lambda=$_____.

(3) 两向量 $(1,2,3), \left(-2, \dfrac{1}{2}, \dfrac{1}{3}\right)$ 的夹角余弦为_____.

(4) 球面 $x^2+y^2+z^2-2x+2y=1$ 的球心为_____，半径为_____.

(5) 与平面 $2x-y+2z-1=0$ 垂直的单位向量是_____.

2. 已知三角形的三个顶点分别为 $A(3,4,5), B(2,4,7), C(1,2,3)$，求 $\triangle ABC$ 的面积.

3. 已知平行四边形以 $a=(2,1,-1), b=(1,-2,1)$ 为邻边，求它的两条对角线的长和夹角.

4. 已知向量 $a=(1,-1,\sqrt{2})$，求向量 a 的方向余弦，并求出与 a 平行的单位向量.

5. 已知平面通过 $P_1(8,-3,1), P_2(4,7,2)$，且垂直于平面 $3x+5y-7z+21=0$，求这个平面的方程.

6. 求过三点 $M_1(1,1,-1), M_2(-2,-2,2), M_1(1,-1,2)$ 的平面方程.

7. 求平面 $2x+5y-3z+1=0$ 与各坐标面的夹角余弦.

8. 求直线 $L: \begin{cases} 3x-y+2z=0, \\ 3x-3y+2z=2 \end{cases}$ 与各坐标轴间的夹角余弦.

9. 判断直线 $\dfrac{x-3}{-2}=\dfrac{y+5}{-7}=\dfrac{z+1}{3}$ 与平面 $4x-2y-2z+21=0$ 的位置关系.

10. 试确定 k 的值，使平面 $kx+y+z+k=0$ 与 $x+ky+kz+k=0$

(1) 互相垂直；(2) 互相平行；(3) 重合.

11. 写出下列旋转曲面的方程.

(1) xOy 面上的抛物线 $y=2x^2-1$ 绕 y 轴旋转一周所得的旋转抛物面；

(2) xOz 面上的曲线 $z=\sin y (0 \leqslant y \leqslant \pi)$ 分别绕 y 轴和 z 轴旋转形成的曲面.

12. 求曲线 $C: \begin{cases} x^2+y^2+z^2=2, \\ z=x^2+y^2 \end{cases}$ 关于 xOy 面的投影柱面以及曲线 C 在 xOy 面上的投影曲线.

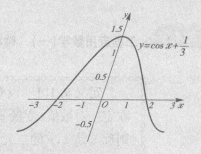

第9章 多元函数微分学及其应用

在自然科学和工程技术中,很多问题的变化都与多种因素有关,反映到数学上就是多元函数的问题. 多元函数是一元函数的推广. 多元函数除了保留一些一元函数的性质外,还有一些不同于一元函数的性质,学习时注意比较异同. 本章以二元函数为主,在一元函数微分学及其应用的基础上,研究多元函数的微分及一些简单的应用.

9.1 多元函数的概念

在第1章中,讨论了含有一个自变量的函数,即一元函数,但在实际问题中,还会遇到含有两个或两个以上自变量的函数,这就是本章节所要讨论的多元函数. 在这里,重点介绍二元函数.

9.1.1 二元函数的定义

物体运动的动能 W 和物体的质量 m,运动速度 v 之间的关系为 $W = \dfrac{1}{2}mv^2$. 这里,W 是随着 m,v 的变化而变化的. 当 m,v 在一定范围内($m > 0, v > 0$)取定一对数值(m,v)时,W 的对应值就随之确定.

如图 9.1.1 所示,三角形面积 $S = \dfrac{1}{2}bc\sin A$ 依赖于三角形的两条边 b,c 及其夹角 A.

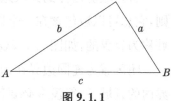

图 9.1.1

> **定义 9.1.1**　设有变量 x,y,z,如果变量 x,y 在一定范围内任意取定一对数值,变量 z 按照一定法则总有唯一确定的数值与之对应,则称 z 是 x,y 的二元函数,记作
> $$z = f(x,y).$$
> 式中,x,y 为自变量,其变化范围叫作函数的定义域.

类似地,可定义三元函数 $w = f(x,y,z)$ 及三元以上的函数.二元及二元以上的函数称为多元函数.

类似一元函数 $y = f(x)$,用数轴上点 P 来表示数值 x,而二元函数 $z = f(x,y)$ 也可以用 xOy 平面上的点 P 来表示一对有序实数 x,y,故函数 $z = f(x,y)$ 可简记为 $z = f(P)$,这时 z 也可称为点 P 的函数.(三元函数是否也可以看作点的函数?)

二元函数 $z = f(x,y)$ 在点 (x_0,y_0) 处的函数值记为
$$f(x_0,y_0) \text{ 或 } z\big|_{(x_0,y_0)}, z\big|_{\substack{x=x_0 \\ y=y_0}}.$$

对于一元函数,一般假定在某个区间上有定义进行讨论.对于二元函数,类似地假定它在某平面区域内有定义进行讨论.

所谓区域(平面的)是指一条或几条曲线围成的具有连通性的平面一部分(见图 9.1.2),所谓连通性是指一块部分平面内任意两点可用完全属于此部分平面的折线连接起来.

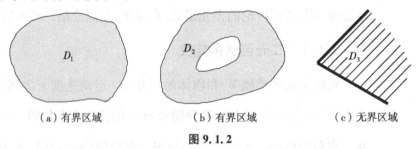

（a）有界区域　　　　　　（b）有界区域　　　　　　（c）无界区域

图 9.1.2

若区域能延伸到无限远处,就称这区域是无界的,如图 9.1.2(c)所示,否则,它总可以被包含在一个以原点 O 为中心而半径适当大的圆内,这样的区域称为有界的,如图 9.1.2(a)、(b)所示,围成区域的曲线叫区域的边界.

闭区域为连同边界在内的区域,曲线叫区域的边界.开区域为不包括边界内的区域.一般没有必要区分开或闭时,通称区域,用字母 D 表示.

例如,由 $x+y>0$ 所确定的区域是无界开区域(图 9.1.3),而由 $x^2+y^2\leqslant 1$ 所确定的区域是有界闭区域(图 9.1.4).

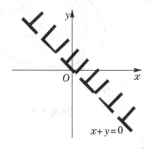

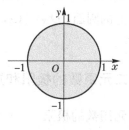

图 9.1.3　$x+y>0$ 所确定区域　　　**图 9.1.4　$x^2+y^2\leqslant 1$ 围成的区域**

某点的邻域是指以该点为中心的一个圆形开区域. 如点 $P_0(x_0,y_0)$ 的一个 $\delta(\delta>0)$ 邻域是指

$$\{(x,y)\mid (x-x_0)^2+(y-y_0)<\delta^2\},$$

记作 $U(P_0,\delta)$,在不需要强调邻域的半径 δ 的时,也可简记为 $U(P_0)$.

为方便使用,将开区域内的点称为内点,将区域边界上的点称为边界点.

例 9.1.1　求函数 $z=\ln(x+y)$ 的定义域.

解　为使函数有意义,只需 $x+y>0$,即函数 $z=\ln(x+y)$ 的定义域是平面点集 $D=\{(x,y)\mid x+y>0\}$(图 9.1.3).

例 9.1.2　求函数 $z=\arcsin(x^2+y^2)$ 的定义域.

解　根据反正弦函数定义,x,y 只需要满足 $x^2+y^2\leqslant 1$,即函数 $z=\arcsin(x^2+y^2)$ 的定义域为平面点集 $D=\{(x,y)\mid x^2+y^2\leqslant 1\}$(图 9.1.4).

9.1.2　二元函数的图形

设二元函数 $z=f(x,y)$ 的定义域为 D,对 D 内任意一点 $P(x,y)$,都有唯一确定的函数值 $z=f(x,y)$ 与之对应,于是在空间就有一点 $M(x,y,z)$ 与 D 内一点 $P(x,y)$ 对应. 当 $P(x,y)$ 取遍 D 内所有点时,对应的空间点 $M(x,y,z)$ 的集合在空间形成一个曲面(或平面),这就是二元函数 $z=f(x,y)$ 的几何图形. 这个曲面在 xOy 面上的投影就是函数的定义域 D.

例如,函数 $z = \sqrt{R^2 - x^2 - y^2}$ 的图形是以原点为球心、R 为半径的上半球面,它的定义域是 xOy 平面上的圆面: $D = \{(x,y) \mid x^2 + y^2 \leqslant a^2\}$ (图 9.1.5).

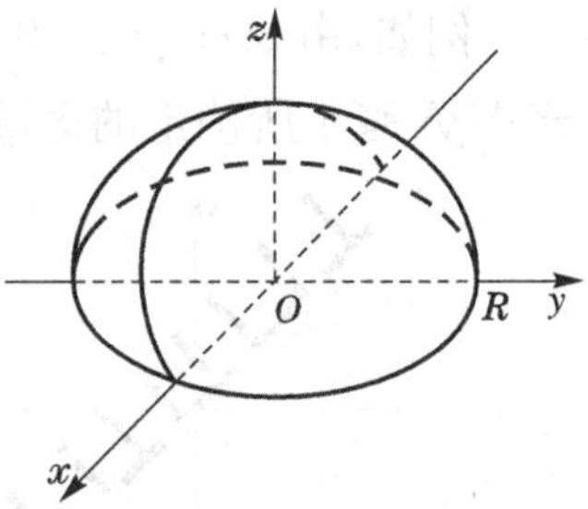

图 9.1.5

9.1.3　二元函数的极限和连续性

1. 二元函数的极限

类似于一元函数的极限,我们将讨论二元函数 $z = f(x,y)$ 随着自变量 (x,y) 的变化,对应的函数值的变化趋势. 但是二元函数的自变量有两个,所以自变量的变化过程比一元函数要复杂得多.

考虑当点 (x,y) 趋近于点 (x_0,y_0) 时函数 $z = f(x,y)$ 的变化趋势. 虽然点 $P(x,y)$ 趋近于点 $P_0(x_0,y_0)$ 的方式是多种多样的,但如果用 ρ 表示点 $P(x,y)$ 与点 $P_0(x_0,y_0)$ 之间的距离,则

$$\rho = \sqrt{(x-x_0)^2 + (y-y_0)^2}.$$

即无论 $(x,y) \to (x_0,y_0)$ 的过程多么复杂,总可以用 $x \to x_0, y \to y_0$ 或 $\rho \to 0$ 来表示自变量的变化过程 $(x,y) \to (x_0,y_0)$. 这样,可以提出二元函数极限的定义如下:

> **定义 9.1.2**　设 $z = f(x,y)$ 在点 $P_0(x_0,y_0)$ 附近有定义(在点 P_0 处可以没有定义). 如果当 $P(x,y)$ 在该邻域以任何方式趋近于 $P_0(x_0,y_0)$ 时,对应的函数值都趋向于一个确定的常数 A,则称 A 为函数 $z = f(x,y)$ 当 $x \to x_0, y \to y_0$ 时的极限,记作
> $$\lim_{\substack{x \to x_0 \\ y \to y_0}} f(x,y) = A \ \text{或} \ \lim_{(x,y) \to (x_0,y_0)} f(x,y) = A \ \text{或} \ \lim_{\rho \to 0} f(x,y) = A.$$

二元函数的极限是一元函数极限的推广,有关一元函数极限的运算法则和定理都可以推广到二元函数的极限. 但二元函数极限要求点 $P(x,y)$ 在该邻域以任何方式趋近于 $P_0(x_0,y_0)$ 时,对应的函数值都趋向于一个确定的常数,也就是说,如果点 $P(x,y)$ 沿两条不同路径趋近于 $P_0(x_0,y_0)$ 时,对应的函数值趋于两个不同常数,则二元函数的极限不存在.

例 9.1.3 求极限 $\lim\limits_{\substack{x\to 0\\y\to 0}}\dfrac{x^2+y^2}{\sqrt{x^2+y^2+1}-1}$.

解　方法1　原式 $=\lim\limits_{\substack{x\to 0\\y\to 0}}\dfrac{(x^2+y^2)\sqrt{x^2+y^2+1}+1}{(\sqrt{x^2+y^2+1}-1)(\sqrt{x^2+y^2+1}+1)}$

$=\lim\limits_{\substack{x\to 0\\y\to 0}}(\sqrt{x^2+y^2+1}+1)=1+1=2;$

方法2　令 $\sqrt{x^2+y^2+1}=u$，则 $x^2+y^2=u^2-1$，且当 $x\to 0,y\to 0$ 时，$u\to 1$.

原式 $=\lim\limits_{u\to 1}\dfrac{u^2-1}{u-1}=\lim\limits_{u\to 1}(u+1)=2$

这说明，二元函数的极限问题有时可以先转化为一元函数的极限问题，再求解.

例 9.1.4 讨论极限 $\lim\limits_{\substack{x\to 0\\y\to 0}}\dfrac{xy}{x^2+y^2}$ 是否存在.

解　由极限定义知，当 $P(x,y)$ 以任何方式趋于 $P_0(0,0)$ 时，如果极限 $\lim\limits_{\substack{x\to 0\\y\to 0}}\dfrac{xy}{x^2+y^2}$ 存在，其极限应该是唯一的；反之，如果选择沿两条特殊的路径让 $P(x,y)$ 趋于 $P_0(0,0)$，则极限不存在.

现取两条特殊的路径来考察上述极限. 例如，令 $P(x,y)$ 沿直线 $y=kx$ 趋于点 $P_0(0,0)$ 时，则有

$$\lim\limits_{\substack{x\to 0\\y\to 0}}\dfrac{xy}{x^2+y^2}=\lim\limits_{\substack{x\to 0\\y=kx\to 0}}\dfrac{kx^2}{x^2(1+k^2)}=\dfrac{k}{1+k^2}.$$

如果取 $k=0$ 时，则 $\dfrac{k}{1+k^2}=0$；如果取 $k=1$ 时，则 $\dfrac{k}{1+k^2}=\dfrac{1}{2}$. 所以 $\lim\limits_{\substack{x\to 0\\y\to 0}}\dfrac{xy}{x^2+y^2}$ 不存在.

2. 二元函数的连续性

> **定义 9.1.3**　设函数 $f(x,y)$ 在点 $P_0(x_0,y_0)$ 的某个邻域内有定义，$P(x,y)$ 是邻域内的任意一点，如果 $\lim\limits_{\substack{x\to x_0\\y\to y_0}}f(x,y)=f(x_0,y_0)$，则称函数 $f(x,y)$ 在点 $P_0(x_0,y_0)$ 连续.

思考题： $f(x,y)$ 在点 P_0 处是否一定有定义？

如果函数 $f(x,y)$ 在区域 D 内连续，则称 $f(x,y)$ 在区域 D 内各点连续．函数的不连续点称为函数的间断点．例如，函数 $z=\dfrac{1}{y-x}$ 在直线 $y=x$ 上无定义，所以此直线上的点都是函数的间断点（说明二元函数的间断点可以形成一条曲线）．

与一元连续函数的性质类似，二元连续函数有如下性质：

(1)二元函数的和、差、积、商(分母不为零处)及复合函数仍是连续函数；

(2)在有界闭区域上连续的二元函数必能取到最大值和最小值；

(3)在有界闭区域上连续的二元函数必能取到介于最小值和最大值之间的任何值．

以上性质可以推广到三元及三元以上多元函数．

习题 9.1

1.确定下列函数的定义域．

(1) $z=\sqrt{1-x^2 y}$；　　　　(2) $z=\dfrac{1}{\sqrt{x+y}}+\dfrac{1}{\sqrt{x-y}}$；　　　　(3) $z=\sqrt{\ln\dfrac{4}{x^2+y^2}}$；

(4) $z=\dfrac{\sqrt{4x-y^2}}{\ln(1-x^2-y^2)}$；　　(5) $z=\arcsin\dfrac{y}{x}$．

2.求下列极限．

(1) $\lim\limits_{\substack{x\to 1\\ y\to 2}}\dfrac{3xy+x^2 y^2}{x+y}$；　　(2) $\lim\limits_{\substack{x\to 0\\ y\to\frac{1}{2}}}\arcsin\sqrt{x^2+y^2}$；　　(3) $\lim\limits_{\substack{x\to 0\\ y\to 0}}\dfrac{xy}{\sqrt{xy+1}-1}$；

(4) $\lim\limits_{\substack{x\to 0\\ y\to 0}}\left[\dfrac{\sin(2xy)}{x}+1\right]$；　　(5) $\lim\limits_{\substack{x\to\infty\\ y\to\infty}}\dfrac{1}{x^2+y^2}$；　　(6) $\lim\limits_{\substack{x\to 1\\ y\to 0}}\ln(x+e^y)$．

§9.2　偏导数与全微分

类似于一元函数的导数，我们将研究二元函数关于其中一个自变量的变化率问题，即偏导数．

9.2.1　偏导数的定义

对于二元函数 $z=f(x,y)$，若固定 y，只让 x 变化，则 z 就成为 x 的一元函数,例如 $z = f(x, y_0)$ 这样的一元函数对 x 的导数就是二元函数 z 对 x 的偏导数.

> **定义 9.2.1**　设函数 $z = f(x, y)$ 在某一个邻域内有定义,固定 $y = y_0$,如果 $\lim\limits_{x \to x_0} \dfrac{f(x_0 + \Delta x, y_0) - f(x_0, y_0)}{\Delta x}$ 存在,则称此极限值为函数 $z = f(x, y)$ 在点 (x_0, y_0) 处对 x 的**偏导数**,记作
>
> $$\dfrac{\partial z}{\partial x}\Big|_{(x_0, y_0)}, \dfrac{\partial f}{\partial x}\Big|_{(x_0, y_0)}, z_x(x_0, y_0) \text{ 或 } f_x(x_0, y_0).$$

同样,函数 $z = f(x, y)$ 在点 (x_0, y_0) 处对 y 的偏导数定义为

$$\lim\limits_{\Delta y \to 0} \dfrac{f(x_0, y_0 + \Delta y) - f(x_0, y_0)}{\Delta y}$$

记作 $\dfrac{\partial z}{\partial y}\Big|_{(x_0, y_0)}, \dfrac{\partial f}{\partial y}\Big|_{(x_0, y_0)}, z_y(x_0, y_0)$ 或 $f_y(x_0, y_0)$ 等.

如果函数 $z = f(x, y)$ 在区域 D 内每一点对 x 的偏导数都存在,那么这个偏导数就是 x, y 的函数,称为函数 $z = f(x, y)$ 对自变量 x 的**偏导函数**,记作

$$\dfrac{\partial z}{\partial x}, \dfrac{\partial f}{\partial x}, z_x \text{ 或 } f_x(x, y).$$

同样,函数 $z = f(x, y)$ 对自变量 y 的偏导函数,记作

$$\dfrac{\partial z}{\partial y}, \dfrac{\partial f}{\partial y}, z_y \text{ 或 } f_y(x, y).$$

偏导函数也简称为偏导数.

由偏导数的定义可知,求二元函数的偏导数就是先将一个自变量固定为常量,再求函数对另一自变量的一元函数的导数.因此,一元函数的求导公式、求导法则对多元函数求偏导数仍然适合.

例 9.2.1　求函数 $z = x^3 + 3x^2 y + y^4 + 2$ 在点 $(1, 2)$ 处的两个偏导数.

解　因为 $\dfrac{\partial z}{\partial x} = 3x^2 + 6xy, \dfrac{\partial z}{\partial y} = 3x^2 + 4y^3$,

所以 $\dfrac{\partial z}{\partial x}\Big|_{(1,2)} = 3 \times 1^2 + 6 \times 1 \times 2 = 15, \dfrac{\partial z}{\partial y}\Big|_{(1,2)} = 3 \times 1^2 + 4 \times 2^3 = 35.$

例 9.2.2 设 $z = x\sin(x+y)$，求 $\dfrac{\partial z}{\partial x}, \dfrac{\partial z}{\partial y}$.

解 $\dfrac{\partial z}{\partial x} = \sin(x+y) + x\cos(x+y)$，$\dfrac{\partial z}{\partial y} = x\cos(x+y)$.

例 9.2.3 已知理想气体的状态方程为 $PV = nRT$（R 为常数），在一定量的气体下，即 n 视为常数，求证：$\dfrac{\partial P}{\partial V} \times \dfrac{\partial V}{\partial T} \times \dfrac{\partial T}{\partial P} = -1$.

证明 证 $k = nR$ 将原方程变形为 $P = \dfrac{kT}{V}$，则 $\dfrac{\partial P}{\partial V} = -\dfrac{kT}{V^2}$.

同理，对于 $V = \dfrac{kT}{P}$，有 $\dfrac{\partial V}{\partial T} = \dfrac{k}{P}$；

对于 $T = \dfrac{PV}{R}$，有 $\dfrac{\partial T}{\partial P} = \dfrac{V}{k}$.

于是 $\dfrac{\partial P}{\partial V} \times \dfrac{\partial V}{\partial T} \times \dfrac{\partial T}{\partial P} = -\dfrac{kT}{V^2} \times \dfrac{k}{P} \times \dfrac{V}{k} = -\dfrac{kT}{PV} = -1$.

此例说明偏导数符号 $\dfrac{\partial z}{\partial x}, \dfrac{\partial z}{\partial y}$ 是一个整体符号，与一元函数导数符号 $\dfrac{\mathrm{d}y}{\mathrm{d}x}$ 不同，不可看作 ∂z 与 ∂x 或 ∂z 与 ∂y 之商.

以上二元函数偏导数的定义及求法，可以推广到三元及三元以上函数.

例 9.2.4 求三元函数 $u = x^2 y + y^2 z + z^2 x$ 的偏导数.

解 $\dfrac{\partial u}{\partial x} = 2xy + z^2$（将 y, z 看成常数）；

$\dfrac{\partial u}{\partial y} = 2yz + x^2$（将 x, z 看成常数）；

$\dfrac{\partial u}{\partial z} = 2zx + y^2$（将 x, y 看成常数）.

9.2.2　高阶偏导数

对于函数 $z = f(x,y)$ 的两个偏导数 $\dfrac{\partial z}{\partial x}, \dfrac{\partial z}{\partial y}$ 而言，一般说来仍是 x, y 的函数. 如果这两个函数关于 x, y 的偏导数也存在，则称它们的偏导数是

函数 $z = f(x, y)$ 的二阶偏导数,依照变量不同的求导次序,其二阶偏导函数分别为

$$\frac{\partial}{\partial x}\left(\frac{\partial z}{\partial x}\right) = \frac{\partial^2 z}{\partial x^2} = f_{xx}(x, y) = z_{xx},$$

$$\frac{\partial}{\partial y}\left(\frac{\partial z}{\partial x}\right) = \frac{\partial^2 z}{\partial x \partial y} = f_{xy}(x, y) = z_{xy},$$

$$\frac{\partial}{\partial y}\left(\frac{\partial z}{\partial y}\right) = \frac{\partial^2 z}{\partial y^2} = f_{yy}(x, y) = z_{yy},$$

$$\frac{\partial}{\partial x}\left(\frac{\partial z}{\partial y}\right) = \frac{\partial^2 z}{\partial y \partial x} = f_{yx}(x, y) = z_{yx}.$$

式中, $f_{xy}(x, y)$, $f_{yx}(x, y)$ 合称为二阶混合偏导数. 类似地,可给出更高阶偏导函数的概念和记号.

二阶及二阶以上的偏导数称为高阶偏导数.

例 9.2.5 求 $z = x\ln(xy)$ 的所有二阶偏导数.

解 因为 $\dfrac{\partial z}{\partial x} = \ln(xy) + x \cdot \dfrac{y}{xy} = \ln(xy) + 1$, $\dfrac{\partial z}{\partial y} = x \cdot \dfrac{x}{xy} = \dfrac{x}{y}$,

所以 $\dfrac{\partial^2 z}{\partial x^2} = \dfrac{\partial}{\partial x}[\ln(xy) + 1] = \dfrac{y}{xy} = \dfrac{1}{x}$, $\dfrac{\partial^2 z}{\partial y^2} = \dfrac{\partial}{\partial y}\left(\dfrac{x}{y}\right) = -\dfrac{x}{y^2}$,

$$\frac{\partial^2 z}{\partial x \partial y} = \frac{\partial}{\partial y}[\ln(xy) + 1] = \frac{x}{xy} = \frac{1}{y}, \quad \frac{\partial^2 z}{\partial y \partial x} = \frac{\partial}{\partial x}\left(\frac{x}{y}\right) = \frac{1}{y}.$$

在本例中, $\dfrac{\partial^2 z}{\partial x \partial y} = \dfrac{\partial^2 z}{\partial y \partial x}$ 并非偶然. 一般地,有以下定理:

> **定理 9.2.1** 如果函数 $z = f(x, y)$ 的两个混合偏导数在区域 D 内连续,则在该区域 D 内有 $f_{xy}(x, y) = f_{yx}(x, y)$.

9.2.3　全微分

对于一元函数 $y = f(x)$,如果函数在 x_0 处的增量 Δy 可以表示成 $\Delta y = f'(x_0)\Delta x + o(\Delta x)$,式中 $o(\Delta x)$ 是 Δx 的高阶无穷小,则 $\mathrm{d}y = f'(x_0)\Delta x$ 为函数 $y = f(x)$ 在点 x_0 处的微分.

类似地,二元函数全微分的定义如下:

定义 9.2.2 如果二元函数 $z = f(x,y)$ 在点 (x_0,y_0) 处的全增量 $\Delta z = f(x_0 + \Delta, y_0 + \Delta y) - f(x_0,y_0)$ 可以表示成

$$\Delta z = \frac{\partial z}{\partial x}\Big|_{(x_0,y_0)}\Delta x + \frac{\partial z}{\partial y}\Big|_{(x_0,y_0)}\Delta y + o(\rho),$$

式中 $\rho = \sqrt{(\Delta x)^2 + (\Delta y)^2}$,则称 $\dfrac{\partial z}{\partial x}\Big|_{(x_0,y_0)}\Delta x + \dfrac{\partial z}{\partial y}\Big|_{(x_0,y_0)}\Delta y$ 为函数 $z = f(x,y)$ 在点 (x_0,y_0) 处的**全微分**,记为 $\mathrm{d}z|_{(x_0,y_0)}$,即 $\mathrm{d}z|_{(x_0,y_0)} = \dfrac{\partial z}{\partial x}\Big|_{(x_0,y_0)}\Delta x + \dfrac{\partial z}{\partial y}\Big|_{(x_0,y_0)}\Delta y$. 这时也称函数 $z = f(x,y)$ 在点 (x_0,y_0) 处可微.

如果函数 $z = f(x,y)$ 在区域 D 内每一点都可微,则称它在区域 D 可微.

设 $z = f(x,y)$ 在区域 D 可微,则在 D 内任一点 (x,y) 处的全微分为

$$\mathrm{d}z = \frac{\partial z}{\partial x}\Delta x + \frac{\partial z}{\partial y}\Delta y. \tag{9.2.1}$$

定理 9.2.2 如果函数 $z = f(x,y)$ 在点 (x_0,y_0) 处可微,则它在点 (x_0,y_0) 处连续.

证明 由函数 $z = f(x,y)$ 在点 (x_0,y_0) 处可微,得

$$\Delta z = \frac{\partial z}{\partial x}\Big|_{(x_0,y_0)}\Delta x + \frac{\partial z}{\partial y}\Big|_{(x_0,y_0)}\Delta y + o(\rho).$$

所以 $\lim\limits_{\substack{\Delta x \to 0 \\ \Delta y \to 0}}\Delta z = 0$,即 $\lim\limits_{\substack{\Delta x \to 0 \\ \Delta y \to 0}}f(x_0 + \Delta x, y_0 + \Delta y) = f(x_0,y_0)$. 因此函数 $z = f(x,y)$ 在点 (x_0,y_0) 处连续.

定理 9.2.3 如果函数 $z = f(x,y)$ 的两个偏导数在点 (x,y) 处存在且连续,则函数 $z = f(x,y)$ 在该点处可微.

和一元函数类似,习惯上将自变量的增量 Δx 和 Δy 分别记作 $\mathrm{d}x$ 和 $\mathrm{d}y$,则式 9.2.1 又可写成

$$\mathrm{d}z = \frac{\partial z}{\partial x}\mathrm{d}x + \frac{\partial z}{\partial y}\mathrm{d}y. \tag{9.2.2}$$

类似地,以上关于二元函数全微分的定义及可微的条件,可以推广到三元函

数及三元以上函数.

$\boxed{例}$ **9.2.6** 求函数 $z = x^2 y^2$ 在点 $(2, -1)$ 处当 $\Delta x = 0.02, \Delta y = -0.01$ 时的全微分.

解　因为 $\dfrac{\partial z}{\partial x}\Big|_{(2,-1)} = 2xy^2\big|_{(2,-1)} = 4, \dfrac{\partial z}{\partial y}\Big|_{(2,-1)} = 2x^2 y\big|_{(2,-1)} = -8$, 所以

全微分 $dz\big|_{(2,-1)} = 4\Delta x + (-8)\Delta y = 4 \times 0.02 - 8 \times (-0.01) = 0.16$.

$\boxed{例}$ **9.2.7** 求函数 $z = e^{2x}\sin y$ 的全微分.

解　因为 $\dfrac{\partial z}{\partial x} = 2e^{2x}\sin y, \dfrac{\partial z}{\partial y} = e^{2x}\cos y$, 所以

$$dz = 2e^{2x}\sin y dx + e^{2x}\cos y dy = e^{2x}(2\sin y dx + \cos y dy).$$

$\boxed{例}$ **9.2.8** 求函数 $u = x^{yz}$ 的全微分.

解　因为 $\dfrac{\partial u}{\partial x} = yzx^{yz-1}, \dfrac{\partial u}{\partial y} = x^{yz}z\ln x, \dfrac{\partial u}{\partial z} = x^{yz}y\ln x$, 所以

$$du = yzx^{yz-1}dx + x^{yz}z\ln x dy + x^{yz}y\ln x dz.$$

由全微分的定义知, 函数 $z = f(x, y)$ 在点 (x_0, y_0) 处的全增量与全微分之差是一个比 ρ 高阶的无穷小, 因此当 $|\Delta x|$ 与 $|\Delta y|$ 都很小时, 全增量可以近似地用全微分代替, 即 $\Delta z \approx dz$.

在应用上式时, 常换成以下形式:

$$f(x_0 + \Delta x, y_0 + \Delta y) - f(x_0, y_0) \approx f_x(x_0, y_0)\Delta x + f_y(x_0, y_0)\Delta y$$

$$(9.2.3)$$

$$f(x_0 + \Delta x, y_0 + \Delta y) \approx f(x_0, y_0) + f_x(x_0, y_0)\Delta x + f_y(x_0, y_0)\Delta y$$

$$(9.2.4)$$

$\boxed{例}$ **9.2.9** 计算 $(1.04)^{2.02}$ 的近似值.

解　设 $f(x, y) = x^y$, 取 $x_0 = 1, \Delta x = 0.04, y_0 = 2, \Delta y = 0.02$, 则 $f(1, 2) = 1^2 = 1, f_x(1, 2) = yx^{y-1}\big|_{(1,2)} = 2, f_y(1, 2) = x^y\ln x\big|_{(1,2)} = 0$. 所以由式 9.2.4 得

$$(1.04)^{2.02} \approx f(1, 2) + f_x(1, 2)\Delta x + f_y(1, 2)\Delta y$$

$$= 1 + 2 \times 0.04 + 0 \times 0.02 = 1.08.$$

习题 9.2

1.求下列函数的偏导数.

(1) $z = x^4 + y^4 - 4x^2y^2$；　　　　　(2) $z = \sqrt{\ln(xy)}$；

(3) $z = xe^{x+2y}$；　　　　　　　　　(4) $z = \sin\dfrac{x}{y}$；

(5) $z = x^y$；　　　　　　　　　　　(6) $z = (2x - 3y + 2)^4$.

2.设 $f(x,y) = \sqrt{25 - x^2 - y^2}$，求 $f_x(2\sqrt{2},3),f_y(2\sqrt{2},3)$.

3.设 $f(x,y) = x - \ln(x - 2y)$，求 $f_x(1,1),f_y(1,0)$.

4.证明函数 $u = \ln\sqrt{x^2 + y^2}$ 满足方程：$\dfrac{\partial^2 u}{\partial x^2} + \dfrac{\partial^2 u}{\partial y^2} = 0$.

5.求函数 $z = e^{x+y}\cos(xy)$ 的全微分.

6.求函数 $z = x^2y^3$ 在点$(2,-1)$处的全微分.

§9.3　复合函数与隐函数微分法

9.3.1　复合函数的求导法则

　　多元复合函数求导法则又称链式法则.多元函数复合的情形比较复杂,下面以两个中间变量、两个自变量这种情形来描述多元复合函数的求导法则.

> **定理 9.3.1**　如果函数 $z = f(u,v)$ 在点 (u,v) 处可微,而函数 $u = \varphi(x,y),v = \psi(x,y)$ 在点 (x,y) 处都存在偏导数,则复合函数 $z = f(\varphi(x,y),\psi(x,y))$ 在点 (x,y) 处的两个偏导函数都存在,且有求导公式
>
> $$\frac{\partial z}{\partial x} = \frac{\partial z}{\partial u}\frac{\partial u}{\partial x} + \frac{\partial u}{\partial v}\frac{\partial v}{\partial x}, \tag{9.3.1}$$
>
> $$\frac{\partial z}{\partial y} = \frac{\partial z}{\partial u}\frac{\partial u}{\partial y} + \frac{\partial u}{\partial v}\frac{\partial v}{\partial y}. \tag{9.3.2}$$

　　定理的证明从略.上述公式称为链式求导公式,初学者可用函数的结构图

来帮助记忆. 复合函数 $z = f(\varphi(x,y), \psi(x,y))$ 的结构图如图 9.3.1 所示.

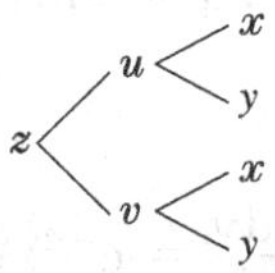

图 9.3.1　**两个中间变量、两个自变量的复合函数结构图**

从函数的结构图看到, 由 z 通过中间变量 u, v 到达 x 的途径有两条(其中, 路径 $z-u-x$ 表示 $\frac{\partial z}{\partial u} \cdot \frac{\partial u}{\partial x}$), 而式 9.3.1 中恰是两项的和.

复合函数的求导法则可以推广到自变量或中间变量多于两个的情形.

例如, $z = f(u, v, w)$, 式中, $u = \varphi(x), v = \psi(x,y), w = \omega(x,y)$, 则有

$$\frac{\partial z}{\partial x} = \frac{\partial z}{\partial u}\frac{\partial u}{\partial x} + \frac{\partial z}{\partial v}\frac{\partial v}{\partial x} + \frac{\partial z}{\partial w}\frac{\partial w}{\partial x}, \frac{\partial z}{\partial y} = \frac{\partial z}{\partial u}\frac{\partial u}{\partial y} + \frac{\partial z}{\partial v}\frac{\partial v}{\partial y} + \frac{\partial z}{\partial w}\frac{\partial w}{\partial y}.$$

例 9.3.1　设 $z = e^{xy}\sin(x+y)$, 求 $\frac{\partial z}{\partial x}, \frac{\partial z}{\partial y}$.

解　设 $u = xy, v = x+y$, 则 $z = e^u \sin v$. 由式 9.3.1, 式 9.3.2, 得

$$\frac{\partial z}{\partial x} = e^u \sin v \cdot y + e^u \cos v = e^u(y\sin v + \cos v)$$

$$= e^{xy}[y\sin(x+y) + \cos(x+y)],$$

$$\frac{\partial z}{\partial y} = e^u \sin v \cdot x + e^u \cos v = e^u(x\sin v + \cos v)$$

$$= e^{xy}[x\sin(x+y) + \cos(x+y)].$$

对于中间变量或自变量的其他形式, 只要弄清变量之间的关系, 画出函数结构图, 就可以写出类似于由式 9.3.1 和式 9.3.2 的链式求导公式.

设 $z = f(u, v)$, 而 $u = \varphi(t), v = \psi(t)$, 于是 $z = f(\varphi(t), \psi(t))$ 是 t 的一元函数.

由函数的结构图(图 9.3.2)不难得出

$$\frac{\mathrm{d}z}{\mathrm{d}t} = \frac{\partial z}{\partial u} \cdot \frac{\mathrm{d}u}{\mathrm{d}t} + \frac{\partial z}{\partial v} \cdot \frac{\mathrm{d}v}{\mathrm{d}t}, \tag{9.3.3}$$

$\frac{\mathrm{d}z}{\mathrm{d}t}$ 称为全导数.

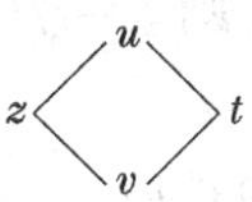

图 9.3.2　**两个中间变量、一个自变量的复合函数结构图**

例 9.3.2 设 $z = e^{x-2y}$，$x = \sin t$，$y = t^3$，求 $\dfrac{dz}{dt}$.

解 由公式 9.3.3,得

$$\frac{dz}{dt} = \frac{\partial z}{\partial u}\frac{du}{dt} + \frac{\partial z}{\partial y}\frac{dy}{dt} = e^{x-2y}\cos t - 2e^{x-2y} \cdot 3t^2$$

$$= e^{x-2y}(\cos t - 6t^2) = e^{\sin t - 2t^3}(\cos t - 6t^2).$$

例 9.3.3 设 $z = uv + \sin t$，$u = e^t$，$v = \cos t$，求 $\dfrac{dz}{dt}$.

解 $\dfrac{dz}{dt} = \dfrac{\partial z}{\partial u}\dfrac{du}{dt} + \dfrac{\partial z}{\partial v}\dfrac{dv}{dt} + \dfrac{\partial z}{\partial t} = ve^t - u\sin t + \cos t$

$\qquad = e^t\cos t - e^t\sin t + \cos t = e^t(\cos t - \sin t) + \cos t.$

例 9.3.4 设 $w = f(x,y,z) = e^{x^2+y^2+z^2}$，$z = y\sin x$，求 $\dfrac{\partial w}{\partial x}$.

解 复合函数结构图为

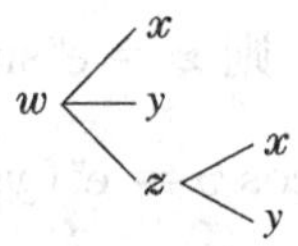

图 9.3.3 中间变量也是自变量的情形

(注意 x,y 既是中间变量,也是自变量)所以

$$\frac{\partial w}{\partial x} = \frac{\partial f}{\partial x}\frac{\partial x}{\partial x} + \frac{\partial w}{\partial z}\frac{\partial z}{\partial x} \left(\frac{\partial w}{\partial x} \text{ 与 } \frac{\partial f}{\partial x} \text{ 的含义不同}\right)$$

$$= 2xe^{x^2+y^2+z^2} + 2ze^{x^2+y^2+z^2}y\cos x$$

$$= 2e^{x^2+y^2+z^2}(x + yz\cos x).$$

应该指出,实质上 w 是两个变量 x,y 的函数,这里的 $\dfrac{\partial w}{\partial x}$ 是将 y 看作常数,

函数 w 对 x 求导,而 $\dfrac{\partial f}{\partial x}$ 是把 $w = f(x,y,z)$ 中的 y,z 看作常数对 x 求导.

例 9.3.5 设 $z = f(x^2+y^2, e^{xy})$，f 具有一阶连续偏导数,求 $\dfrac{\partial z}{\partial x}, \dfrac{\partial z}{\partial y}$.

解 设 $u = x^2+y^2$，$v = e^{xy}$，则 $z = f(u,v)$，函数的结构图如图 9.3.1 所示. 所以

$$\frac{\partial z}{\partial x} = \frac{\partial f}{\partial u}\frac{\partial u}{\partial x} + \frac{\partial f}{\partial v}\frac{\partial v}{\partial x} = 2x\frac{\partial f}{\partial u} + ye^{xy}\frac{\partial f}{\partial v},$$

$$\frac{\partial z}{\partial y} = \frac{\partial f}{\partial u}\frac{\partial u}{\partial y} + \frac{\partial f}{\partial v}\frac{\partial v}{\partial y} = 2y\frac{\partial f}{\partial u} + x\mathrm{e}^{xy}\frac{\partial f}{\partial v}.$$

为方便表达,引入以下记号

$$f_1 = \frac{\partial f}{\partial u}, f_2 = \frac{\partial f}{\partial v}, f_{12} = \frac{\partial^2 f}{\partial u \partial v}, \cdots$$

今后做这类题可不设 u, v, 直接求出

$$\frac{\partial z}{\partial x} = 2xf_1 + y\mathrm{e}^{xy}f_2, \frac{\partial z}{\partial y} = 2yf_1 + x\mathrm{e}^{xy}f_2.$$

9.3.2　隐函数的求导公式

在前面的内容中,已经给出了二元隐函数的求导方法,但没有给出隐函数的一般求导公式. 在隐函数存在的前提下,根据多元复合函数的求导法则,可导出隐函数的一般求导公式.

1. 二元方程所确定的一元隐函数

设二元方程 $F(x, y) = 0$ 唯一确定的隐函数 $y = y(x)$, 如果 F_x, F_y 连续,且 $F_y \neq 0$, 则把 $y = y(x)$ 代回 $F(x, y) = 0$ 中,得恒等式

$$F(x, y(x)) \equiv 0.$$

两边对 x 求导,有

$$\frac{\partial F}{\partial x} + \frac{\partial F}{\partial y} \cdot \frac{\mathrm{d}y}{\mathrm{d}x} = 0, \ \text{即} \ F_x + F_y \cdot \frac{\mathrm{d}y}{\mathrm{d}x} = 0,$$

从而有

$$\frac{\mathrm{d}y}{\mathrm{d}x} = -\frac{F_x}{F_y}. \tag{9.3.4}$$

式(9.3.4)为一元隐函数 $y = y(x)$ 的求导公式.

例 9.3.6　设函数 $y = y(x)$ 由方程 $y^3 + y - x^2 = 0$ 确定,求 $\dfrac{\mathrm{d}y}{\mathrm{d}x}\big|_{x=0}$.

解　令 $F(x, y) = y^3 + y - x^2$. 于是 $F_x = -2x, F_y = 3y^2 + 1$, 且 $F_y \neq 0$, 由式(9.3.4)有

$$\frac{\mathrm{d}y}{\mathrm{d}x} = -\frac{F_x}{F_y} = \frac{2x}{3y^2 + 1}.$$

当 $x = 0$ 时,由方程 $y^3 + y - x^2 = 0$ 得 $y = 0$, 所以 $\dfrac{\mathrm{d}y}{\mathrm{d}x}\big|_{x=0} = 0.$

2. 三元方程所确定的二元隐函数

设三元方程 $F(x,y,z)=0$ 确定隐函数 $z=f(x,y)$，如果 F_x,F_y,F_z 连续，且 $F_z\neq 0$，则把 $z=f(x,y)$ 代回方程 $F(x,y,z)=0$ 中，得恒等式

$$F(x,y,z(x,y))\equiv 0$$

两边分别对 x,y 求导，有

$$\frac{\partial F}{\partial x}+\frac{\partial F}{\partial z}\cdot\frac{\partial z}{\partial x}=0,\frac{\partial F}{\partial y}+\frac{\partial F}{\partial z}\cdot\frac{\partial z}{\partial y}=0,$$

则不难得出隐函数的两个求导公式，即

$$\frac{\partial z}{\partial x}=-\frac{F_x}{F_z},\frac{\partial z}{\partial y}=-\frac{F_y}{F_z}. \tag{9.3.5}$$

例 9.3.7 已知 $x^2+y^2+z^2=4z$，求 $\dfrac{\partial z}{\partial x},\dfrac{\partial z}{\partial y}$.

解 令 $F(x,y,z)=x^2+y^2+z^2-4z$，则 $F_x=2x,F_y=2y,F_z=2(z-2)$，所以 $\dfrac{\partial z}{\partial x}=-\dfrac{2x}{2(z-2)}=-\dfrac{x}{z-2},\dfrac{\partial z}{\partial y}=-\dfrac{2y}{2(z-2)}=-\dfrac{y}{z-2}.$

习题 9.3

1. 求下列函数的偏导数.

(1) $z=u^2-v^2+uv$，而 $u=\sin t,v=t^2$，求 $\dfrac{\mathrm{d}z}{\mathrm{d}t}$；

(2) $z=\arctan(uv)$，其中 $u=x+y,v=x-y$；

(3) $z=\arcsin(x+y+u)$，其中 $u=xy$；

(4) $z=f(x^2-y^2,xy)$.

2. 求函数 $z=\mathrm{e}^{u-2v}$ 的全导数，其中 $u=\sin t,v=t^2$.

3. 求由方程 $\cos(xy)=3$ 确定的函数 $y(x)$ 的导数 $\dfrac{\mathrm{d}y}{\mathrm{d}x}$.

4. 求由方程 $\cos^2 x+\cos^2 y+\cos^2 z=1$ 确定的函数 $z=z(x,y)$ 的偏导数.

5. 求由方程 $xz=\ln\dfrac{z}{y}$ 确定的函数 $z=z(x,y)$ 的偏导数.

§9.4* 偏导数的几何应用

已知平面光滑曲线 $y = f(x)$ 在点 (x_0, y_0) 处有切线方程为 $y - y_0 = f'(x_0)(x - x_0)$，相应的法线方程为 $y - y_0 = -\dfrac{(x - x_0)}{f'(x_0)}(f'(x_0) \neq 0)$.

若平面光滑曲线方程为 $F(x, y) = 0$，则由 $\dfrac{\mathrm{d}y}{\mathrm{d}x} = -\dfrac{F_x}{F_y}$ 可以得到在点 (x_0, y_0) 处有：

切线方程 $F_x(x_0, y_0)(x - x_0) + F_y(x_0, y_0)(y - y_0) = 0$，

法线方程 $F_y(x_0, y_0)(x - x_0) - F_x(x_0, y_0)(y - y_0) = 0$.

9.4.1 空间曲线的切线和法平面

设 M_0 是空间曲线 Γ 上的一点，M 是 Γ 上与 M_0 邻近的点. 当点 M 沿 Γ 趋于点 M_0 时，若割线 M_0M 存在极限位置 M_0T，则称 M_0T 为曲线 Γ 在点 M_0 处的**切线**，如图 9.4.1 所示. 过点 M_0 与 M_0T 垂直的平面 Π，称为曲线 Γ 在点 M_0 处的**法平面**.

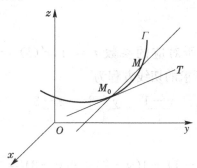

图 9.4.1

设空间曲线 Γ 的参数方程为
$$\begin{cases} x = \varphi(t), \\ y = \psi(t), (t \text{ 为参数}), \\ z = \omega(t) \end{cases}$$

点 $M_0(x_0, y_0, z_0)$ 对应的参数 $t = t_0$，即 $x = \varphi(t_0), y = \psi(t_0), z = \omega(t_0)$，点 $M(x_0 + \Delta x, y_0 + \Delta y, z_0 + \Delta z)$ 对应的参数 $t = t_0 + \Delta t$，割线 M_0M 的方向向量

为 $\overrightarrow{M_0M} = (\Delta x, \Delta y, \Delta z)$,则割线 M_0M 的方程为

$$\frac{x - x_0}{\Delta x} = \frac{y - y_0}{\Delta y} = \frac{z - z_0}{\Delta z}.$$

各式分母同除以 Δt,得

$$\frac{x - x_0}{\dfrac{\Delta x}{\Delta t}} = \frac{y - y_0}{\dfrac{\Delta y}{\Delta t}} = \frac{z - z_0}{\dfrac{\Delta z}{\Delta t}}.$$

现设 $\varphi(t), \psi(t), \omega(t)$ 在 t_0 处可导,且导数 $\varphi'(t), \psi'(t), \omega'(t)$ 不同时为 0,则当 $\Delta t \to 0$ 时,割线 M_0M 存在极限方程为

$$\frac{x - x_0}{\varphi'(t_0)} = \frac{y - y_0}{\psi'(t_0)} = \frac{z - z_0}{\omega'(t_0)}.$$

曲线 Γ 在点 M_0 处切线的方向向量 $(\varphi'(t), \psi'(t), \omega'(t))$ 称为 Γ 在点 M_0 处的**切向量**.

Γ 在点 M_0 处的法平面以 $(\varphi'(t), \psi'(t), \omega'(t))$ 为法向量,根据平面方程的点法式,可得法平面方程为

$$\varphi'(t)(x - x_0) + \psi'(t)(y - y_0) + \omega'(t)(z - z_0) = 0.$$

例 9.4.1 求曲线 $x = t, y = 2t^2, z = 3t^3$ 在点 $(1, 2, 3)$ 处的切线及法平面方程.

解 点 $(1, 2, 3)$ 所对应的参数 $t = 1, x'(1) = 1, y'(1) = 4t = 4$, $z'(1) = 9t^2 = 9$,故所求的切线方程为

$$\frac{x - 1}{1} = \frac{y - 2}{4} = \frac{z - 3}{9},$$

法平面方程为

$$(x - 1) + 4(y - 2) + 9(z - 3) = 0,$$

即

$$x + 4y + 9z - 36 = 0.$$

9.4.2 曲面的切平面和法线

通过曲面 Σ 上一点 $M_0(x_0, y_0, z_0)$,在曲面上可以作无数条曲线,若每一条曲线在点 $M_0(x_0, y_0, z_0)$ 处都有一条切线,可以证明这些切线落在同一个平面上,称该平面为曲面 Σ 上一点 M_0 处的切平面.过 $M_0(x_0, y_0, z_0)$ 与切平

面垂直的直线称为曲面 Σ 在点 M_0 处的法线,如图 9.4.2 所示.

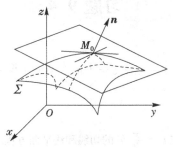

图 9.4.2

设曲面 Σ 的方程为 $F(x,y,z)=0$,$M_0(x_0,y_0,z_0)$ 是曲面 Σ 上的一点. 可以证明向量
$$\boldsymbol{n}=(F_x(x_0,y_0,z_0),F_y(x_0,y_0,z_0),F_z(x_0,y_0,z_0))$$
可以作为曲面 Σ 在点 M_0 处的法线的方向向量,从而也可以作为曲面 Σ 在点 M_0 处的切平面的法向量.

因此,曲面 Σ 在点 M_0 处的切平面方程为
$$F_x(x_0,y_0,z_0)(x-x_0)+F_y(x_0,y_0,z_0)(y-y_0)+F_z(x_0,y_0,z_0)(z-z_0)=0,$$
在点 M_0 处的法线方程为
$$\frac{x-x_0}{F_x(x_0,y_0,z_0)}=\frac{y-y_0}{F_y(x_0,y_0,z_0)}=\frac{z-z_0}{F_z(x_0,y_0,z_0)}.$$

例 9.4.2　求球面 $x^2+y^2+z^2=9$ 上一点 $(1,2,2)$ 处的切平面和法线方程.

解　令 $F(x,y,z)=x^2+y^2+z^2-9$,则
$$F_x=2x,F_y=2y,F_z=2z.$$

于是球面在 $(1,2,2)$ 处的切平面的法向量为 $(2x,2y,2z)\,|_{(1,2,2)}=(2,4,4)$,切平面方程为
$$2(x-1)+4(y-2)+4(z-2)=0,$$
即
$$x+2y+2z-9=0,$$
法线方程为
$$\frac{x-1}{2}=\frac{y-2}{4}=\frac{z-2}{4},$$
即
$$\frac{x-1}{1}=\frac{y-2}{2}=\frac{z-2}{2}.$$

习题 9.4

1. 求曲线 $x = t - \sin t, y = 1 - \cos t, z = 4\sin\dfrac{t}{2}$ 在点 $(\dfrac{\pi}{2} - 1, 1, 2\sqrt{2})$ 处的切线与法平面方程.

2. 求曲线 $\begin{cases} x = t - \cos t, \\ y = t + \sin t, \\ z = t\sin t \end{cases}$ 在 $t = \dfrac{\pi}{2}$ 处的切线和法平面方程.

3. 求曲线 $x = t, y = t^2, z = t^3$ 上一点,使该点处的切线平行于平面 $x + 2y + z = 4$.

4. 求椭球面 $x^2 + 2y^2 + z^2 = 1$ 上平行于平面 $x - y + 2z = 0$ 的切平面方程.

5. 求曲面 $z = \dfrac{x^2}{2} - y^2$ 的切平面方程,使它垂直于已知直线 $\dfrac{x-1}{-1} = \dfrac{y}{2} = \dfrac{z-2}{2}$.

§9.5　多元函数极值

9.5.1　多元函数极值

随着现代工业、农业、国防科学技术的迅速发展,在工程技术、科学研究、经济管理等各个领域都会遇到大量的最优化问题,其中的很多问题都可以归结为多元函数的极值问题.

在一元函数中,我们可以用导数来求极值. 现在以二元函数为例,讨论如何利用偏导数来求多元函数的极值.

1. 极值的定义及求法

> **定义 9.5.1**　设函数 $z = f(x, y)$ 在点 $P_0(x_0, y_0)$ 的某一邻域内有定义. 如果对于该邻域内异于 P_0 的任意点 $P(x, y)$,都有 $f(x, y) < f(x_0, y_0)$,则称函数 $z = f(x, y)$ 在点 $P_0(x_0, y_0)$ 处有极大值 $f(x_0, y_0)$;如果都有 $f(x, y) > f(x_0, y_0)$,则称函数 $z = f(x, y)$ 在点 $P_0(x_0, y_0)$ 处有极小值 $f(x_0, y_0)$. 极大值和极小值统称为**极值**,使函数取得极值的点称为**极值点**.

例如,函数 $z = 3x^2 + 4y^2$ 在 $(0, 0)$ 处有极小值 $f(0, 0) = 0$,因为对于点

$(0,0)$ 的任一邻域内异于 $(0,0)$ 的点 (x,y)，都有 $f(x,y) > 0 = f(0,0)$；函数 $z = \sqrt{1 - x^2 - y^2}$ 在点 $(0,0)$ 处有极大值 $f(0,0) = 1$，因为对于点 $(0,0)$ 附近的任意点 (x,y)，都有 $f(x,y) < 1 = f(0,0)$.

> **定理 9.5.1（极值存在的必要条件）**　如果函数 $z = f(x,y)$ 在点 $P_0(x_0,y_0)$ 处取得极值，且 $P_0(x_0,y_0)$ 处的两个偏导数都存在，则
> $$f_x(x_0,y_0) = 0, f_y(x_0,y_0) = 0.$$

与一元函数类似，我们把使 $f_x(x_0,y_0) = 0, f_y(x_0,y_0) = 0$ 同时成立的点 (x_0,y_0) 称为 $f(x,y)$ 的驻点，但驻点不一定是极值点.

> **定理 9.5.2（极值存在的充分条件）**　设函数 $z = f(x,y)$ 在点 $P_0(x_0,y_0)$ 的某个邻域内连续，有一阶及二阶连续偏导数，且 $f_x(x_0,y_0) = 0, f_y(x_0,y_0) = 0$.
>
> 令 $A = f_{xx}(x_0,y_0), B = f_{xy}(x_0,y_0), C = f_{yy}(x_0,y_0)$，则
>
> ① 当 $B^2 - AC < 0$ 时，函数 $z = f(x,y)$ 在 $P_0(x_0,y_0)$ 处有极值，且当 $A < 0$ 时，$f(x_0,y_0)$ 是极大值，$A > 0$ 时，$f(x_0,y_0)$ 是极小值；
>
> ② 当 $B^2 - AC > 0$ 时，$f(x_0,y_0)$ 不是极值；
>
> ③ 当 $B^2 - AC = 0$ 时，函数 $z = f(x,y)$ 在 $P_0(x_0,y_0)$ 处可能有极值，也可能没有极值.

由上面的两个定理，可得出具有二阶连续偏导数的函数 $z = f(x,y)$ 的求极值的步骤：

① 求驻点，即解方程组 $\begin{cases} f_x(x,y) = 0, \\ f_y(x,y) = 0, \end{cases}$ 求出所有驻点 (x_i,y_i)，$i = 1,2,\cdots,n$；

② 对每个驻点 (x_i,y_i)，$i = 1,2,\cdots,n$，求 $z = f(x,y)$ 的二阶偏导数在对应点处的二阶偏导数值 A,B,C，由 $B^2 - AC$ 的符号判断驻点是否为极值点；

③ 求极值点的函数值.

例 9.5.1　求函数 $z = x^3 - 4x^2 + 2xy - y^2$ 的极值.

解　$f_x(x,y) = 3x^2 - 8x + 2y, f_y(x,y) = 2x - 2y$.

解方程组 $\begin{cases} f_x(x,y) = 3x^2 - 8x + 2y = 0, \\ f_y(x,y) = 2x - 2y = 0, \end{cases}$ 求得驻点为 $(0,0)$ 及 $(2,2)$.

$z = f(x,y)$ 的二阶偏导数为 $f_{xx}(x,y) = 6x - 8, f_{xy}(x,y) = 2,$
$f_{yy}(x,y) = -2.$

在 $(0,0)$ 处有 $A = -8, B = 2, C = -2, B^2 - AC = -12 < 0$,所以
$f(0,0) = 0$ 为函数的极大值;

在 $(2,2)$ 处有 $A = 4, B = 2, C = -2, B^2 - AC = 12 > 0$,所以点 $(2,2)$
不是极值点.

2. 最大值和最小值

由连续函数性质可知,如果函数 $z = f(x,y)$ 在有界闭区域 D 上连续,则
$f(x,y)$ 在 D 上一定有最大值和最小值. 在此种情况下,求函数 $z = f(x,y)$
在 D 内所有驻点的函数值及 D 的边界上的最大值和最小值,取这些函数值
中的最大值和最小值就是所求的最大值和最小值. 在解决实际问题时,如果
根据问题的性质,知道函数 $f(x,y)$ 在 D 内一定有最大值(或最小值),而函
数在 D 内只一个驻点,则可以肯定该驻点处的函数值就是函数 $f(x,y)$ 在 D
上的最大值(或最小值)

例 9.5.2 现要做一个体积是 $2\,m^3$ 的有盖长方体水箱,问:长、宽、
高取怎样的尺寸时,才能用料最省?

解 设长方体的长、宽、高分别为 x, y, z,表面积为 S,则 $S = 2(xy + xz + yz)$.
由于 $xyz = 2$,即 $z = \dfrac{2}{xy}$,所以 $S = 2(xy + \dfrac{2}{x} + \dfrac{2}{y})(x > 0, y > 0)$,表面积

S 是 x 和 y 的二元函数. 令 $\begin{cases} \dfrac{\partial S}{\partial x} = 2(y - \dfrac{2}{x^2}) = 0, \\ \dfrac{\partial S}{\partial y} = 2(x - \dfrac{2}{y^2}) = 0, \end{cases}$ 解这方程组得唯一驻

点 $(\sqrt[3]{2}, \sqrt[3]{2})$.

根据实际问题的性质,水箱所用材料的最小值一定存在,并在区域 D 内
部取得,而函数在 D 内只有唯一驻点,即在驻点 $x = \sqrt[3]{2}\,m, y = \sqrt[3]{2}\,m$ 处,此时
$z = \sqrt[3]{2}\,m$,表面积取最小值(用料最省).

解题时,一定要确认驻点是否唯一,实际问题中最小(大)值是否存在. 若
驻点不唯一,需另作判断.

9.5.2 条件极值

在许多实际问题中,求极值时,其自变量常常受一些条件的限制. 如例 9.5.2 中,自变量 x,y 要受条件 $xyz=2$ 约束,这类问题称为条件极值问题. 而自变量在定义域内未受任何限制的极值问题称为无条件极值问题.

约束条件比较简单,条件极值可以化为无条件极值问题来处理. 如例 9.5.2, 从约束条件中 $xyz=2$ 解出 $z=\dfrac{2}{xy}$,代入三元函数 $S=2(xy+xz+yz)$ 中, 便化为二元函数 $S=2\left(xy+\dfrac{2}{x}+\dfrac{2}{y}\right)$ 的无条件极值问题. 但是,将一般的条件极值问题直接转化为无条件极值往往是比较困难的. 下面介绍一种直接求条件极值的方法——拉格朗日乘数法.

为方便起见,仅就二元函数而言,求 $z=f(x,y)$ 在约束条件 $\varphi(x,y)=0$ 下的极值的步骤如下.

①构造辅助函数 $F(x,y)=f(x,y)+\lambda\varphi(x,y)$,式中 λ 为待定常数;

②解方程 $\begin{cases} F_x=0, \\ F_y=0, \\ \varphi(x,y)=0, \end{cases}$ 即 $\begin{cases} f_x(x,y)+\lambda\varphi_x(x,y)=0, \\ f_y(x,y)+\lambda\varphi_y(x,y)=0, \\ \varphi(x,y)=0, \end{cases}$ 求出可能的极

值点 (x_0,y_0). 这一点在实际问题中往往就是所求的极值点.

例 9.5.3 求表面积为 a^2 而体积为最大的长方体的体积.

解 设长方体的体积为 V,三棱长分别为 x,y,z,则问题就是求函数 $V=xyz\,(x>0,y>0,z>0)$ 在约束条件 $\varphi(x,y,z)=2xy+2yz+2xz-a^2$ 下的最大值.

构造辅助函数 $F(x,y,z)=xyz+\lambda\varphi(x,y,z)$,

解方程 $\begin{cases} F_x=0, \\ F_y=0, \\ F_z=0, \\ \varphi(x,y,z)=0, \end{cases}$ 即 $\begin{cases} yz+2\lambda(y+z)=0, \\ xz+2\lambda(x+z)=0, \\ xy+2\lambda(y+x)=0, \\ 2xy+2yz+2xz-a^2=0. \end{cases}$

由此解得 $x=y=z$,带入最后一个方程解得 $x=y=z=\dfrac{\sqrt{6}}{6}a$.

这是唯一的驻点,因为问题本身有最大值,所以这一驻点就是本问题的

解.即表面积为 a^2 的长方体中,以棱长为 $\frac{\sqrt{6}}{6}a$ 的正方体的体积为最大,且最大的体积为 $\frac{\sqrt{6}}{36}a^3$.

习题 9.5

1.求下列函数的极值.

  (1) $z = x^3 + y^3 - 9xy + 27$;　　　　(2) $z = x^2 + (y-1)^2$;

  (2) $z = xy + \frac{50}{x} + \frac{20}{y}$, $(x > 0, y > 0)$;　　(4) $z = 4(x-y) - x^2 - y^2$.

2.求函数 $z = xy$ 在 $x - y = 1$ 条件下的极值.

3.求内接于半径为 a 的球的长方体,当其体积最大时的长宽高各是多少?

4.制作一个容积为 V 的无盖圆柱形容器,容器的高和底半径各为多少时,所用材料最省?

相关阅读

从一首古诗引入偏导数概念

　　宋代著名文学家苏轼曾畅游庐山,留有名诗《题西林壁》:横看成岭侧成峰,远近高低各不同.不识庐山真面目,只缘身在此山中.诗的前两句描述了庐山不同的形态变化:庐山横看绵延逶迤,崇山峻岭连绵不绝;侧看则峰峦起伏,奇峰突起,耸入云端.从远处和近处不同的方位看庐山,所看到的山色和气势各不相同.后两句即景说理,谈游山的体会.为什么不能辨认庐山的真实面目呢?因为身在庐山之中,视野为庐山的峰峦所局限,看到的只是庐山的一峰一岭一丘一壑,局部而已,这必然带有片面性.游山所见如此,观察世上事物也常如此.由于人们所处的地位不同,看问题的出发点不同,对客观事物的认识难免有一定的片面性.因此,要认识事物的真相与全貌,必须超越狭小的范围,摆脱主观成见.

　　下面,我们从数学的角度来对这首诗进行理解和分析.假设太阳直射庐山上方,因庐山山体总面积仅 302 平方公里,相对于地球表面来说非常小,则庐山在海平面上的投影可近似看作平面.在投影区域内,选择一点作为坐标原点,即可建立三维空间坐标系,不妨以沿经度线指向南极的方向为 x 轴正方向,沿纬度线指向东方的方向为 y 轴正方向,沿竖直向上方向为 z 轴正方向.确立空间坐标系后,假设庐山山体表面的每个点对应的坐标都知道,则可以近似得到山体表面对应的函数表达式

$$z = f(x,y) \tag{1}$$

从《高级汉语词典》中关于"岭"和"峰"的解释,可以看出"峰"要比"岭"更高、更陡.一元函数

$$y = f(x)$$

在 x_0 处的导数 $f'(x_0)$ 可以表示相应曲线在点 x_0 处切线的倾斜程度,即陡峭程度.

"横看成岭侧成峰",也即相对于庐山上的同一个观测点,不同的角度看到的效果也不一样,有些角度看起来较为平缓,有些角度则较为陡峭.为更好地用数学的方式来刻画这种感官的差距,与一元函数的导数的几何意义类似,我们引入偏导数的概念.

庐山南北长、东西窄,呈南北走向,故而苏轼所言的"横看"表示站在庐山东部或者西部看,但看到的是庐山的南北走向的一个剖面,而"侧看"表示站在山南部或山北部看,看到的是庐山东西走向的一个剖面.在知道庐山表面函数的表达式(1)的基础之上,对于庐山表面某点 $M_0(x_0,y_0,z_0)$,站在庐山东部或西部横看的时候,此时看到的是山体函数(1)在 $y = y_0$ 固定时的一个剖面.利用一元函数导数的几何意义可以得到

$$z = f(x,y_0)$$

对 x 的导数

$$z'_x = f_x(x,y_0), \tag{2}$$

即表示所见剖面陡峭程度的数学描述.为了和一元函数导数区分,(2)式也记作

$$\frac{\partial z}{\partial x}\Big|_{(x_0,y_0)} = \frac{\partial f(x,y_0)}{\partial x}\Big|_{x=x_0} = f_x(x_0,y_0).$$

类似地,站在庐山山南或山北侧看时,观察庐山表面同一点 $M_0(x_0,y_0,z_0)$ 处的情况,看到的是山体函数(1)在 $x = x_0$ 固定时的一个剖面,并且可得反映山体沿纬度线陡峭程度的数学描述

$$\frac{\partial z}{\partial y}\Big|_{(x_0,y_0)} = \frac{\partial f(x_0,y)}{\partial y}\Big|_{y=y_0} = f_y(x_0,y_0).$$

即从数学上来看,观察同样一个点 M,因为观察角度不同,从 y 轴的方向感觉到的要比从 x 轴的方向感觉到的要更加陡峭,因而就会产生"横看成岭侧成峰"的效果. 如果扩展观测点便可以得到偏导数的概念:

$$\frac{\partial z}{\partial x} = \frac{\partial f(x,y)}{\partial x}, \frac{\partial z}{\partial y} = \frac{\partial f(x,y)}{\partial y}.$$

(摘自《高等数学研究》,2011 年第 4 期,曹宏举,从一首古诗引入偏导数的概念)

复习题 9

1. 判断题.

(1)若函数 $f(x,y)$ 在 (x_0, y_0) 处的两个偏导数都存在,则 $f(x,y)$ 在 (x_0, y_0) 处连续. (　　)

(2)若 $\lim\limits_{\substack{x\to 0 \\ y=kx}} f(x,y) = A$,则 $\lim\limits_{\substack{x\to 0 \\ y\to 0}} f(x,y) = A$. (　　)

(3)若 $\dfrac{\partial^2 z}{\partial x \partial y}$,$\dfrac{\partial^2 z}{\partial y \partial x}$ 在区域 D 内连续,则 $\dfrac{\partial^2 z}{\partial x \partial y} = \dfrac{\partial^2 z}{\partial y \partial x}$. (　　)

(4)二元函数的极值点一定是驻点.(　　)

(5)一切多元初等函数在其定义域内都是连续的.(　　)

2. 填空题.

(1)函数 $z = \dfrac{1}{\sqrt{x^2 + y^2 - 1}}$ 的定义域是＿＿＿＿＿.

(2)$\lim\limits_{\substack{x\to 0 \\ y\to 2}} \dfrac{y\sin(xy)}{x} = $ ＿＿＿＿＿,$\lim\limits_{\substack{x\to 0 \\ y\to 0}} (1+xy)^{\frac{1}{y}} = $ ＿＿＿＿＿.

(3)函数 $z = (3x + 2y)^5 - 1$ 的全微分是＿＿＿＿＿.

(4)设 $z = \sin(xy)$,则 $z_x(1,0) = $ ＿＿＿＿＿,$z_y(1,0) = $ ＿＿＿＿＿,$dz = $ ＿＿＿＿＿.

*(5)曲面 $4 - z = x^2 + y^2$ 在点 $P(0,1,3)$ 处的切平面方程＿＿＿＿＿,法线方程＿＿＿＿＿.

3. 求下列函数的偏导数.

(1) $z = \dfrac{y}{\sqrt{x^2 + y^2}}$;　　　　　　(2) $w = x^{yz}$.

4. 已知 $z = \arctan(xy)$,而 $y = \mathrm{e}^x$,求 $\dfrac{\mathrm{d}z}{\mathrm{d}x}$.

5. 已知 $z = \ln(u^2 + v^2)$,而 $u = \mathrm{e}^{x-y}$,$v = \sin(x+y)$,求 $\dfrac{\partial z}{\partial x}$,$\dfrac{\partial z}{\partial y}$.

6. 设函数 $z = z(x,y)$ 由方程 $x^2 + y^2 + z^2 = xf\left(\dfrac{y}{x}\right)$ 确定,求 $\dfrac{\partial z}{\partial x}$.

7.求下列函数的全微分.

(1) $z = x \ln y$; (2) $z = e^t \cos \theta$; (3) $r = \dfrac{1}{s+t}$.

8.设 $z = x^2 - xy + y^2$,若 (x,y) 从 $(-1,2)$ 变为 $(-1.05,2.03)$,比较 $\mathrm{d}z$ 和 Δz 的值.

*9.求曲线 $x = t - \sin t, y = 1 - \cos t, z = 4\sin\dfrac{t}{2}$ 在点 $M\left(\dfrac{\pi}{2} - 1, 1, 2\sqrt{2}\right)$ 处的切线及法平面方程.

10.求体积一定而表面积最小的长方体的长宽高各是多少?

扫一扫,获取参考答案

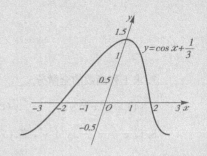

第10章 多元函数的积分学

一元函数定积分是某种形式的和式极限,在实际问题中有广泛的应用.但由于其积分范围是数轴上的区间,所以只能计算与一元函数及其相应区间有关的量.

在解决实际问题时,一般需要计算定义在某一范围内多元函数特定形式的和式极限,这就需要对定积分的概念加以推广.

当被积函数是多元函数,积分范围是平面或者空间区域时,这样的积分就是重积分.重积分与定积分虽然有所不同,但本质上是一致的,都是通过"分割、近似代替、求和、取极限"的步骤来完成,也就是它们都是所谓的黎曼(Riemann)积分.

曲线积分也是定积分概念的推广,把被积函数从一元函数推广到多元函数,把积分范围从一个闭区间推广到一段曲线,就得到曲线积分的概念.

为了解决实际问题,本章将定积分的概念推广,阐述二重积分、三重积分、曲线积分的概念并讨论其计算方法.

§10.1 二重积分的定义与性质

10.1.1 两个典型例题

 **10.1.1** 求曲顶柱体的体积 V.

设以空间连续曲面 $z=f(x,y)(z\geqslant 0)$ 为顶,以在 xOy 平面上的有界闭区域 D 为底,以 D 的边界曲线为准线,母线平行于 z 轴的柱面为侧面,构成的几何体称为曲顶柱体,如图 10.1.1 所示.那么,如何计算这个空间立体的体积呢?

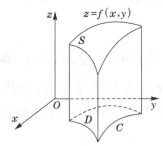

图 10.1.1　曲顶柱体

首先,当柱体顶与底面平行即柱体是平顶柱体时,其体积计算公式为

$$体积 V =底面积×高.$$

而对于曲顶柱体,其高度 $f(x,y)$ 是个变量,因此计算它的体积不能直接用上面公式来计算.但是,可以仿照求曲边梯形面积的思想方法来求此曲顶柱体的体积 V.

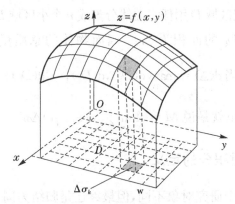

图 10.1.2　曲顶柱体分割图

如图 10.1.2 所示,用任意曲线把 D 分割成 n 个小区域 $D_1,D_2,\cdots,D_n$,记小区域 D_k 的面积为 $\Delta\sigma_k$.以 D_k 的边界为准线作平行 z 轴的柱面,将原曲顶柱体分割成以 D_k 为底的 n 个小曲顶柱体,其体积记为 ΔV_k.这 n 个小曲顶柱体的体积之和就是原曲顶柱体的体积,即

$$V = \sum_{k=1}^{n} \Delta V_k.$$

在小区域 D_k 上任取一点 $P_k(\xi_k, \eta_k)$，以 $f(\xi_k, \eta_k)$ 为高作 D_k 上的一个平顶柱体. 由于函数 $z = f(x, y)$ 具有连续性，当小区域 D_k 很小时，每个小曲顶柱体的体积可近似地看作 D_k 上以 $f(\xi_k, \eta_k)$ 为高的平顶柱体的体积，即 $\Delta V_k \approx f(\xi_k, \eta_k)\Delta\sigma_k$. 这 n 个小平顶柱体的体积之和应该是原曲顶柱体体积 V 的近似值，即

$$V = \sum_{k=1}^{n} \Delta V_k \approx \sum_{k=1}^{n} f(\xi_k, \eta_k)\Delta\sigma_k.$$

显然，当区域 D 的分法 Δ 越来越细时，也就是 D_k 的直径 $d(D_k) = \max\{|P_1 - P_2|; P_1, P_2 \in D_k\}$ 充分小时，上述近似值的误差就可以任意小，因此，记

$$d(\Delta) = \max\{d(D_1), d(D_2), \cdots, d(D_k)\}.$$

则这个空间立体的体积 $V = \lim_{d(\Delta)\to 0} \sum_{k=1}^{n} f(\xi_k, \eta_k)\Delta\sigma_k.$

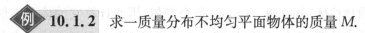 **10.1.2** 求一质量分布不均匀平面物体的质量 M.

设有质量连续分布在一个平面区域 D 上的物体，它的密度是连续函数 $\rho = \rho(x, y)$. 我们把区域 D 用任意曲线分割成 n 个小区域 $D_1, D_2, \cdots, D_n$，同例 10.1.1，记小区域 D_k 的面积为 $\Delta\sigma_k$，因而物体的总质量 M 就近似地等于 $\sum_{k=1}^{n} \rho(\xi_k, \eta_k)\Delta\sigma_k$，且当 $d(\Delta) = \max\{d(D_1), d(D_2), \cdots, d(D_k)\} \to 0$，上式将会趋近于物体的质量 M，也就是说 $M = \lim_{d(\Delta)\to 0} \sum_{k=1}^{n} \rho(\xi_k, \eta_k)\Delta\sigma_k.$

10.1.2　二重积分的定义

虽然上述两例中研究对象不同，但最终还是归结为同一种类型的极限问题. 在物理、力学、工程技术等领域还会遇到大量同样的问题，因此我们有必要对例 10.1.1 和例 10.1.2 结果的极限形式加以研究，抽象出共同的数学本质，为此引入二重积分的定义.

定义 10.1.1　设二元函数 $f(x,y)$ 在有界闭区域 D 上有定义,用曲线网将 D 分成 n 个小区域:$D_1,D_2,\cdots,D_n$,分别用 $\Delta\sigma_k,d_k$ 表示小区域 D_k 的面积和直径,在 D_k 上任取一点 $P_k(\xi_k,\eta_k),k=1,2,\cdots,n$,作乘积 $f_k(\xi_k,\eta_k)\Delta\sigma_k$,将这些乘积相加得和式 $\sum\limits_{k=1}^{n}f(\xi_k,\eta_k)\Delta\sigma_k$,记 $d=\max\limits_{1\leqslant k\leqslant n}\{d_k\}$. 若极限 $\lim\limits_{d\to 0}\sum\limits_{k=1}^{n}f(\xi_k,\eta_k)\Delta\sigma_k$ 存在,且极限值与区域 D 的分法及点 P_k 的选取无关,称函数 $f(x,y)$ 在区域 D 可积,这个极限值为函数 $f(x,y)$ 在区域 D 上的**二重积分**,记作

$$\iint\limits_{D}f(x,y)\mathrm{d}\sigma=\lim\limits_{d\to 0}\sum\limits_{k=1}^{n}f(\xi_k,\eta_k)\Delta\sigma_k.$$

其中,D 称为积分区域,$f(x,y)$ 称为**被积函数**,$f(x,y)\mathrm{d}\sigma$ 称为**被积表达式**,$\mathrm{d}\sigma$ 称为**面积微元**,$\iint$ 称为**二重积分号**.

注意:(1)二重积分的几何意义:当 $f(x,y)\geqslant 0$ 且连续时,$\iint\limits_{D}f(x,y)\mathrm{d}\sigma$ 表示以 x 为底,以 $f(x,y)$ 为顶面的曲顶柱体的体积.

(2)由于 $\iint\limits_{D}f(x,y)\mathrm{d}\sigma$ 与区域 D 的分割方式无关,所以常采用特殊的分割方式:分别取平行于 x 轴和 y 轴的两组垂直线来分割积分区域 D, 这时小区域 D_n 是一些矩形,其面积 $\Delta\sigma_i=\Delta x_i\cdot\Delta y_i$,因此,面积元素 $\mathrm{d}\sigma=\mathrm{d}x\cdot\mathrm{d}y$. 即二重积分 $\iint\limits_{D}f(x,y)\mathrm{d}\sigma$ 在平面直角坐标系下可写作 $\iint\limits_{D}f(x,y)\mathrm{d}x\mathrm{d}y$.

按照上述定义,例 10.1.1 的曲顶柱体体积 $V=\iint\limits_{D}f(x,y)\mathrm{d}x\mathrm{d}y$. 不难想象,当 y 有正负时,$\iint\limits_{D}f(x,y)\mathrm{d}x\mathrm{d}y$ 表示区域 D 上在 xOy 坐标平面之上的曲顶柱体体积减去 xOy 坐标平面之下的曲顶柱体体积,这也是二重积分的另一几何意义. 同理,例 10.1.2 的平面物体的质量 M 是其密度函数 $\rho(x,y)$ 的二重积分,即 $M=\iint\limits_{D}\rho(x,y)\mathrm{d}x\mathrm{d}y$.

下面不加证明地给出二元函数可积的充分条件与必要条件.

> **定理 10.1.1** 函数 $f(x,y)$ 在有界闭区域 D 可积,则 $f(x,y)$ 在 D 上有界.
>
> **定理 10.1.2** 函数 $f(x,y)$ 在有界闭区域 D 连续,则函数 $f(x,y)$ 可积.
>
> **定理 10.1.3** 若函数 $f(x,y)$ 在有界闭区域 D 有界,间断点只分布在有限条光滑曲线段上,则函数 $f(x,y)$ 在 D 上可积.

10.1.3 二重积分的基本性质

与一元函数定积分类似,二重积分有如下一些性质,其证法与定积分相应性质的证法相同.

> **性质 10.1.1** 常数因子可以从积分号里提出来,即
> $$\iint\limits_D kf(x,y)\mathrm{d}\sigma = k\iint\limits_D f(x,y)\mathrm{d}\sigma \,(k \in \mathbf{R}).$$
>
> **性质 10.1.2** 函数代数和的积分等于函数积分的代数和,即
> $$\iint\limits_D [f_1(x,y)\pm f_2(x,y)]\mathrm{d}\sigma = \iint\limits_D f_1(x,y)\mathrm{d}\sigma \pm \iint\limits_D f_2(x,y)\mathrm{d}\sigma.$$
>
> **性质 10.1.3** 若函数 $f(x,y)\equiv 1$,则 $\iint\limits_D 1\mathrm{d}\sigma = \sigma$,其中 σ 表示有界闭区域 D 的面积.
>
> **性质 10.1.4(积分的区域可加性)** 若 D 由两个没有公共内点的有界闭区域 D_1 和 D_2 所构成(图 10.1.3),那么
> $$\iint\limits_D f(x,y)\mathrm{d}\sigma = \iint\limits_{D_1} f(x,y)\mathrm{d}\sigma + \iint\limits_{D_2} f(x,y)\mathrm{d}\sigma.$$

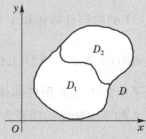

图 10.1.3 有界闭区域 D

性质 10.1.5(积分的保序性)　若有界闭区域 D 上,有 $f_1(x,y)\leqslant$ $f_2(x,y)$,则

$$\iint\limits_D f_1(x,y)\,\mathrm{d}\sigma\leqslant\iint\limits_D f_2(x,y)\,\mathrm{d}\sigma.$$

性质 10.1.6　若有界闭区域 D 上,有 $m\leqslant f(x,y)\leqslant M$,则

$$m\sigma\leqslant\iint\limits_D f(x,y)\,\mathrm{d}\sigma\leqslant M\sigma.$$

性质 10.1.7(积分的绝对可积性)　若函数 $f(x,y)$ 在有界闭区域 D 上可积,则 $|f(x,y)|$ 在 D 上可积,且

$$\left|\iint\limits_D f(x,y)\,\mathrm{d}\sigma\right|\leqslant\iint\limits_D |f(x,y)|\,\mathrm{d}\sigma.$$

性质 10.1.8(二重积分中值定理)　若函数 $f(x,y)$ 在有界闭区域 D 上连续,则至少存在一点 $(\xi,\eta)\in D$,使 $\iint\limits_D f(x,y)\,\mathrm{d}\sigma=f(\xi,\eta)\sigma$.

例 10.1.3　比较积分 $I_1=\iint\limits_D(x+y)\,\mathrm{d}\sigma,I_2=\iint\limits_D(x+y)^2\,\mathrm{d}\sigma$ 的大小,其中 D 是由直线 $x=0,y=0,x+y=\dfrac{1}{2}$ 和 $x+y=1$ 围成的区域.

解　对任意点 $(x,y)\in D$,均有 $\dfrac{1}{2}\leqslant x+y\leqslant 1$,从而有 $0<(x+y)^2\leqslant$ $x+y$,故由二重积分的性质得 $I_2\leqslant I_1$.

例 10.1.4　估计二重积分 $I=\iint\limits_D(x^2+4y^2+9)\,\mathrm{d}\sigma$ 的值,D 是圆域 $x^2+y^2\leqslant 4$.

解　被积函数 $f(x,y)=x^2+4y^2+9$ 在区域 D 上可能的最值点满足

$$\begin{cases}\dfrac{\partial f}{\partial x}=2x=0,\\[2mm]\dfrac{\partial f}{\partial y}=8y=0,\end{cases}$$
解得 $(0,0)$ 是驻点,且 $f(0,0)=9$.

$f(x,y)=x^2+4(4-x^2)+9=25-3x^2(-2\leqslant x\leqslant 2)$,从而在边界上可以取到的最大值为 $f(0,2)=25$,最小值为 $f(\pm 2,0)=13$. 故有 $9\leqslant$ $f(x,y)\leqslant 25$,于是有 $9\times 4\pi\leqslant I\leqslant 25\times 4\pi$,即 $36\pi\leqslant I\leqslant 100\pi$.

习题 10.1

1. 用二重积分表示出以下曲顶柱体的体积.

   (1) 以曲面 $z = xy$ 为顶,以闭区域 D 为底,其中 D 是矩形闭区域 $0 \leqslant x \leqslant 1, 0 \leqslant y \leqslant 1$;

   (2) 以曲面 $z = \sin(x+y)$ 为顶,以闭区域 D 为底,其中 D 由圆 $x^2 + y^2 = 2$ 围成.

2. 利用二重积分的几何意义说明以下性质.

   (1) $\iint\limits_{D} d\sigma = \sigma$, 其中 σ 表示 D 的面积;

   (2) 若有界闭区域 D 上有 $m \leqslant f(x, y) \leqslant M$, 则 $m\sigma \leqslant \iint\limits_{D} f(x, y) d\sigma \leqslant M\sigma$;

   (3) $\iint\limits_{D} f(x, y) d\sigma = \iint\limits_{D_1} f(x, y) d\sigma + \iint\limits_{D_2} f(x, y) d\sigma$, 区域 D 由两个没有公共内点的有界闭区域 D_1 和 D_2 所构成, $D = D_1 \bigcup D_2$.

3. 根据二重积分的性质,比较下列积分大小.

   (1) $\iint\limits_{D} (x+y)^2 d\sigma$ 与 $\iint\limits_{D} (x+y)^3 d\sigma$, 其中积分区域 D 由 x 轴、y 轴与直线 $x+y=1$ 围成;

   (2) $\iint\limits_{D} (x+y)^2 d\sigma$ 与 $\iint\limits_{D} (x+y)^3 d\sigma$, 其中积分区域 D 由圆 $(x-2)^2 + (y-1)^2 = 2$ 围成.

4. 分别利用二重积分性质估计下列积分值.

   (1) $I = \iint\limits_{D} (x+y) d\sigma$, 其中 D 是由 x 轴、y 轴与直线 $x+y=1$ 围成的闭区域;

   (2) $I = \iint\limits_{D} xy(x+y) d\sigma$, 其中 D 是矩形闭区域 $0 \leqslant x \leqslant 1, 0 \leqslant y \leqslant 1$.

§10.2 二重积分的计算

二重积分的定义本身就提供了一种计算二重积分的方法,即求和式的极限. 但是,在具体运用这个方法时,却常常由于过于复杂,难以达到目的. 因此,我们还需要探求二重积分的实际可行的计算方法——将二重积分转化为累次积分即两次定积分来计算.

10.2.1 利用直角坐标系计算二重积分

根据二重积分的几何意义,通过计算曲顶柱体的体积,可找到二重积分化成二次积分的方法. 下面,我们先根据曲顶柱体的体积来说明如何实现这种转化.

设曲顶柱体的曲顶是连续曲面 $z = f(x,y)$，柱体的底面是平面 xOy 上（图 10.2.1）的有界闭区域 $D = \{(x,y) \mid a \leqslant x \leqslant b; y_1(x) \leqslant y \leqslant y_2(x)\}$，这里 a,b 分别是 D 的边界曲线在轴上投影的左右端点，而连续曲线 $y = y_1(x), y = y_2(x)$ 分别是 D 的下上方边界曲线. 图 10.2.1 中三种类型的区域称为 **X 型区域**，其特点是：垂直于 x 轴的直线 $x = x_0 (a < x_0 < b)$ 与 D 的边界至多相交于两个点.

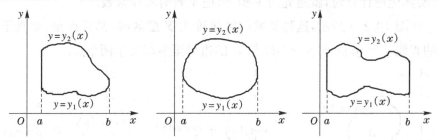

图 10.2.1　X 型区域

设在 $[a,b]$ 上任取固定的点 x_0，于是平面 $x = x_0$ 切割曲顶柱体所得截面便是以连续曲线 $z = f(x_0, y), (y_1(x_0) \leqslant y \leqslant y_2(x_0))$ 为曲边的一曲边梯形，如图 10.2.2 所示. 曲边梯形的面积 A 可由定积分 $A = \displaystyle\int_{y_1(x_0)}^{y_2(x_0)} f(x_0, y) \mathrm{d}y$ 表示.

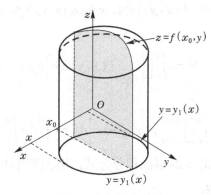

图 10.2.2　曲顶柱体

很显然，当 x_0 在区间 $[a,b]$ 变动时，A 是 x_0 的函数，记作 $A(x_0)$，不妨把 x_0 仍记做 x，此时在 x 处的截面面积 $A(x) = \displaystyle\int_{y_1(x)}^{y_2(x)} f(x,y) \mathrm{d}y. A(x)\mathrm{d}x$ 是曲顶柱体中一个薄片体积微元，因此根据微元法，所求曲顶柱体体积 V 可以看作由这样的薄片体积从 $x = a$ 到 $x = b$ 的无限累加而成，即

$$V = \int_a^b A(x) \mathrm{d}x = \int_a^b \int_{y_1(x)}^{y_2(x)} f(x,y) \mathrm{d}y \mathrm{d}x,$$

从而有

$$\iint\limits_{D} f(x,y)\mathrm{d}\sigma = \int_a^b \int_{y_1(x)}^{y_2(x)} f(x,y)\mathrm{d}y\mathrm{d}x.$$

右端常常记为 $\int_a^b \mathrm{d}x \int_{y_1(x)}^{y_2(x)} f(x,y)\mathrm{d}y$，这就是先对 y 后对 x 的累次积分公式．实际应用计算时，就是先对 y 积分，把 x 暂时看作常数．

如图 10.2.3 所示，这种类型的区域称为 **Y 型区域**，其特点是：垂直于 y 轴的直线 $y = y_0 (c < y_0 < d)$ 与 D 的边界至多相交于两个点．

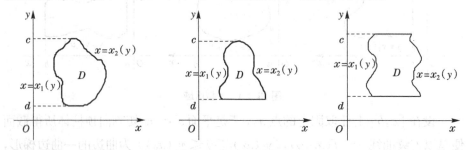

图 10.2.3　Y 型区域

它们可表示为 $D = \{(x,y) \mid c \leqslant y \leqslant d; x_1(y) \leqslant x \leqslant x_2(y)\}$，同样可得曲顶柱体体积

$$V = \int_c^d \left[\int_{x_1(y)}^{x_2(y)} f(x,y)\mathrm{d}x \right]\mathrm{d}y ,$$

从而有

$$\iint\limits_{D} f(x,y)\mathrm{d}\sigma = \int_c^d \left[\int_{x_1(y)}^{x_2(y)} f(x,y)\mathrm{d}x \right]\mathrm{d}y = \int_c^d \mathrm{d}y \int_{x_1(y)}^{x_2(y)} f(x,y)\mathrm{d}x.$$

这就是先对 x 后对 y 的累次积分公式．实际应用计算时，就是先对 x 积分，把 y 暂时看作常数．

例 10.2.1 计算 $\iint\limits_{D} xy\mathrm{d}x\mathrm{d}y$，其中 D 是由直线 $x = 2, y = 1$ 和 $y = x$ 围成的区域．

解法 1 作积分区域 D 的图形，如图 10.2.4 所示．将 D 表示成 X 型区域，D 上横坐标的变动范围为 $[1,2]$，在 $(1,2)$ 内任取一点 x，过 x 作与 y 轴平行的直线穿过积分区域 D，从直线 $y = 1$ 穿进，从直线 $y = x$ 穿出，故积分区域 $D = \{(x,y) \mid 1 \leqslant x \leqslant 2; 1 \leqslant y \leqslant x\}$；将二重积分化成相应的

二次积分,即

$$\iint\limits_{D} xy\mathrm{d}x\mathrm{d}y = \int_1^2 \mathrm{d}x \int_1^x xy\mathrm{d}y = \int_1^2 \left(\frac{x^3}{2} - \frac{x}{2}\right)\mathrm{d}x = \frac{9}{8}.$$

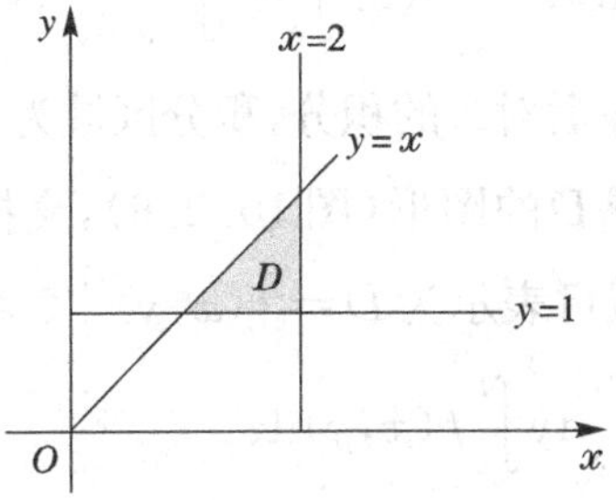

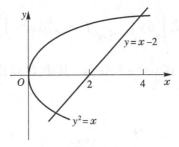

图 10.2.4

解法 2　将 D 表示成 Y 型区域, D 上纵坐标的变动范围为 $[1,2]$, 在 $(1,2)$ 内任取一点 y, 过 y 作与 x 轴平行的直线穿过积分区域 D, 从直线 $x = y$ 穿进,从直线 $x = 2$ 穿出,故积分区域 $D = \{(x,y) \mid 1 \leqslant y \leqslant 2; y \leqslant x \leqslant 2\}$; 将二重积分化成相应的二次积分,即

$$\iint\limits_{D} xy\mathrm{d}x\mathrm{d}y = \int_1^2 \mathrm{d}y \int_y^2 xy\mathrm{d}x = \int_1^2 \left(2y - \frac{y^3}{2}\right)\mathrm{d}y = \left(y^2 - \frac{y^4}{8}\right)\Big|_1^2 = \frac{9}{8}.$$

例 10.2.2　计算 $\iint\limits_{D} xy\mathrm{d}x\mathrm{d}y$, 其中 D 是由抛物线 $y^2 = x$ 和直线 $y = x - 2$ 围成的区域.

图 10.2.5

解　画出积分区域,如图 10.2.5 所示. 将 D 表示成 Y 型区域

$$D = \{(x,y) \mid -1 \leqslant y \leqslant 2; y^2 \leqslant x \leqslant y+2\},$$

故

$$\iint\limits_{D} xy\mathrm{d}x\mathrm{d}y = \int_{-1}^2 \mathrm{d}y \int_{y^2}^{y+2} xy\mathrm{d}x = \int_{-1}^2 \left[\frac{y(y+2)^2}{2} - \frac{y^5}{2}\right]\mathrm{d}y = \frac{45}{8}.$$

例 10.2.3 交换积分次序.

(1) $\int_0^1 \mathrm{d}x \int_0^x f(x,y)\mathrm{d}y$;   (2) $\int_0^1 \mathrm{d}y \int_{-\sqrt{1-y^2}}^{\sqrt{1-y^2}} f(x,y)\mathrm{d}x$.

解 (1) 式为先对 y 后对 x 的积分,积分区域为 $D = \{(x,y) \mid 0 \leqslant x \leqslant 1;$ $0 \leqslant y \leqslant x\}$,作积分区域 D 的图形(图 10.2.6),交换积分次序后应为先对 y 后对 x 的积分,积分区域可表示为 $D = \{(x,y) \mid 0 \leqslant y \leqslant 1; y \leqslant x \leqslant 1\}$,因此 $\int_0^1 \mathrm{d}x \int_0^x f(x,y)\mathrm{d}y = \int_0^1 \mathrm{d}y \int_y^1 f(x,y)\mathrm{d}x$.

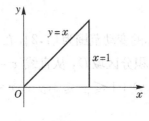

图 10.2.6

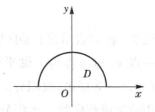

图 10.2.7

(2)式为先对 x 后对 y 的积分,积分区域为 $D = \{(x,y) \mid 0 \leqslant y \leqslant 1;$ $-\sqrt{1-y^2} \leqslant x \leqslant \sqrt{1-y^2}\}$,作积分区域 D 的图形(图 10.2.7),交换积分次序后应为先对 y 后对 x 的积分,积分区域可表示为 $D = \{(x,y) \mid -1 \leqslant x \leqslant 1;$ $0 \leqslant y \leqslant \sqrt{1-x^2}\}$,因此 $\int_0^1 \mathrm{d}y \int_{-\sqrt{1-y^2}}^{\sqrt{1-y^2}} f(x,y)\mathrm{d}x = \int_{-1}^1 \mathrm{d}x \int_0^{\sqrt{1-x^2}} f(x,y)\mathrm{d}y$.

例 10.2.4 计算 $\iint\limits_D x^2 \mathrm{e}^{-y^2} \mathrm{d}x\mathrm{d}y$,其中 D 是由直线 $x = 0, y = 1$ 和 $y = x$ 围成的区域.

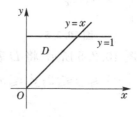

图 10.2.8

解 作积分区域 D 的图形(图 10.2.8),将 D 表示成 Y 型区域 $D =$

$\{(x,y) \mid 0 \leqslant y \leqslant 1; 0 \leqslant x \leqslant y\}$，则

$$\iint\limits_{D} x^2 e^{-y^2} dxdy = \int_0^1 dy \int_0^y x^2 e^{-y^2} dx = \frac{1}{3} \int_0^1 y^3 e^{-y^2} dy = \frac{1}{6} - \frac{1}{3e}.$$

但若将 x 表示成 X 型区域 $D = \{(x,y) \mid 0 \leqslant x \leqslant 1; x \leqslant y \leqslant 1\}$，则

$$\iint\limits_{D} x^2 e^{-y^2} dxdy = \int_0^1 dx \int_x^1 x^2 e^{-y^2} dy.$$ 由于 e^{-y^2} 的原函数不能表示为初等函数，因此不能由此法得二重积分值.

由上述例子可见，在化二重积分为累次积分时，为了计算简便，必须选择恰当的累次积分的次序，不仅要考虑积分区域的形状，而且还要考虑被积函数的特性.

10.2.2　利用极坐标系计算二重积分

对于有些二重积分，积分区域的边界曲线用极坐标方程来表示比较方便，被积函数用极坐标变量 r, θ 来表达比较简单，这时就可考虑用极坐标来计算.

下面介绍利用极坐标系将二重积分化成二次积分的方法. 取极点 O 为直角坐标系的原点，极轴为 x 轴，则直角坐标与极坐标之间的变换公式为

$$\begin{cases} x = r\cos\theta, \\ y = r\sin\theta. \end{cases}$$

由此，被积函数化为极坐标形式为

$$f(x,y) = f(r\cos\theta, r\sin\theta).$$

下面求极坐标系下的面积元素 $d\sigma$.

假设从极点 O 出发且通过区域 D 内部的射线与区域 D 的交点不多于两点，用一簇以极点为圆心的同心圆（$r =$ 常量）和一簇从极点出发的射线（$\theta =$ 常量）将区域分成若干个小闭区域，如图 10.2.9 所示. 这些小区域的面积

$$\Delta \sigma_i = \frac{1}{2}(r_i + \Delta r_i)\Delta\theta_i - \frac{1}{2} r_i^2 \Delta\theta_i = \frac{1}{2}(2r_i + \Delta r_i)\Delta r_i \Delta\theta_i$$

$$= \frac{r_i + (r_i + \Delta r_i)}{2}\Delta r_i \Delta\theta_i = \overline{r_i}\Delta r_i \Delta\theta_i.$$

其中，$\overline{r_i}$ 表示相邻两圆弧半径的平均值.

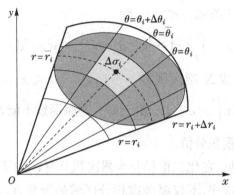

图 10.2.9　区域分割

在小区域 $\Delta\sigma_i$ 上取点 $(\overline{r_i},\overline{\theta_i})$，设该点直角坐标为 $(\overline{\xi_i},\overline{\eta_i})$，则直角坐标与极坐标的关系有

$$\overline{\xi_i}=\overline{r_i}\cos\overline{\theta_i},\overline{\eta_i}=\overline{r_i}\sin\overline{\theta_i},$$

于是

$$\lim_{\lambda\to0}\sum_{i=1}^{n}f(\xi_i,\eta_i)\Delta\sigma_i=\lim_{\lambda\to0}\sum_{i=1}^{n}f(\overline{r_i}\cos\overline{\theta_i},\overline{r_i}\sin\overline{\theta_i})\cdot\overline{r_i}\Delta r_i\Delta\theta_i.$$

这样，直角坐标系下的二重积分化为极坐标系下的二重积分为

$$\iint\limits_{D}f(x,y)\mathrm{d}x\mathrm{d}y=\iint\limits_{D}f(r\cos\theta,r\sin\theta)r\mathrm{d}r\mathrm{d}\theta.$$

其中，$r\mathrm{d}r\mathrm{d}\theta$ 称为极坐标系中的面积元素.

极坐标下二重积分的计算，仍要化成二次积分. 下面介绍先对 r 再对 θ 积分的方法.

(1)极点在区域 D 之外(图 10.2.10).

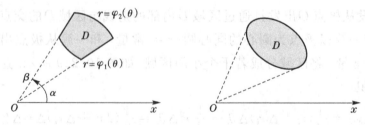

图 10.2.10　极点在区域 D 之处

这时，区域 D 可表示为 $\varphi_1(\theta)\leqslant r\leqslant\varphi_2(\theta),\alpha\leqslant\theta\leqslant\beta$，则有

$$\iint\limits_{D}f(r\cos\theta,r\sin\theta)r\mathrm{d}r\mathrm{d}\theta=\int_{\alpha}^{\beta}\mathrm{d}\theta\int_{\varphi_1(\theta)}^{\varphi_2(\theta)}f(r\cos\theta,r\sin\theta)r\mathrm{d}r.$$

（2）极点在区域 D 的边界上（图 10.2.11）.

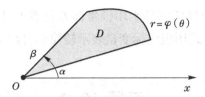

图 10.2.11　极点在区域 D 的边界上

这时，区域 D 可表示为 $0 \leqslant r \leqslant \varphi(\theta)$，$\alpha \leqslant \theta \leqslant \beta$，则有

$$\iint\limits_{D} f(r\cos\theta, r\sin\theta) r\mathrm{d}r\mathrm{d}\theta = \int_{\alpha}^{\beta} \mathrm{d}\theta \int_{0}^{\varphi(\theta)} f(r\cos\theta, r\sin\theta) r\mathrm{d}r$$

（3）极点在积分区域 D 之内（图 10.2.12）.

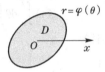

图 10.2.12　极点在区域 D 之内

这时，区域 D 可表示为 $0 \leqslant r \leqslant \varphi(\theta)$，$0 \leqslant \theta \leqslant 2\pi$，则有

$$\iint\limits_{D} f(r\cos\theta, r\sin\theta) r\mathrm{d}r\mathrm{d}\theta = \int_{0}^{2\pi} \mathrm{d}\theta \int_{0}^{\varphi(\theta)} f(r\cos\theta, r\sin\theta) r\mathrm{d}r$$

区域 D_1 可表示为 $0 \leqslant r \leqslant \varphi(\theta)$，$0 \leqslant \theta \leqslant \pi$，区域 D_2 可表示为 $0 \leqslant r \leqslant \varphi(\theta)$，$\pi \leqslant \theta \leqslant 2\pi$，也可类似地写出相应二次积分.

例 10.2.5　计算 $\iint\limits_{D} \sqrt{x^2 + y^2}\,\mathrm{d}x\mathrm{d}y$，其中区域

$$D = \{(x,y) \mid x^2 + y^2 \leqslant 1\}.$$

解　作极坐标变换，$y = y_1(x)$，将圆域 x 变换为 $D' = \{(r,\theta) \mid 0 \leqslant r \leqslant 1, 0 \leqslant \theta \leqslant 2\pi\}$，于是得

$$\iint\limits_{D} \sqrt{x^2 + y^2}\,\mathrm{d}x\mathrm{d}y = \int_{0}^{2\pi} \mathrm{d}\theta \int_{0}^{1} r^2\,\mathrm{d}r = \frac{2\pi}{3}.$$

例 10.2.6　计算 $\iint\limits_{D} \mathrm{e}^{-(x^2+y^2)}\,\mathrm{d}\sigma$，$D = \{(x,y) \mid x^2 + y^2 \leqslant a^2\}$（$a > 0$）.

解　作极坐标变换，$y = y_1(x)$，将圆域 x 变换为矩形区域 $D' = \{(r,\theta) \mid 0 \leqslant r \leqslant a, 0 \leqslant \theta \leqslant 2\pi\}$，于是得

$$\iint\limits_{D} \mathrm{e}^{-(x^2+y^2)}\,\mathrm{d}\sigma = \int_{0}^{2\pi} \mathrm{d}\theta \int_{0}^{a} \mathrm{e}^{-r^2} r\mathrm{d}r = 2\pi\left(-\frac{1}{2}\mathrm{e}^{-r^2}\bigg|_{0}^{a}\right) = \pi(1 - \mathrm{e}^{-a^2}).$$

使用极坐标变换计算二重积分的原则：

(1)积分区域的边界曲线易于用极坐标方程表示(比如圆弧)；

(2)被积函数表示式用极坐标变量表示较简单(含 $(x^2+y^2)^a$, a 为实数).

习题 10.2

1.计算下列各累次积分.

(1) $\displaystyle\int_0^2 \mathrm{d}x \int_0^{\sqrt{x}} \mathrm{d}y$；

(2) $\displaystyle\int_2^4 \mathrm{d}x \int_x^{2x} \frac{y}{x} \mathrm{d}y$；

(3) $\displaystyle\int_1^2 \mathrm{d}y \int_0^{\ln y} \mathrm{e}^x \mathrm{d}x$；

(4) $\displaystyle\int_0^{\frac{\pi}{4}} \mathrm{d}\theta \int_0^1 r^2 \sin\theta \mathrm{d}r$.

2.画出下列二重积分的积分区域并计算.

(1) $\displaystyle\iint\limits_{D} \mathrm{e}^{x+y} \mathrm{d}\sigma, D：|x| \leqslant 1, |y| \leqslant 1$；

(2) $\displaystyle\iint\limits_{D} \left(\frac{x}{y}\right)^2 \mathrm{d}\sigma, D$ 由 $y=x, xy=1, x=2$ 围成；

(3) $\displaystyle\iint\limits_{D} (x^2+y^2) \mathrm{d}\sigma, D：|x|+|y| \leqslant 1$；

(4) $\displaystyle\iint\limits_{D} \frac{\sin y}{y} \mathrm{d}\sigma, D$ 由 $y=x, x=0, y=\frac{\pi}{2}, y=\pi$ 围成；

(5) $\displaystyle\iint\limits_{D} (x-1)y\mathrm{d}\sigma, D$ 是由曲线 $y=(x-1)^2$ 与直线 $y=1, y=1-x$ 围成的区域；

(6) $\displaystyle\iint\limits_{D} (3x+2y) \mathrm{d}\sigma, D$ 是由两条坐标轴及直线 $x+y=2$ 围成的闭区域；

(7) $\displaystyle\iint\limits_{D} x\sqrt{y}\mathrm{d}\sigma, D$ 是由两条抛物线 $y=x^2, y=\sqrt{x}$ 围成的闭区域；

(8) $\displaystyle\iint\limits_{D} xy^2 \mathrm{d}\sigma, D$ 是由圆周 $x^2+y^2=4$ 及 y 轴围成的右半闭区域.

3.交换下列积分次序.

(1) $\displaystyle\int_0^1 \mathrm{d}y \int_0^y f(x,y) \mathrm{d}x$；

(2) $\displaystyle\int_0^2 \mathrm{d}x \int_x^{2x} f(x,y) \mathrm{d}y$；

(3) $\displaystyle\int_1^e \mathrm{d}x \int_0^{\ln x} f(x,y) \mathrm{d}y$；

(4) $\displaystyle\int_0^1 \mathrm{d}y \int_{-\sqrt{1-y^2}}^{\sqrt{1-y^2}} f(x,y) \mathrm{d}x$.

4.利用极坐标计算下列二重积分.

(1) $\displaystyle\iint\limits_{D} \mathrm{e}^{x^2+y^2} \mathrm{d}\sigma$, 其中 D 是圆形闭区域 $x^2+y^2=4$；

(2) $\displaystyle\iint\limits_{D} \sqrt{x^2+y^2} \mathrm{d}\sigma$, 其中 D 是环形闭区域 $a^2 \leqslant x^2+y^2 \leqslant b^2$.

§ 10.3* 三重积分

10.3.1 三重积分的概念

为建立三重积分的概念,我们先来求非均匀物体的质量.

例 10.3.1 设 Ω 是一个三维空间中可求体积的有界物体,其在点 $R(x,y,z) \in \Omega$ 处的体密度是三元连续函数 $\rho = \rho(x,y,z)$,求 Ω 的质量 m.

解 因为 Ω 的质量分布不均匀,所以不能直接用密度乘以体积的公式来计算 Ω 的总质量. 那么如何计算 m 呢?

首先把 Ω 以任意方式化成 n 个小区域 $\Omega_1,\Omega_2,\cdots,\Omega_n$,记 Ω_k 的体积为 ΔV_k. 在 Ω_k 上任取一点 $P_k(\varepsilon_k,\eta_k,\xi_k)$,由于在 Ω 上连续,以点 ρ_k 处的密度 $\rho_k(\varepsilon_k,\eta_k,\xi_k)$ 作为在 Ω_k 处密度的近似值,于是 Ω_k 的质量 $\Delta m_k \approx \rho_k(\varepsilon_k,\eta_k,\xi_k)\Delta V_k$,空间物体 Ω 的总质量

$$m = \sum_{k=1}^{n} \Delta m_k \approx \sum_{k=1}^{n} \rho_k(\varepsilon_k,\eta_k,\xi_k)\Delta V_k.$$

若记 $\mathrm{d}(\Delta) = \max\{\mathrm{d}(\Omega_1),\mathrm{d}(\Omega_2),\cdots,\mathrm{d}(\Omega_n)\}$,显然 $\mathrm{d}(\Delta)$ 越小,上述和数越接近于总质量 m. 于是空间物体 Ω 的总质量应该是

$$m = \lim_{\mathrm{d}(\Delta)\to 0} \sum_{k=1}^{n} \rho_k(\varepsilon_k,\eta_k,\xi_k)\Delta V_k.$$

如果撇开上述等式的物理意义,仅仅讨论这一和式的极限,这就是三重积分的定义:

> **定义 10.3.1** 设三元函数 $f(x,y,z)$ 在可求体积的有界闭域 $\Omega(\subset \mathbf{R}^3)$ 有定义,用分法 Δ 将 Ω 分成 n 个小区域:$\Omega_1,\Omega_2,\cdots,\Omega_n$,设它们的体积分别是 $\Delta V_1,\Delta V_2,\cdots,\Delta V_n$,任取一点 $\rho_k(\varepsilon_k,\eta_k,\xi_k) \in \Omega_k$,$k = 1,2,\cdots,n$,作和式(称为函数 $f(x,y,z)$ 在 Ω 上的积分和)
>
> $$\sum_{k=1}^{n} f(\varepsilon_k,\eta_k,\xi_k)\Delta V_k.$$

记 $d(\Delta) = \max\{d(\Omega_1), d(\Omega_2), \cdots, d(\Omega_n)\}$. 若极限 $\lim\limits_{d(\Delta) \to 0} \sum\limits_{k=1}^{n} f(\varepsilon_k, \eta_k, \xi_k) \Delta V_k$ 存在, 且与分法 Δ 及 P_k 的取法无关, 称函数 $f(x, y, z)$ 在区域 Ω 上可积, 并且把这个极限值称为函数 $f(x, y, z)$ 在 Ω 上的**三重积分**, 记作

$$\iiint\limits_{\Omega} f(x, y, z) \mathrm{d}V = \lim\limits_{d(\Delta) \to 0} \sum\limits_{k=1}^{n} f(\varepsilon_k, \eta_k, \xi_k) \Delta V_k.$$

其中 Ω 称为积分区域, $f(x, y, z)$ 称为**被积函数**, $f(x, y, z) \mathrm{d}V$ 称为**被积表达式**, $\mathrm{d}V$ 称为**体积微元**, $\iiint$ 称为三重积分符号.

在直角坐标系中, 如果用平行于坐标面的平面来分割 Ω, 那么除了包含边界点的一些不规则小区域外, 得到的小区域 Ω_i 为长方体, 设小长方体的长宽高分别为 $\Delta x_i, \Delta y_i, \Delta z_i$, 则 $\Delta V_i = \Delta x_i \Delta y_i \Delta z_i$. 因此在直角坐标系中, 有时把体积元素 $\mathrm{d}V$ 记为 $\mathrm{d}x\mathrm{d}y\mathrm{d}z$, 三重积分记为

$$\iiint\limits_{\Omega} f(x, y, z) \mathrm{d}V = \iiint\limits_{\Omega} f(x, y, z) \mathrm{d}x\mathrm{d}y\mathrm{d}z.$$

其中, $\mathrm{d}x\mathrm{d}y\mathrm{d}z$ 称作直角坐标系下的体积元素.

按照上述三重积分定义, 例 10.3.1 中三维空间的密度不均匀物体的质量 m 应为其密度函数 $\rho(x, y, z)$ 的三重积分, 即

$$m = \lim\limits_{d(\Delta) \to 0} \sum\limits_{k=1}^{n} \rho(\varepsilon_k, \eta_k, \xi_k) \Delta V_k = \iiint\limits_{\Omega} \rho(x, y, z) \mathrm{d}V$$

采用与二重积分相类似的方法, 可以证明三重积分存在的充要条件, 且二重积分的性质可以推广到三重积分上, 这里不再一一表述与证明.

10.3.2　三重积分的计算

三重积分可化为三次积分计算, 下面介绍三重积分化为三次积分的方法.

如图 10.3.1 所示, 空间闭区域 Ω 在 xOy 面上的投影区域为 D_{xy}, 过 D_{xy} 上任意一点, 作平行于 z 轴的直线穿过 Ω 内部, 与 Ω 边界曲面相交不多于两点. 亦即, Ω 的边界曲面可分为上、下两部分曲面:

$$S_1 : z = z_1(x, y), \quad S_2 : z = z_2(x, y).$$

其中 $z_1(x,y), z_2(x,y)$ 在 D_{xy} 上连续,并且 $z_1(x,y) \leqslant z_2(x,y)$.

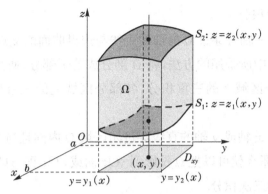

图 10.3.1　三重积分

如何计算三重积分 $\iiint\limits_{\Omega} f(x,y,z)\mathrm{d}V$ 呢?

先把 x,y 当做定值,函数 $f(x,y,z)$ 只看作 z 的函数,在区间 $[z_1(x,y), z_2(x,y)]$ 上对 z 积分,积分的结果是 x,y 的函数,记为 $F(x,y)$,即

$$F(x,y) = \int_{z_1(x,y)}^{z_2(x,y)} f(x,y,z)\mathrm{d}z.$$

然后计算 $F(x,y)$ 在投影区域 D_{xy} 上的二重积分,便得到三重积分,即

$$\iiint\limits_{\Omega} f(x,y,z)\mathrm{d}V = \iint\limits_{D_{xy}} F(x,y)\mathrm{d}\sigma = \iint\limits_{D_{xy}} \left[\int_{z_1(x,y)}^{z_2(x,y)} f(x,y,z)\mathrm{d}z\right]\mathrm{d}\sigma.$$

上式可记作

$$\iiint\limits_{\Omega} f(x,y,z)\mathrm{d}x\mathrm{d}y\mathrm{d}z = \iint\limits_{D_{xy}} \mathrm{d}x\mathrm{d}y \int_{z_1(x,y)}^{z_2(x,y)} f(x,y,z)\mathrm{d}z. \qquad (10.3.1)$$

如果区域 D_{xy} 可表示为 $a \leqslant x \leqslant b, y_1(x) \leqslant y \leqslant y_2(x)$,则

$$\iint\limits_{D_{xy}} F(x,y)\mathrm{d}\sigma = \int_a^b \mathrm{d}x \int_{y_1(x)}^{y_2(x)} F(x,y)\mathrm{d}y.$$

从而

$$\iiint\limits_{\Omega} f(x,y,z)\mathrm{d}x\mathrm{d}y\mathrm{d}z = \int_a^b \mathrm{d}x \int_{y_1(x)}^{y_2(x)} \mathrm{d}y \int_{z_1(x,y)}^{z_2(x,y)} f(x,y,z)\mathrm{d}z. \qquad (10.3.2)$$

综上所述,若积分区域 Ω 可表示成

$$a \leqslant x \leqslant b, y_1(x) \leqslant y \leqslant y_2(x), z_1(x,y) \leqslant z \leqslant z_2(x,y),$$ 则

$$\iiint\limits_{\Omega} f(x,y,z)\mathrm{d}x\mathrm{d}y\mathrm{d}z = \int_a^b \mathrm{d}x \int_{y_1(x)}^{y_2(x)} \mathrm{d}y \int_{z_1(x,y)}^{z_2(x,y)} f(x,y,z)\mathrm{d}z.$$

　　这就是三重积分的计算公式(10.3.2)把三重积分化为先对 z,其次对 y,最后对 x 的三次积分.

　　如果平行于 z 轴且穿过 Ω 内部的直线与边界曲面的交点多于两个,可仿照二重积分计算中所采用的方法,将 Ω 剖分成若干部分,使其在 Ω 上的三重积分化为各部分区域上的三重积分,各部分区域上的三重积分再化为三次积分.

　　如果平行于 x 轴或 y 轴的直线穿过闭区域 Ω 内部且与边界曲面 S 的交点不多于两个,那么就可以把 Ω 投影到 yOz 面或 zOx 面,这时就把三重积分化为其他顺序的三次积分.

例 10.3.2 计算 $\iiint\limits_{\Omega} \dfrac{\mathrm{d}V}{(1+x+y+z)^3}$,其中 Ω 是由平面 $x+y+z=1$ 及三个坐标平面围成的区域.

　　解　Ω 在 xOy 平面上的投影区域为图 10.3.2 中阴影部分的三角形域 D_{xy},于是

$$\Omega = \{(x,y,z) \mid 0 \leqslant z \leqslant 1-x-y; (x,y) \in D_{xy}\},$$
$$D_{xy} = \{(x,y) \mid 0 \leqslant x \leqslant 1; 0 \leqslant y \leqslant 1-x\}.$$

从而得

$$\iiint\limits_{\Omega} \frac{\mathrm{d}V}{(1+x+y+z)^3} = \iint\limits_{D_{xy}} \mathrm{d}\sigma \int_0^{1-x-y} \frac{\mathrm{d}z}{(1+x+y+z)^3}$$

$$= \iint\limits_{D_{xy}} \left(\frac{1}{-2(1+x+y+z)^2} \Big|_0^{1-x-y} \right) \mathrm{d}\sigma$$

$$= \frac{1}{2} \int_0^1 \mathrm{d}x \int_0^{1-x} \left[\frac{1}{(1+x+y)^2} - \frac{1}{2} \right] \mathrm{d}y$$

$$= \frac{1}{2} \int_0^1 \left(\frac{1}{1+x} - \frac{1-x}{2} - \frac{1}{2} \right) \mathrm{d}x$$

$$= \frac{1}{2} \left[\ln|1+x| + \frac{x^2}{4} - x \right] \Big|_0^1$$

$$= \frac{1}{2} \left(\ln 2 - \frac{3}{4} \right).$$

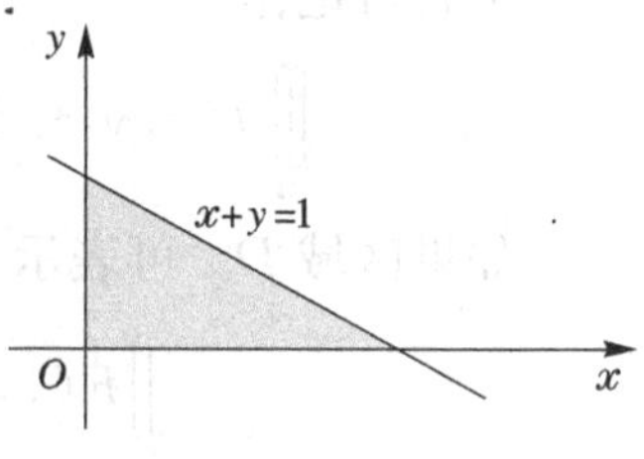

图 10.3.2

　　对式(10.3.1)中的二重积分,也可以用极坐标来计算.设 xOy 面上点 P 对应空间点 $M(x,y,z)$,即 $M(x,y,z)$ 在面上的投影就是点 P,故 P 可表示为 $P(x,y)$.由于点 P 也可以用极坐标 r,θ 表示,所以 $M(x,y,z)$ 可以用 r,θ,

z 表示，r, θ, z 称为点的柱面坐标，如图 10.3.3 所示.

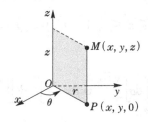

图 10.3.3

点 M 的直角坐标与柱面坐标之间有关系式：

$$\begin{cases} x = r\cos\theta, \\ y = r\sin\theta, \\ z = z. \end{cases}$$

设投影区域 D_{xy} 用极坐标表示为

$$r_1(\theta) \leqslant r \leqslant r_2(\theta), \alpha \leqslant \theta \leqslant \beta,$$

闭区域 Ω 下曲面 S_1 和上曲面 S_2 的方程用柱面坐标表示为

$$S_1 : z_1(x, y) = z_1(r\cos\theta, r\sin\theta) = h_1(r, \theta);$$
$$S_2 : z_2(x, y) = z_2(r\cos\theta, r\sin\theta) = h_2(r, \theta).$$

则 Ω 可用柱面坐标表示为 $h_1(r, \theta) \leqslant z \leqslant h_2(r, \theta)$ ，于是

$$\iiint\limits_{\Omega} f(x, y, z)\mathrm{d}x\mathrm{d}y\mathrm{d}z = \iint\limits_{D_{xy}} \mathrm{d}x\mathrm{d}y \int_{z_1(x,y)}^{z_2(x,y)} f(x, y, z)\mathrm{d}z$$

$$= \iint\limits_{D_{xy}} r\mathrm{d}r\mathrm{d}\theta \int_{h_1(r,\theta)}^{h_2(r,\theta)} f(r\cos\theta, r\sin\theta, z)\mathrm{d}z$$

$$= \int_{\alpha}^{\beta} \mathrm{d}\theta \int_{r_1(\theta)}^{r_2(\theta)} r\mathrm{d}r \int_{h_1(r,\theta)}^{h_2(r,\theta)} f(r\cos\theta, r\sin\theta, z)\mathrm{d}z. \quad (10.3.3)$$

式(10.3.3)就是三重积分变换成柱面坐标的三次积分公式，$r\mathrm{d}r\mathrm{d}\theta\mathrm{d}z$ 称为柱面坐标系中的体积元素.

例 10.3.3　计算 $\iiint\limits_{\Omega} z\mathrm{d}V$，其中 Ω 是由 $x^2 + y^2 + z^2 = 4(z \geqslant 0)$ 和 $x^2 + y^2 = 3z$ 围成的区域.

解　围成区域 Ω 上下曲面分别是 $x^2 + y^2 + z^2 = 4$ 和 $x^2 + y^2 = 3z$，其交线为 $\Gamma : \begin{cases} x^2 + y^2 = 3, \\ z = 1. \end{cases}$ 于是 Ω 在 xOy 平面上的投影区域为 $D_{xy} : x^2 + y^2 \leqslant 3$.

作柱面坐标变换,将 Ω 变为

$$\Omega' = \left\{ (r,\theta,z) \,\middle|\, \frac{r^2}{3} \leqslant z \leqslant \sqrt{4-r^2}, 0 \leqslant r \leqslant \sqrt{3}, 0 \leqslant \theta \leqslant 2\pi \right\}.$$

于是

$$\iiint\limits_{\Omega} z \mathrm{d}V = \iint\limits_{D_{r\theta}} \mathrm{d}\sigma \int_{\frac{r^2}{3}}^{\sqrt{4-r^2}} zr \,\mathrm{d}z = \int_0^{2\pi} \mathrm{d}\theta \int_0^{\sqrt{r}} \mathrm{d}r \int_{\frac{r^2}{3}}^{\sqrt{3}} zr \,\mathrm{d}z$$

$$= \frac{1}{2} \iint_0^{2\pi} \mathrm{d}\theta \int_0^{\sqrt{3}} r\left(4 - r^2 - \frac{r^4}{9}\right) \mathrm{d}r$$

$$= \pi\left(2r^2 - \frac{r^4}{4} - \frac{R^6}{54}\right)\Bigg|_0^{\sqrt{3}}$$

$$= \frac{13}{4}\pi.$$

习题 10.3

1. 设有一物体,占有空间闭区域 $\Omega = \{(x,y,z) \mid 0 \leqslant x \leqslant 1, 0 \leqslant y \leqslant 1, 0 \leqslant z \leqslant 1\}$,密度函数为 $\rho(x,y,z) = x+y+z$,计算该物体质量.

2. 计算下列三重积分.

(1) $\iiint\limits_{\Omega} xy^2z^3 \mathrm{d}V$,其中 Ω 为长方体:$0 \leqslant z \leqslant 3, 0 \leqslant y \leqslant 2, 0 \leqslant x \leqslant 1$;

(2) $\iiint\limits_{\Omega} \sin(x+y+z)\mathrm{d}V$,其中 Ω 为三个坐标面与平面 $x+y+z = \frac{\pi}{2}$ 所围成的立体;

(3) $\iiint\limits_{\Omega} x\mathrm{d}x\mathrm{d}y\mathrm{d}z$,其中 Ω 为三个坐标平面与平面 $x+2y+z = 1$ 所围成的闭区域;

(4) $\iiint\limits_{\Omega} z^2\mathrm{d}x\mathrm{d}y\mathrm{d}z$,其中 Ω 是椭球面 $\frac{x^2}{a^2} + \frac{y^2}{b^2} + \frac{z^2}{c^2} = 1$ 围成的闭区域.

3. 利用柱面坐标变换计算三重积分 $\iiint\limits_{\Omega} z\mathrm{d}x\mathrm{d}y\mathrm{d}z$,其中 Ω 是由曲面 $z = x^2+y^2$ 与平面 $z = 4$ 围成的闭区域.

4. 一个球心在原点,半径为 R 的球体,在任一点的密度与这点到球心的距离成正比,求这个球体的质量.

5. 利用三重积分计算曲面 $z = 6 - x^2 - y^2$ 与 $z = \sqrt{x^2+y^2}$ 所围成的立体的体积.

§ 10.4* 　第一型曲线积分

先讨论以曲线弧长为积分变量的曲线积分,即所谓第一型曲线积分.曲线积分与定积分很相似,但曲线积分不是定义在区间上的,而是定义在(分段)光滑曲线上的.

10.4.1　第一型曲线积分的概念

例 10.4.1　求曲线形构件的质量.

设有光滑曲线弧 L,其参数方程为 $x = x(t), y = y(t)(a \leqslant t \leqslant b)$,向量方程为 $r(t) = x(t)i + y(t)j(a \leqslant t \leqslant b)$,已知曲线上点 $P(x,y)$ 的线密度为 $f(x,y)$,试求 L 的质量 m(如图 10.4.1 所示).

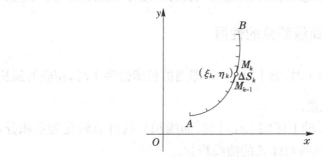

图 10.4.1　曲线形构件

下面利用微元法进行研究.

(1)**分割**:在曲线 L 上 A,B 之间任意插入 $n-1$ 个分点,将 L 任意分成 n 个不重叠的小弧段 $L_1, L_2, \cdots, L_n$,记 L_k 的弧长为 Δs_k.

(2)**近似求和**:任意取点 $(\xi_k, \eta_k) \in L_k$,将 L_k 的质量近似表示为:$m_k \approx f(\xi_k, \eta_k) \Delta s_k$,从而 L 的总质量 $m = \sum\limits_{k=1}^{n} m_k \approx \sum\limits_{k=1}^{n} f(\xi_k, \eta_k) \Delta s_k$.

(3)**取极限**:令 $\lambda = \max\limits_{1 \leqslant k \leqslant n} \{\Delta s_k\} \to 0$,即有 $m = \lim\limits_{\lambda \to 0} \sum\limits_{k=1}^{n} f(\xi_k, \eta_k) \Delta s_k$.

对上述例子进行数学抽象并用点函数形式予以推广,则有下面的第一型曲线积分定义.

定义 10.4.1　设 L 是 xOy 平面上的一段平面曲线,函数 $f(x,y)$ 在光滑的曲线弧 L 上连续且有上界. 将 L 任意分成 n 个不重叠的小弧段 $L_1,L_2,\cdots,L_n$,记 L_k 的长为 Δs_k,$\lambda = \max\limits_{1 \leqslant k \leqslant n}\{\Delta s_k\}$. 任取点 $(\xi_k,\eta_k) \in L_k$,$k = 1,2,\cdots,n$,如果极限

$$\lim_{\lambda \to 0}\sum_{k=1}^{n}f(\xi_k,\eta_k)\Delta s_k$$

存在,则称该极限为 f 在 L 上的**第一型曲线积分**,记为 $\int_L f(x,y)\mathrm{d}s$,即

$$\int_L f(x,y)\mathrm{d}s = \lim_{\lambda \to 0}\sum_{k=1}^{n}f(\xi_k,\eta_k)\Delta s_k.$$

其中,曲线 L 称为**积分曲线**,$\mathrm{d}s$ 为其弧长的微分. 分别取 $L \in \mathbf{R}^3$,上述定义就为空间形式的第一型曲线积分 $\int_L f(x,y,z)\mathrm{d}s$.

10.4.2　第一型曲线积分的性质

显然,当 $f(x,y) \equiv 1$ 时,有 $\int_L \mathrm{d}s = l$,即当被积函数为 1 时,相应的弧长积分等于积分路径的长度.

当积分路径 L 为 x 轴上区间 $[a,b]$ 时,曲线积分就可以转化为定积分,因此,定积分是一种特殊的对弧长的曲线积分.

对弧长的曲线积分有定积分类似的性质,常用的有:

(1) $\int_L (\lambda f(x,y) \pm \mu g(x,y))\mathrm{d}s = \lambda \int_L f(x,y)\mathrm{d}s \pm \mu \int_L g(x,y)\mathrm{d}s$ (线性运算,λ,μ 均为常数);

(2)(区域可加性)若 L 可分成两段光滑曲线弧 L_1 与 L_2,则有

$$\int_L f(x,y)\mathrm{d}s = \int_{L_1} f(x,y)\mathrm{d}s + \int_{L_2} f(x,y)\mathrm{d}s;$$

(3) $\int_{\widehat{AB}} f(x,y)\mathrm{d}s = \int_{\widehat{BA}} f(x,y)\mathrm{d}s$,即第一型曲线积分与曲线 L 的方向无关(这与定积分改变积分上下限而取值相差一个负号有所不同).

10.4.3　第一型曲线积分的计算

若 $f(x,y)$ 在曲线 $L:x = x(t),y = y(t);t \in [\alpha,\beta]$ 上连续,其中 x,y 对

t 有连续导数,且 $x'^2(t) + y'^2(t) \neq 0$,则根据曲线的弧长计算公式,有

$$ds = \sqrt{x'^2(t) + y'^2(t)}\,dt.$$

于是有如下的第一型曲线积分计算公式

$$\int_L f(x,y)\,ds = \int_\alpha^\beta f(x(t),y(t))\,\sqrt{x'^2(t) + y'^2(t)}\,dt. \quad (10.4.1)$$

注意:(1)这里 α 与 β 的取值对应于曲线弧长从 0 到 l 的变化,故总有 $\alpha \leqslant \beta$;

(2)如果曲线方程为 $y = f(x), x \in [a,b]$,则以 x 为参数可化为

$$L: x = x, y = f(x), a \leqslant x \leqslant b.$$

于是 $\displaystyle\int_L f(x,y)\,ds = \int_a^b f[x,f(x)]\,\sqrt{1 + f'^2(x)}\,dx.$ $\qquad(10.4.2)$

例 10.4.2 求下列积分.

(1) $\displaystyle\int_L y\,ds, L: y^2 = 4x$,从 $O(0,0)$ 到 $A(1,2)$;

(2) $\displaystyle\oint_L \sqrt{y}\,ds, L$ 是由 $y = x^2, y = 0, x = 1$ 所围成的闭曲线.

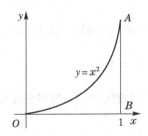

图 10.4.2　例 10.4.2 图

解 (1)取参数方程:$y = y, x = y^2/4, 0 \leqslant y \leqslant 2$,则

$$\int_L y\,ds = \frac{1}{2}\int_0^2 y\,\sqrt{4 + y^2}\,dy = \frac{1}{6}(4 + y^2)^{\frac{3}{2}}\Big|_0^2 = \frac{4}{3}(2\sqrt{2} - 1).$$

(2)如图 10.4.2 所示,选 $O(0,0)$ 作为曲线的起点,由积分对区域的可加性,得

$$\oint_L \sqrt{y}\,ds = \int_{\overset{\frown}{OA}} \sqrt{y}\,ds + \int_{\overline{AB}} \sqrt{y}\,ds + \int_{\overline{BO}} \sqrt{y}\,ds$$

$$= \int_{\overset{\frown}{OA}} \sqrt{y}\,ds + \int_{\overline{AB}} \sqrt{y}\,ds + \int_{\overline{OB}} \sqrt{y}\,ds$$

$$= \int_0^1 \sqrt{x^2}\,\sqrt{1 + (2x)^2}\,dx + \int_0^1 \sqrt{y}\,dy + \int_0^1 0\,dx$$

$$= \frac{1}{12}(5\sqrt{5} + 7).$$

习题 10.4

1. 设曲线 L 是由 $L_1: x = 0 (0 \leqslant y \leqslant 1)$，$L_2: y = 0 (0 \leqslant x \leqslant 1)$，$L_3: x + y = 1 (0 \leqslant x \leqslant 1)$ 围成的平面图形的边界，函数 $f(x, y)$ 在其上连续，则将 $\oint_L f(x, y) \mathrm{d}s$ 化为定积分计算时，

$$\int_{L_1} f(x, y) \mathrm{d}s = \underline{\qquad}, \quad \int_{L_2} f(x, y) \mathrm{d}s = \underline{\qquad}, \quad \int_{L_3} f(x, y) \mathrm{d}s = \underline{\qquad},$$

$$\oint_L f(x, y) \mathrm{d}s = \underline{\qquad}.$$

2. 设曲线 L 的方程为 $y = \sqrt{9 - x^2} \ (0 \leqslant x \leqslant 3)$，则曲线 L 以极角为参数的参数方程为 $\underline{\qquad}$，用极坐标计算弧长的曲线积分时有 $\int_L f(x, y) \mathrm{d}s = \underline{\qquad}$（其中 $f(x, y)$ 在 L 上连续）.

3. 计算下列积分.

(1) $\int_L xy \mathrm{d}s$，其中 L 为圆 $x^2 + y^2 = a^2$ 在第一象限内的部分；

(2) $\int_L y^2 \mathrm{d}s$，其中 L 为摆线的一拱：$x = a(t - \sin t)$，$y = a(1 - \cos t) (0 \leqslant t \leqslant 2\pi)$；

(3) $\oint_L |y| \mathrm{d}s$，L 为圆周 $x^2 + y^2 = 4$；

(4) $\oint_L x \mathrm{d}s$，L 是直线 $y = x$ 及抛物线 $y^2 = x$ 所围区域的边界曲线.

§10.5* 第二型曲线积分

以弧长为背景的第一型曲线积分与曲线的走向无关，但更多的实际问题不仅依赖于曲线的弧长，也依赖于曲线的走向. 比如，在一条有明显水流的河中划船，能明显感受到水流对划船的阻碍和帮助作用，显然逆流而上和顺水而下所做的功是不同的，这就涉及本节所讨论的第二型曲线积分问题.

10.5.1 第二型曲线积分的概念

例 10.5.1 变力沿曲线所做的功.

设在 xOy 平面内，有一质点从点 A 出发，沿着光滑曲线弧 L 移动到点

B，在移动过程中该质点受到变力

$$\boldsymbol{F}(x,y) = P(x,y)\boldsymbol{i} + Q(x,y)\boldsymbol{j}$$

（函数 $P(x,y),Q(x,y)$ 在 L 上连续）的作用，试计算在上述移动过程中，变力 F 所做的功 W（如图 10.5.1 所示）.

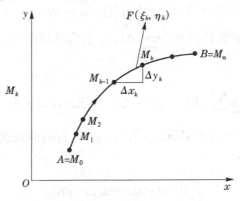

图 10.5.1　例 10.5.1 图

下面仍用微元法解决这一问题：

(1)**分割**：将 L 分成 n 个不重叠的小弧段之和：$L = \sum\limits_{k=1}^{n} \overparen{M_{k-1}M_k} = \sum\limits_{k=1}^{n} L_k$，其中有向弧段 $L_k = \overparen{M_{k-1}M_k}$ 的长度记为 ΔL_k.

(2)**近似求和**：用有向线段 $\overrightarrow{M_{k-1}M_k}$ 近似代替有向弧段 $\overparen{M_{k-1}M_k}$，记 $\overrightarrow{M_{k-1}M_k}$ 在坐标轴上的投影分别为 $\Delta x_k,\Delta y_k$，则有向弧段 $\overparen{M_{k-1}M_k} \approx \overrightarrow{M_{k-1}M_k} = (\Delta x_k,\Delta y_k)$.

任意取点 $(\xi_k,\eta_k) \in L_k$，由函数 $P(x,y),Q(x,y)$ 的连续性，变力 F 在充分小的弧段 L_k 上所做的功可近似表示为

$$W_k \approx F(\xi_k,\eta_k) \cdot \overrightarrow{M_{k-1}M_k} = P(\xi_k,\eta_k) \cdot \Delta x_k + Q(\xi_k,\eta_k) \cdot \Delta y_k,$$

从而变力 F 在有向曲线 L 上所做的功

$$W = \sum_{k=1}^{n} \Delta W_k \approx \sum_{k=1}^{n} [P(\xi_k,\eta_k) \cdot \Delta x_k + Q(\xi_k,\eta_k) \cdot \Delta y_k].$$

(3)**取极限**：令 $\lambda = \max\limits_{1\leqslant k\leqslant n}\{\Delta L_k\} \to 0$，则变力 F 所做的功

$$W = \sum_{k=1}^{n} \Delta W_k = \lim_{\lambda \to 0}\sum_{k=1}^{n} [P(\xi_k,\eta_k) \cdot \Delta x_k + Q(\xi_k,\eta_k) \cdot \Delta y_k].$$

抛开其具体的物理意义，可以抽象出第二型曲线积分的概念.

定义 10.5.1 设 L 是平面上从点 A 到点 B 的一条光滑有向曲线弧，函数 $P(x,y),Q(x,y)$ 在 L 上有定义且有界. 从 A 到 B 依次任意插入 $n-1$ 个分点，把 L 分成 n 个不重叠的有向弧段 $\overset{\frown}{M_{k-1}M_k}$（其中点 M_k 的坐标为 (x_k,y_k)，$M_0=A,M_n=B$）. 记 $\Delta x_k=x_k-x_{k-1},\Delta y_k=y_k-y_{k-1}$，$\Delta L_k$ 为 $\overset{\frown}{M_{k-1}M_k}$ 的弧长，$\lambda=\max\limits_{1\leqslant k\leqslant n}\{\Delta L_k\}$. 若对任意点 $(\xi_k,\eta_k)\in\overset{\frown}{M_kM_{k+1}}$，极限

$$\lim_{\lambda\to 0}\sum_{i=1}^{n}\big[P(\xi_k,\eta_k)\cdot\Delta x_k+Q(\xi_k,\eta_k)\cdot\Delta y_k\big]$$

存在，则该极限为函数 $P(x,y),Q(x,y)$ 在有向曲线弧 L 上的**第二型曲线积分**，记为

$$\int_L P(x,y)\mathrm{d}x+Q(x,y)\mathrm{d}y.$$

其中 $P(x,y)\mathrm{d}x+Q(x,y)\mathrm{d}y$ 称为被积表达式，L 称为积分曲线弧或积分路径.

由定义中积分和的形式，不难得到

$$\int_L P(x,y)\mathrm{d}x+Q(x,y)\mathrm{d}y=\int_L P(x,y)\mathrm{d}x+\int_L Q(x,y)\mathrm{d}y,$$

这分别表示函数 $P(x,y)$ 对坐标 x、函数 $Q(x,y)$ 对坐标 y 的曲线积分. 正是出于对坐标的强调，第二型曲线积分也常称为**对坐标的曲线积分**.

注意：(1)对坐标的曲线积分 $\displaystyle\int_L P(x,y)\mathrm{d}x$ 和 $\displaystyle\int_L Q(x,y)\mathrm{d}y$ 可以单独出现，也可以组合出现；

(2)对于封闭曲线 L，上述积分记为

$$\oint_L P(x,y)\mathrm{d}x+Q(x,y)\mathrm{d}y=\oint_L P(x,y)\mathrm{d}x+\oint_L Q(x,y)\mathrm{d}y,$$

其中规定 L 的逆时针方向为正方向；

(3)在空间上的第二型曲线积分有如下形式：

$$\int_L P\mathrm{d}x+Q\mathrm{d}y+R\mathrm{d}z=\int_L P\mathrm{d}x+\int_L Q\mathrm{d}y+\int_L R\mathrm{d}z,$$

其中 $P=P(x,y,z),Q=Q(x,y,z),R=R(x,y,z)$ 均是定义在曲线 $L\subset\mathbf{R}^3$ 上的三元有界函数.

10.5.2　第二型曲线积分的性质

由上面的定义形式可知第二型曲线积分有着与定积分完全相似的性质. 其中重要的有以下两点：

(1)(**区域可加**)若有向曲线弧 L 可分成两段光滑的有向曲线弧 L_1 和 L_2，则

$$\int_L P(x,y)\mathrm{d}x+Q(x,y)\mathrm{d}y=\int_{L_1}P(x,y)\mathrm{d}x+Q(x,y)\mathrm{d}y+\int_{L_2}P(x,y)\mathrm{d}x$$
$$+Q(x,y)\mathrm{d}y.$$

(2)设 L 为有向曲线弧，记 L^- 为与 L 方向相反的有向曲线弧，则有

$$\int_L P\mathrm{d}x+Q\mathrm{d}y=-\int_{L^-}P\mathrm{d}x+Q\mathrm{d}y.$$

性质(2)表明，当积分弧段方向改变时，对坐标的曲线积分要改变方向.

10.5.3　第二型曲线积分的计算

按照换元积分法思想，通过引入参数方程，可以把**第二型曲线积分**化为定积分来计算.

> **定理 10.5.1**　设函数 $P(x,y),Q(x,y)$ 在有向曲线 $L:x=x(t)$，$y=y(t)$ 上连续，且 x,y 对 t 有连续导数. 当动点 $M(x,y)$ 从 L 的起点沿有向曲线 L 运动到终点时，参数 t 单调地从 α 变化到 β，则有
>
> $$\int_L P(x,y)\mathrm{d}x+Q(x,y)\mathrm{d}y=\int_\alpha^\beta\{P[x(t),y(t)]x'(t)+Q[x(t),y(t)]y'(t)\}\mathrm{d}t.$$

注意：(1)这里 α,β 的取值与 L 的起始点相对应，α 未必一定比 β 小；

(2)对于直角坐标方程表示的曲线 $L:y=f(x)$，如果对应于 L 的起点与终点，x 单调地从 a 变化到 b，则有

$$\int_L P\mathrm{d}x+Q\mathrm{d}y=\int_a^b\{P[x,f(x)]+Q[x,f(x)]f'(x)\}\mathrm{d}x.$$

例 10.5.2　对图 10.5.2 中的不同路径，求积分 $I=\int_L xy\mathrm{d}x+(y-x)\mathrm{d}y$ 的值.

(1) L 为 $y=2x-1$ 上从 $(1,1)$ 到 $(2,3)$ 的线段；

(2)L 为抛物线 $y=2(x-1)^2+1$ 上从 $(1,1)$ 到 $(2,3)$ 的一段弧;

(3)L 为折线 ABC 上从 $(1,1)$ 到 $(2,3)$ 的一段有向折线.

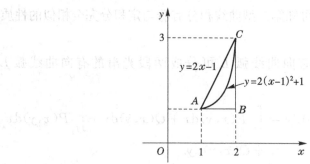

图 10.5.2 例 10.5.2 图

解 (1)取 $\overrightarrow{AC}$ 为 $x=x,y=2x-1,1\leqslant x\leqslant 2$,则 $I=\int_1^2[x(2x-1)+$

$(2x-1-x)\cdot 2]\mathrm{d}x=\dfrac{25}{6}$.

(2)在 $\overset{\frown}{AB}$ 上,取 $x=x,y=2(x-1)^2+1,1\leqslant x\leqslant 2$,则

$$I=\int_1^2\{x[2(x-1)^2+1]+[2(x-1)^2+1-x]\cdot 4(x-1)\}\mathrm{d}x$$

$$=\int_1^2(10x^3-32x^2+35x-12)\mathrm{d}x=\dfrac{10}{3}.$$

(3)在 $\overrightarrow{AB}+\overrightarrow{BC}$ 上,取 $\overrightarrow{AB}:x=x,y=1,1\leqslant x\leqslant 2$ 及 $\overrightarrow{BC}:x=2,y=y$,

$1\leqslant y\leqslant 3$,则

$$I=\int_{\overrightarrow{AB}}xy\mathrm{d}x+(y-x)\mathrm{d}y+\int_{\overrightarrow{BC}}xy\mathrm{d}x+(y-x)\mathrm{d}y$$

$$=\int_1^2 x\mathrm{d}x+\int_1^3(y-2)\mathrm{d}y=\dfrac{3}{2}.$$

注意:对同样的被积函数,起点和终点也相同,曲线的积分值一般与路径有关.

例 10.5.3 计算 $\int_L 2xy\mathrm{d}x+x^2\mathrm{d}y$,其中曲线 L 如图 10.5.3 所示.

(1)L 为抛物线 $y=x^2$ 上从 $O(0,0)$ 到 $B(1,1)$ 的一段弧;

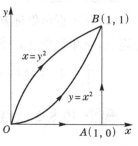

图 10.5.3 例 10.5.3 图

（2）L 为抛物线 $x = y^2$ 上从 $O(0,0)$ 到 $B(1,1)$ 的一段弧；

（3）L 为从 $O(0,0)$ 到 $A(1,0)$，再到 $B(1,1)$ 的有向折线 OAB.

解 （1）$L_{:y} = x^2, x$ 从 0 到 1，所以

$$\int_L 2xy\,\mathrm{d}x + x^2\,\mathrm{d}y = \int_0^1 (2x \cdot x^2 + x^2 \cdot 2x)\,\mathrm{d}x = 4\int_0^1 x^3\,\mathrm{d}x = 1.$$

（2）$L_{:x} = y^2, y$ 从 0 到 1，所以

$$\int_L 2xy\,\mathrm{d}x + x^2\,\mathrm{d}y = \int_0^1 (2y^2 \cdot y \cdot 2y + y^4)\,\mathrm{d}y = 5\int_0^1 y^4\,\mathrm{d}y = 1.$$

（3）$OA_{:y} = 0, x$ 从 0 到 1；$AB_{:x} = 1, y$ 从 0 到 1. 则

$$\int_L 2xy\,\mathrm{d}x + x^2\,\mathrm{d}y = \int_{OA} 2xy\,\mathrm{d}x + x^2\,\mathrm{d}y + \int_{AB} 2xy\,\mathrm{d}x + x^2\,\mathrm{d}y$$

$$= \int_0^1 (2x \cdot 0 + x^2 \cdot 0)\,\mathrm{d}x + \int_0^1 (2y \cdot 0 + 1)\,\mathrm{d}y$$

$$= 0 + 1 = 1.$$

注意： 对同样的被积函数，起点和终点也相同，曲线的积分值可能与路径无关.

10.5.4 两类曲线积分的关系

两类曲线积分在形式上有显著差异，且问题引入的物理背景也不同. 第一型曲线积分与曲线的方向无关，第二型曲线积分涉及曲线的方向，即有下述关系：

第一型曲线积分有：$\displaystyle\int_{\overgroup{AB}} f(P)\,\mathrm{d}s = \int_{\overgroup{BA}} f(P)\,\mathrm{d}s$；

第二型曲线积分有：$\displaystyle\int_{\overgroup{AB}} P\,\mathrm{d}x + Q\,\mathrm{d}y = -\int_{\overgroup{BA}} P\,\mathrm{d}x + Q\,\mathrm{d}y$.

从计算方法上看，两类曲线积分都是化为定积分来计算的. 设有向曲线弧 L 由参数方程给出：$x = x(s), y = y(s), s \in [0, l]$，$l$ 表示曲线 L 的全长. 为简单起见，不妨设起点 A 和终点 B 分别对应于 $s = 0$ 和 $s = l$. 也就是说 s 增大的方向即为有向弧 $\overgroup{AB}$ 的方向.

假定 x, y 在 $[0, l]$ 上对 s 有连续导数，如图 10.5.4 所示，取切线 MT 与有向弧 $\overgroup{AB}$ 同向，令

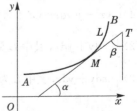

图 10.5.4 两类曲线积分的关系

α 与 β 分别为 $\overrightarrow{MT}$ 的方向角, 则有 $\dfrac{\mathrm{d}x}{\mathrm{d}s} = \cos\alpha, \dfrac{\mathrm{d}y}{\mathrm{d}s} = \cos\beta = \sin\alpha$, 可得

$$\int_L P(x,y)\mathrm{d}x + Q(x,y)\mathrm{d}y = \int_0^l \{P[x(s),y(s)]x'(s) + Q[x(s),y(s)]y'(s)\}\mathrm{d}s$$

$$= \int_0^l \{P[x(s),y(s)]\cos\alpha + Q[x(s),y(s)]\sin\alpha\}\mathrm{d}s.$$

例 10.5.4 化 $\displaystyle\int_L P(x,y)\mathrm{d}x + Q(x,y)\mathrm{d}y$ 为对弧长的积分, $L: y = \dfrac{x^2}{2}$ 从 $(0,0)$ 到 $(1, \dfrac{1}{2})$ 的一段弧.

解 令 $x = x, y = \dfrac{x^2}{2}, 0 \leqslant x \leqslant 1$, 则 $\mathrm{d}s = \sqrt{1 + f'^2(x)}\,\mathrm{d}x = \sqrt{1 + x^2}\,\mathrm{d}x$, 而

$$\frac{\mathrm{d}x}{\mathrm{d}s} = \frac{1}{\sqrt{1 + x^2}}, \frac{\mathrm{d}y}{\mathrm{d}s} = \frac{x}{\sqrt{1 + x^2}},$$

即得

$$\int_L P(x,y)\mathrm{d}x + Q(x,y)\mathrm{d}y = \int_L \left[\frac{P(x,y)}{\sqrt{1+x^2}} + \frac{xQ(x,y)}{\sqrt{1+x^2}}\right]\mathrm{d}s.$$

习题 10.5

1. 设 α, β, γ 是有向弧段 L 在点 (x,y,z) 处切向量的方向角, 则第二型曲线积分 $\displaystyle\int_L P\mathrm{d}x + Q\mathrm{d}y + R\mathrm{d}z$ 化成的第一型曲线积分是 _____.

2. 把对坐标的曲线积分 $\displaystyle\int_L P(x,y)\mathrm{d}x + Q(x,y)\mathrm{d}y$ 化成对弧长的曲线积分.

   (1) L 为曲线 $y = x^3$ 上从点 $(0,0)$ 到 $(1,1)$ 的一段弧;

   (2) L 为上半圆 $x^2 + y^2 = 2x$ 上从点 $(0,0)$ 到 $(1,1)$ 的一段弧.

3. 计算下列曲线积分.

   (1) $\displaystyle\int_L (x^2 - y^2)\mathrm{d}x + (x^2 + y^2)\mathrm{d}y$, 其中 L 是抛物线 $y^2 = 8x$ 从点 $(0,0)$ 到点 $(2,4)$ 的一段弧;

   (2) $\displaystyle\int_L x\mathrm{d}y + y\mathrm{d}x$, 其中 L 是从点 $(0,0)$ 到点 $(1,0)$, 再从点 $(1,0)$ 到点 $(1,2)$ 的折线;

   (3) $\displaystyle\int_L x\mathrm{d}y + y\mathrm{d}x$, 其中 L 为圆周 $x = R\cos\theta, y = R\sin\theta$ 上由 $\theta = 0$ 到 $\theta = \dfrac{\pi}{2}$ 的一段弧.

§10.6* 格林公式

牛顿-莱布尼茨公式给出了函数 $f(x)$ 在 $[a,b]$ 的定积分与其原函数 $F(x)$ 之间关系,即 $\int_a^b f(x)\mathrm{d}x = F(b) - F(a)$. 本节将研究平面区域 D 上的二重积分与沿闭区域 D 的边界曲线 L 上对坐标曲线积分之间关系,即格林公式(Green:1793—1841,英国数学家).

10.6.1　预备知识

1. 连通域

> **定义 10.6.1**　设 D 为有界闭域. 如果 D 内任意闭曲线所围成的区域都属于 D,则称 D 为单连通域;若 D 内有若干"洞"存在,则称之为复连通域(亦即"有洞区域").

2. L 的正向规定

对连通域 D 的边界曲线 L,规定其正向如下:

设区域 D 是由一条或几条光滑曲线围成. 沿 D 的边界 L 前行,使 D 内在行者近处的那一部分总位于他的左边,则称该方向为 L 的正向(记为 L^+),否则称为 L 的负向(记为 L^-). 如图 10.6.1 所示,箭头指向为边界正向.

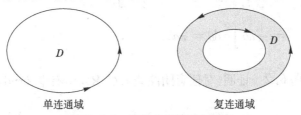

单连通域　　　　　　　　　　复连通域

图 10.6.1　边界曲线的正向规定

10.6.2　格林公式

> **定理 10.6.1**　设 D 为闭连通域,其边界曲线 L 取正向,函数 $P(x,y),Q(x,y)$ 在 D 上具有一阶连续偏导数,则
> $$\iint\limits_{D}\left(\frac{\partial Q}{\partial x}-\frac{\partial P}{\partial y}\right)\mathrm{d}x\mathrm{d}y = \oint_L P\mathrm{d}x + Q\mathrm{d}y.$$

若区域 D 为一般单连通域,可以通过对 D 适当分割化为有限个既可表为 X 型、也可表为 Y 型的单连通域的并集来处理. 若 D 为复连通域,则可以通过适当分割化为有限个单连通区域的并集来处理.

注意:(1)公式里的条件"P,Q 及其偏导连续"这两个条件缺一不可;

(2)格林公式建立了平面区域 D 上的二重积分与沿 D 的边界上对坐标的曲线积分的关系,它可以实现二重积分与曲线积分的相互转化;后面将应用格林公式研究曲线积分与路径无关的内在关系;

(3)令 $P = -y, Q = x$,若以 σ 表示平面区域 D 的面积,由格林公式可得

$$\oint_L x\,\mathrm{d}y - y\,\mathrm{d}x = 2\iint_D \mathrm{d}x\mathrm{d}y,$$

即

$$\sigma = \frac{1}{2}\oint_L x\,\mathrm{d}y - y\,\mathrm{d}x.$$

此即平面区域由其边界上对坐标的曲线积分所表示的面积公式.

例 10.6.1 求椭圆 $\dfrac{x^2}{a^2} + \dfrac{y^2}{b^2} = 1$ 所围区域的面积.

解 令 $\begin{cases} x = a\cos\theta \\ y = b\sin\theta \end{cases}, 0 \leqslant \theta \leqslant 2\pi$,则所围的椭圆面积为

$$\sigma = \frac{1}{2}\oint_L x\,\mathrm{d}y - y\,\mathrm{d}x = \frac{1}{2}ab\int_0^{2\pi}(\cos^2\theta + \sin^2\theta)\,\mathrm{d}\theta$$

$$= \frac{1}{2}ab\int_0^{2\pi}\mathrm{d}\theta = \pi ab.$$

例 10.6.2 证明:对任意闭曲线 $L \subset \mathbf{R}^2$,恒有 $\oint_L 2xy\,\mathrm{d}x + x^2\,\mathrm{d}y = 0$.

证明 任取闭曲线 $L \subset \mathbf{R}^2$,记 L 所围区域为 D,由于 $\dfrac{\partial Q}{\partial x} = 2x = \dfrac{\partial P}{\partial y}$ 且在 D 上连续,故由格林公式,恒有

$$\oint_L 2xy\,\mathrm{d}x + x^2\,\mathrm{d}y = \iint_D \left(\frac{\partial Q}{\partial x} - \frac{\partial P}{\partial y}\right)\mathrm{d}x\mathrm{d}y = 0.$$

10.6.3　曲线积分与路径无关的条件

一般而言,第二型曲线积分的值与积分路径有着密切联系. 但在特定情

形下,也会出现曲线积分的值与路径形状无关,只与起点和终点有关的现象.

为讨论这个问题,我们首先定义曲线积分 $\int_{\widehat{AB}} P\mathrm{d}x + Q\mathrm{d}y$ 与路径无关.

定义 10.6.2　设区域 $D \subset \mathbf{R}^2$. 如果对 D 内任意两点 A,B 及从 A 到 B 的任意两条曲线 L_1, L_2,均有

$$\int_{L_1} P\mathrm{d}x + Q\mathrm{d}y = \int_{L_2} P\mathrm{d}x + Q\mathrm{d}y,$$

则称积分 $\int_{\widehat{AB}} P\mathrm{d}x + Q\mathrm{d}y$ 与**路径无关**(即仅与点 A,B 有关,如图 10.6.2 所示),并记为

$$\int_{\widehat{AB}} P\mathrm{d}x + Q\mathrm{d}y = \int_A^B P\mathrm{d}x + Q\mathrm{d}y.$$

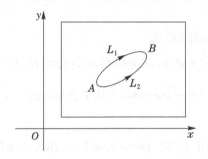

图 10.6.2　曲线积分与路径无关

那么在什么条件下,才会出现定义 10.6.2 所描述的无关性呢?

首先,由上述无关性的定义 $\int_{L_1} P\mathrm{d}x + Q\mathrm{d}y = \int_{L_2} P\mathrm{d}x + Q\mathrm{d}y$,移项即得

$$0 = \int_{L_2} P\mathrm{d}x + Q\mathrm{d}y - \int_{L_1} P\mathrm{d}x + Q\mathrm{d}y$$

$$= \int_{L_2 - L_1} P\mathrm{d}x + Q\mathrm{d}y = \int_{L_2 + L_1^-} P\mathrm{d}x + Q\mathrm{d}y$$

$$= \oint_L P\mathrm{d}x + Q\mathrm{d}y. \text{(这里 } L_2 + L_1^- \text{ 是一条有向闭曲线,记为 } L = L_2 + L_1^- \text{)}$$

其次,可以证明,如果函数 P, Q 在 D 上连续,且 $\dfrac{\partial P}{\partial y} = \dfrac{\partial Q}{\partial x}$, 则由格林公式有

$$\oint_L P\mathrm{d}x + Q\mathrm{d}y = \iint_D \left(\frac{\partial P}{\partial y} - \frac{\partial Q}{\partial x}\right)\mathrm{d}x\mathrm{d}y = 0.$$

注意到点 A,B 及曲线 L_1,L_2 的任意性,我们可以得到如下定理:

定理 10.6.2 设函数 $P(x,y),Q(x,y)$ 在单连通区域 D 上具有一阶连续偏导数,则下述命题是等价的.

(1)任意两点 $A,B \in D$,$\int_{\overset{\frown}{AB}} P\mathrm{d}x + Q\mathrm{d}y$ 在 D 内积分与路径无关;

(2)对任意曲线 $L \subset D$,都有 $\oint_L P\mathrm{d}x + Q\mathrm{d}y = 0$;

(3)对任意 $(x,y) \in D$,都有 $\dfrac{\partial Q}{\partial x} = \dfrac{\partial P}{\partial y}$.

习题 10.6

1. 利用格林公式计算下列曲线积分.

(1)$\oint_L (x+y)^2\mathrm{d}x - (x^2+y^2)\mathrm{d}y$,$L$ 是以 $(0,0),(2,0),(0,2)$ 为顶点的三角形,取正向;

(2)$\int_L (x+y)^2\mathrm{d}x - (x^2+y^2\sin y)\mathrm{d}y$,其中 L 是抛物线 $y = x^2$ 上由点 $(-1,1)$ 到点 $(1,1)$ 的一段弧;

(3)计算 $\iint\limits_D \mathrm{e}^{-y^2}\mathrm{d}x\mathrm{d}y$,其中 D 是以 $O(0,0),A(1,1),B(0,1)$ 为顶点的三角形闭区域.

2. 证明下列曲线积分与路径无关.

(1)$\int_{(1,1)}^{(2,3)} (x+y)\mathrm{d}x + (x-y)\mathrm{d}y$;

(2)$\int_{(1,0)}^{(2,1)} (2xy - y^4 + 3)\mathrm{d}x + (x^2 - 4xy^3)\mathrm{d}y$.

相关阅读

应用二重积分法计算边缘密度函数

1. 二维连续型随机变量的边缘概率密度的定义

设二维连续型随机变量 (X,Y) 的联合概率密度函数为 $f(x,y)$,X 为一个一维连续型随机变量,其概率密度(即 X 的边缘概率密度)为

$$f_X(x) = \int_{-\infty}^{+\infty} f(x,y)\mathrm{d}y;$$

Y 为一个一维连续型随机变量,其概率密度(即 Y 的边缘概率密度)为

$$f_Y(y) = \int_{-\infty}^{+\infty} f(x,y)\mathrm{d}x.$$

2. 利用二重积分化累次定积分的方法计算边缘概率密度

只讨论联合密度函数为如下的类型

$$f(x,y) = \begin{cases} h(x,y), (x,y) \in D, \\ 0, (x,y) \notin D. \end{cases}$$

(1)计算 X 的边缘概率密度函数.

计算此问题就相当于二重积分化累次定积分时 X 型区域的情形,把 x 的上下限的确定方法当成此处 x 的密度函数不为零的区间的寻找方法;把内层 y 的上下限的确定方法当成寻找边缘密度函数计算公式中定积分的上下限的确定方法.具体步骤如下:

步骤一:画出 $f(x,y)$ 不为 0 的区域 D,确定此区域 x 的最小值 a 和最大值 b,得 x 的密度函数不为零的区间 $[a,b]$,从而 x 的讨论区间为 $[a,b]$ 及其剩下部分所构成的区间.

步骤二:在区间 $[a,b]$ 内,作垂直 x 轴的直线,此直线进去、出去时与区域 D 的两个交点的 y 值分别作为定积分的上下限.

步骤三:x 的其他区间内由于联合密度函数为 0,故 x 的边缘密度函数也为 0.

(2)计算 Y 的边缘概率密度.

计算此问题就相当于二重积分化累次定积分时 Y 型区域的情形.把 y 的上下限的确定方法当成此处 y 的密度函数不为零的区间的寻找方法;把内层 x 的上下限的确定方法当成寻找边缘密度函数计算公式中定积分的上下限的确定方法.具体步骤如下:

步骤一:画出 $f(x,y)$ 不为 0 的区域 D,确定此区域 y 的最小值 a 和最大值 b,得 x 的密度函数不为零的区间 $[a,b]$,从而 y 的讨论区间为 $[a,b]$ 及其剩下部分所构成的区间.

步骤二:在区间 $[a,b]$ 内,作垂直 y 轴的直线,此直线进去、出去时与区域 D 的两个交点的 x 值分别作为定积分的上下限.

步骤三:y 的其他区间内由于联合密度函数为 0,故 y 的边缘密度函数也为 0.

例　设的联合概率密度函数为

$$F(x,y) = \begin{cases} 6xy^2, 0 < x < 1, 0 < y < 1, \\ 0, 其他. \end{cases}$$

求 X, Y 的边缘概率密度函数.

解　$f(x,y)$ 不为 0 的区域 D 如图 1 所示.

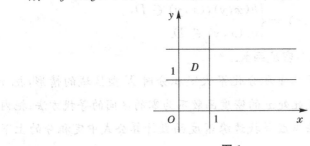

图 1

(1) X 的边缘概率密度函数的计算过程.

由图 1 可知,区域 D 内 y 的最小值为 0 和最大值为 1, y 的密度函数不为零的区间为 $[0,1]$,从而 y 的讨论区间为 $(-\infty,0],[0,1],[1,+\infty)$. 在区间 $[0,1]$ 内,作垂直 y 轴的直线,此直线进去、出去时与区域 D 的两个交点的 x 值分别为 0 和 1,作为定积分的上下限.

$$f_X(x) = \int_{-\infty}^{+\infty} f(x,y)\,\mathrm{d}y = \int_0^1 6xy^2\,\mathrm{d}y = 2x,$$

故 X 的边缘概率密度函数为

$$f(x,y) = \begin{cases} 2x, 0 < x < 1, \\ 0, 其他. \end{cases}$$

(2) Y 的边缘概率密度函数的计算过程.

由图 1 可知,区域 D 内 x 的最小值为 0 和最大值为 1, x 的密度函数不为零的区间为 $[0,1]$,从而 x 的讨论区间为 $(-\infty,0],[0,1],[1,+\infty)$. 在区间 $[0,1]$ 内,作垂直 x 轴的直线,此直线进去、出去时与区域 D 的两个交点的 y 值分别为 0 和 1,作为定积分的上下限.

$$f_Y(y) = \int_{-\infty}^{+\infty} f(x,y)\,\mathrm{d}x = \int_0^1 6xy^2\,\mathrm{d}x = 3y^2,$$

故 Y 的边缘概率密度函数为

$$f(x,y) = \begin{cases} 3y^2, 0 < y < 1, \\ 0, 其他. \end{cases}$$

从上例的计算过程可以发现,计算 X 的边缘概率密度函数时,讨论区间的确定相当于计算二重积分时 X 型区域外层的确定,而计算 X 的边缘密度函数公式中定积分上下限的确定相当于计算二重积分时 X 型区域内层上下限的确定. 计算 Y 的边缘概率密度函数时,讨论区间的确定相当于计算二重积分时 Y 型区域外层的确定,而计算 Y 的边缘密度函数公式中定积分上下限的确定相当于计算二重积分时 Y 型区域内层上下限的确定. 将高等数学中熟悉的知识与概率统计中不熟悉的内容相结合,更容易理解,更方便计算.

(摘自《科技资讯》,2016 年第 24 期,赵秀菊,应用二重积分法计算边缘密度函数)

复习题 10

1. 填空题.

(1)直角坐标系下的面积元素 $\mathrm{d}\sigma =$ _____.

(2)如果区域 D 的面积为 S,则 $\iint\limits_{D}1\mathrm{d}\sigma =$ _____.

(3)若在区域 D 上,$f(x,y)\leqslant g(x,y)$,则 $\iint\limits_{D}f(x,y)\mathrm{d}\sigma$ _____ $\iint\limits_{D}g(x,y)\mathrm{d}\sigma$.（比较大小）

(4)极坐标系下的面积元素 $\mathrm{d}\sigma =$ _____.

(5)二重积分积分区域 $D:x^2+y^2\leqslant 4$,则 $\iint\limits_{D}xy\mathrm{d}\sigma =$ _____.

(6)二重积分积分区域 D 由 $y=1-x^2,y=0$ 围成,则 $\iint\limits_{D}x\mathrm{d}\sigma =$ _____.

2. 分别利用二重积分性质估计下列积分值.

(1) $I=\iint\limits_{D}(x+y+1)\mathrm{d}\sigma$,其中 $D=\{(x,y)\,|\,0\leqslant x\leqslant 1,0\leqslant y\leqslant 2\}$;

(2) $I=\iint\limits_{D}(x^2+4y^2+5)\mathrm{d}\sigma$,其中 $D=\{(x,y)\,|\,x^2+y^2\leqslant 16\}$.

3. 把二重积分 $\iint\limits_{D}f(x,y)\mathrm{d}\sigma$ 化为二次积分.

(1) D 是由曲线 $y^2=4x$ 与 $y=x$ 围成的区域;

(2) D 是由曲线 $y=x^2$ 与 $y=1$ 围成的区域;

(3) D 是由曲线 $x=\sqrt{2-y^2}$,$x=y^2$ 围成的区域;

(4) D 是由 $x\leqslant y\leqslant\sqrt{x}$,$0\leqslant x\leqslant 1$ 围成的区域.

4. 计算下列二重积分.

(1) $\iint\limits_{D} y\mathrm{d}\sigma$, D 是由 $x = -2, y = 0, y = 2, x = -\sqrt{2y - y^2}$ 所围成的平面区域;

(2) $\iint\limits_{D} x^2 y^2 \mathrm{d}\sigma$, $D: 0 \leqslant x \leqslant 1, 0 \leqslant y \leqslant 2$;

(3) $\iint\limits_{D} y\mathrm{e}^{xy}\mathrm{d}\sigma$, D 是由 $y = \ln 2, y = \ln 3, x = 2, x = 4$ 所围成的平面区域;

(4) $\iint\limits_{D} y^2 \mathrm{d}\sigma$, D 是由 $y = 2x, x = 2, x$ 轴围成的平面区域.

5. 利用极坐标计算下列二重积分.

(1) $\iint\limits_{D} \cos(x^2 + y^2)\mathrm{d}x\mathrm{d}y$, $D = \{(x, y) \mid \pi^2 \leqslant x^2 + y^2 \leqslant 4\pi^2\}$;

(2) $\iint\limits_{D} (1 - x)\mathrm{d}x\mathrm{d}y$, $D = \{(x, y) \mid x^2 + y^2 \leqslant 4\}$;

(3) $\iint\limits_{D} \ln(1 + x^2 + y^2)\mathrm{d}x\mathrm{d}y$, D 是由圆周 $x^2 + y^2 = 1$ 及坐标轴围成的在第一象限内的闭区域.

6. 设平面薄板所占的闭区域 D 是由直线 $x + y = 2, y = x$ 和 x 轴围成,其面密度为 $\mu(x, y) = x^2 + y^2$,求该薄板的质量.

7. 求由曲面 $z = x^2 + 2y^2$ 及 $z = 6 - 2x^2 - y^2$ 围成的立体的体积.

8. 求由平面 $x = 0, y = 0, x + y = 1$ 围成的柱体被平面 $z = 0$ 及抛物面 $x^2 + y^2 = 6 - z$ 截得立体的体积.

*9. 计算下列三重积分.

(1) $\iiint\limits_{\Omega} xy^2 z^3 \mathrm{d}x\mathrm{d}y\mathrm{d}z$,其中 Ω 为曲面 $z = xy$ 与平面 $y = x, x = 1, z = 0$ 围成的闭区域;

(2) $\iiint\limits_{\Omega} \dfrac{1}{(1 + x + y + z)^3}\mathrm{d}x\mathrm{d}y\mathrm{d}z$,其中 Ω 是由平面 $x = 0, y = 0, x + y + z = 1, z = 0$ 围成的四面体;

(3) $\iiint\limits_{\Omega} xz\mathrm{d}x\mathrm{d}y\mathrm{d}z$,其中 Ω 是由平面 $z = 0, z = y, y = 1$ 以及抛物柱面 $y = x^2$ 围成的闭区域.

*10. 利用柱面坐标变换计算三重积分 $\iiint\limits_{\Omega} z\mathrm{d}x\mathrm{d}y\mathrm{d}z$,其中 Ω 是由曲面 $z = \sqrt{2 - x^2 - y^2}$ 与平面 $z = x^2 + y^2$ 围成的闭区域.

*11. 利用三重积分计算下列曲面所围成的立体的体积.

(1) $x^2 + y^2 + z^2 = 2az \, (a > 0)$ 及 $x^2 + y^2 = z^2$;

(2) $z = \sqrt{5 - x^2 - y^2}$ 及 $4z = x^2 + y^2$.

*12. 计算下列曲线积分.

(1) $\int_L (x+y)\mathrm{d}s$，其中 L 为连接 $(1,0)$ 与 $(0,1)$ 两点的直线段；

(2) $\oint_L e^{\sqrt{x^2+y^2}}\mathrm{d}s$，其中 L 为圆周 $x^2+y^2=a^2$，直线 $y=x$ 及 x 轴在第一象限中所围图形的边界；

(3) $\int_L (x^2-y^2)\mathrm{d}x+(x^2+y^2)\mathrm{d}y$，其中 L 是抛物线 $y^2=8x$ 从点 $(0,0)$ 到点 $(2,4)$ 的一段弧；

(4) $\int_L x\mathrm{d}y+y\mathrm{d}x$，其中 L 是从点 $(0,0)$ 到点 $(1,0)$，再从点 $(1,0)$ 到点 $(1,2)$ 的折线.

扫一扫，获取参考答案

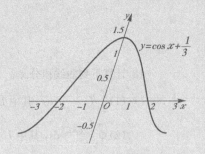

第11章 无穷级数

无穷级数是高等数学中的重要内容,是表示函数、研究函数性质和进行数值计算的重要工具,在电学、图像处理以及振动理论等诸多领域有着广泛的应用.本章首先介绍常数项级数,在此基础上讨论函数项级数,主要讨论幂级数和傅里叶级数.

§11.1 常数项级数

11.1.1 常数项级数的基本概念

> **定义 11.1.1** 设给定一个数列 $\{u_n\}$：$u_1, u_2, u_3, \cdots, u_n, \cdots$ 以加法符号"$+$"顺次连接数列的各项得到式子 $u_1 + u_2 + u_3 + \cdots + u_n + \cdots$ 称为**常数项无穷级数**,简称**(数项)级数**,记作 $\sum\limits_{n=1}^{\infty} u_n$,即
> $$\sum_{n=1}^{\infty} u_n = u_1 + u_2 + u_3 + \cdots + u_n + \cdots \qquad (11.1.1)$$
> 其中第 n 项 u_n 称为级数(11.1.1)的**一般项**或**通项**.

例如:
$$\sum_{n=1}^{\infty} \frac{1}{2^n} = \frac{1}{2} + \frac{1}{4} + \cdots + \frac{1}{2^n} + \cdots$$

$$\sum_{n=1}^{\infty} \frac{(-1)^{n-1}}{n} = 1 - \frac{1}{2} + \frac{1}{3} + \cdots + \frac{(-1)^{n-1}}{n} + \cdots$$

$$\sum_{n=1}^{\infty} \sin \frac{n}{2}\pi = 1 + 0 - 1 + 0 + \cdots + \sin \frac{n}{2}\pi + \cdots$$

下面给出级数收敛和发散的相关概念:

取级数(11.1.1)的前 n 项相加,记其和为 S_n,即

$$S_n = u_1 + u_2 + u_3 + \cdots + u_n, \tag{11.1.2}$$

称 S_n 为级数(11.1.1)的前 n 项**部分和**.当 n 依次取 $1,2,3,\cdots$ 时,得到一个新的数列

$$S_1 = u_1,\ S_2 = u_1 + u_2,\ S_n = u_1 + u_2 + \cdots + u_n,\ \cdots$$

称数列 $\{S_n\}$ 为级数(11.1.1)的**部分和数列**.

> **定义 11.1.2**　如果级数(11.1.1)的部分和数列 $\{S_n\}$ 极限存在且为 S,即 $S = \lim\limits_{n\to\infty} S_n$,则称级数(11.1.1)**收敛**,并称极限值 S 为**级数**(11.1.1)的和,记作 $S = \sum\limits_{n=1}^{\infty} u_n = u_1 + u_2 + \cdots + u_n + \cdots$ 如果部分和数列 $\{S_n\}$ 极限不存在,则称级数(11.1.1)**发散**.

发散级数不存在级数的和,此时(11.1.1)仅是一个式,没有任何意义.

当级数收敛时,称 $r_n = u_{n+1} + u_{n+2} + \cdots = \sum\limits_{i=n+1}^{\infty} u_i$ 为**级数的余项**.余项表示用 S_n 代替 S 所产生的误差.显然,级数收敛的充分必要条件是 $\lim\limits_{n\to\infty} r_n = 0$.

例 11.1.1　判别级数 $\sum\limits_{n=0}^{\infty} aq^n = aq^0 + aq^1 + aq^2 + aq^3 + \cdots + aq^n + \cdots$ $(a \neq 0)$ 的敛散性.

解　前 n 项部分和 $S_n = aq^0 + aq^1 + aq^2 + aq^3 + \cdots + aq^{n-1}$.

(1)当 $|q| < 1, \lim\limits_{n\to\infty} q^n = 0, S_n = \dfrac{a(1-q^n)}{1-q}, \lim\limits_{n\to\infty} S_n = \dfrac{a}{1-q} = \dfrac{a}{1-q}$;

(2)当 $|q| > 1, \lim\limits_{n\to\infty} q^n = \infty, S_n = \dfrac{a(1-q^n)}{1-q}, \lim\limits_{n\to\infty} S_n = \infty$;

(3)当 $q = 1, S_n = na, \lim\limits_{n\to\infty} S_n = \infty$;

(4)当 $q = -1, S_n = \dfrac{a[1-(-1)^n]}{2}, \{S_n\}$ 极限不存在.

综上所述,级数 $\sum\limits_{n=0}^{\infty} aq^n$ 当且仅当 $|q|<1$ 时收敛,其和为 $\dfrac{a}{1-q}$;当 $|q|\geqslant 1$ 时,级数发散.

例 11.1.2 判别级数 $\sum\limits_{n=1}^{\infty} \dfrac{1}{n(n+1)}$ $(n=1,2,3,\cdots)$ 的敛散性.

解 因为 $u_n=\dfrac{1}{n(n+1)}=\dfrac{1}{n}-\dfrac{1}{n+1}$. 级数的前 n 项部分和

$$S_n=\frac{1}{1\times 2}+\frac{1}{2\times 3}+\cdots+\frac{1}{n(n+1)}$$

$$=\left(1-\frac{1}{2}\right)+\left(\frac{1}{2}-\frac{1}{3}\right)+\cdots+\left(\frac{1}{n}-\frac{1}{n+1}\right)=1-\frac{1}{n+1},$$

$$\lim_{n\to\infty}S_n=\lim_{n\to\infty}(1-\frac{1}{n+1})=1.$$

所以级数 $\sum\limits_{n=1}^{\infty} \dfrac{1}{n(1+n)}$ 收敛,其和为 1.

11.1.2　无穷级数的性质

性质 11.1.1 若级数 $\sum\limits_{n=1}^{\infty} u_n$ 收敛,其和为 S,k 为任意常数,则级数 $\sum\limits_{n=1}^{\infty} ku_n$ 也收敛,且其和为 kS.

性质 11.1.2 若级数 $\sum\limits_{n=1}^{\infty} u_n$ 和 $\sum\limits_{n=1}^{\infty} v_n$ 都收敛,收敛和分别为 S、σ,则级数 $\sum\limits_{n=1}^{\infty} (u_n\pm v_n)$ 也收敛,且收敛和为 $S\pm\sigma$.

性质 11.1.3 若加上、去掉或改变级数的 $\sum\limits_{n=1}^{\infty} u_n$ 有限项,不改变级数的敛散性,但对于收敛的级数会改变其和.

性质 11.1.4 对收敛级数的项任意加括号后所成的级数仍然收敛,且其和不变.

性质 11.1.4 表明,对收敛级数可以任意加括号. 反过来,如果一个级数以某种方式加了括号后所成的新级数发散,那么原级数一定是发散的. 但是,性质 11.1.4 的逆命题是不成立的,即若一个级数加括号后所得的新级数收敛,原级数未必收敛. 例如,以 $[1+(-1)]$ 作为通项的级数 $[1+(-1)]+[1+(-1)]+\cdots+[1+(-1)]+\cdots$ 收敛于 0,但去掉了括号后的新级数

$$\sum_{n=1}^{\infty} u_n = \sum_{n=1}^{\infty} (-1)^{n-1} = 1+(-1)+1+(-1)+\cdots+(-1)^{n-1}+\cdots$$ 却是发散的.

> **性质 11.1.5(级数收敛的必要条件)**　级数 $\sum\limits_{n=1}^{\infty} u_n$ 收敛的必要条件是通项极限为零,即 $\sum\limits_{n=1}^{\infty} u_n$ 收敛,则 $\lim\limits_{n\to\infty} u_n = 0$.

证明　设 $\sum\limits_{n=1}^{\infty} u_n = S$,则 $\lim\limits_{n\to\infty} S_n = \lim\limits_{n\to\infty} S_{n-1} = S$. 由于 $u_n = S_n - S_{n-1}$,所以

$$\lim_{n\to\infty} u_n = \lim_{n\to\infty}(S_n - S_{n-1}) = \lim_{n\to\infty} S_n - \lim_{n\to\infty} S_{n-1} = S - S = 0.$$

由性质 11.1.5,可得级数发散的充分条件:如果级数的通项不趋于零,则级数 $\sum\limits_{n=1}^{\infty} u_n$ 必定发散. 例如,级数 $1+1+1\cdots+1\cdots$ 的通项不趋于零,所以发散. 但是通项以零为极限绝不是级数收敛的充分条件. 例如,调和级数通项的极限 $\lim\limits_{n\to\infty} \dfrac{1}{n} = 0$,但它是发散的.

例 11.1.3　证明:级数 $\sum\limits_{n=1}^{\infty} \dfrac{1}{n}$ 是发散的.

证明　先证明一个不等式:当 $x > 0$ 时,$x > \ln(1+x)$.

令 $f(x) = x - \ln(1+x)$,则 $f(0) = 0$. 因为当 $x > 0$ 时,$f'(x) = 1 - \dfrac{1}{1+x} = \dfrac{x}{1+x} > 0$,$f(x)$ 严格单调增加,所以 $f(x) > f(0)$,即 $x > \ln(1+x)$.

把证得的不等式应用于所给级数的每一项,得

$$S_n = 1 + \frac{1}{2} + \frac{1}{3} + \cdots + \frac{1}{n} > \ln(1+1) + \ln\left(1+\frac{1}{2}\right) + \ln\left(1+\frac{1}{3}\right) + \cdots$$
$$+ \ln\left(1+\frac{1}{n}\right)$$
$$= \ln 2 + \ln\frac{3}{2} + \ln\frac{4}{3} + \cdots + \ln\frac{n+1}{n} = \ln(n+1),$$

从而有 $\lim\limits_{n\to\infty} S_n \geqslant \lim\limits_{n\to\infty} \ln(1+n) = +\infty$,即证得级数 $\sum\limits_{n=1}^{\infty} \dfrac{1}{n}$ 是发散的.

此级数 $\sum\limits_{n=1}^{\infty}\dfrac{1}{n}$ 常被称为**调和级数**,因为在判别其他级数的敛散性时,常被用于比较.

例 11.1.4 考察下列级数的敛散性.

(1) $\sum\limits_{n=1}^{\infty}\dfrac{n}{3n+1}$;　(2) $\sum\limits_{n=1}^{\infty}\dfrac{1}{2n}$;　(3) $\sum\limits_{n=1}^{\infty}\left(\dfrac{2}{n}-\dfrac{1}{2^n}\right)$.

解　(1)通项 $u_n=\dfrac{n}{3n+1}$,因为 $\lim\limits_{n\to\infty}u_n=\dfrac{1}{3}\neq0$,所以原级数发散.

(2) $\sum\limits_{n=1}^{\infty}\dfrac{1}{2n}=\dfrac{1}{2}\sum\limits_{n=1}^{\infty}\dfrac{1}{n}$。因为级数 $\sum\limits_{n=1}^{\infty}\dfrac{1}{n}$ 是发散的,由性质 11.1.1 知, $\sum\limits_{n=1}^{\infty}\dfrac{1}{2n}$ 发散.

(3)因为级数 $\sum\limits_{n=1}^{\infty}\dfrac{2}{n}$ 发散,级数 $\sum\limits_{n=1}^{\infty}\dfrac{1}{2^n}$ 是收敛的等比级数,由性质 11.1.2 可知,级数 $\sum\limits_{n=1}^{\infty}\left(\dfrac{2}{n}-\dfrac{1}{2^n}\right)$ 发散.

习题 11.1

1.写出下列级数的前三项.

(1) $\sum\limits_{n=1}^{\infty}(\sqrt{n+1}-\sqrt{n})$;　(2) $\sum\limits_{n=1}^{\infty}\dfrac{n^2}{n!}$;　(3) $\sum\limits_{n=1}^{\infty}\dfrac{(-1)^n}{n^4}$;　(4) $\sum\limits_{n=1}^{\infty}\dfrac{n^2+1}{n+2}$.

2.写出下列级数的一般项.

(1) $\dfrac{1}{2}-\dfrac{2}{3}+\dfrac{3}{4}-\dfrac{4}{5}+\cdots$;　　(2) $\dfrac{x}{2\cdot3}+\dfrac{x\sqrt{x}}{3\cdot4}+\dfrac{x^2}{4\cdot5}+\dfrac{x^2\sqrt{x}}{5\cdot6}+\cdots$;

(3) $1-\dfrac{1}{3}+\dfrac{1}{5}-\dfrac{1}{7}+\dfrac{1}{9}\cdots$.

3.讨论下列级数的敛散性.

(1) $\sum\limits_{n=1}^{\infty}\dfrac{1}{(n-1)(n+1)}$;　(2) $\sum\limits_{n=1}^{\infty}(\sqrt{n+1}-\sqrt{n})$;　(3) $\sum\limits_{n=1}^{\infty}\dfrac{1}{2n}$;

(4) $\sum\limits_{n=1}^{\infty}\left[\dfrac{3}{4^n}+\dfrac{(-1)^n}{3^n}\right]$;　(5) $\dfrac{4}{3}+\dfrac{4^2}{3^2}+\dfrac{4^3}{3^3}+\cdots+\dfrac{4^n}{3^n}+\cdots$.

§11.2　常数项级数的审敛法

11.2.1　正项级数及审敛法

> **定义 11.2.1**　若级数 $\sum\limits_{n=1}^{\infty} u_n$ 满足 $u_n \geqslant 0 (n=1,2,\cdots)$，则称该级数为正项级数.

正项级数 $\sum\limits_{n=1}^{\infty} u_n$ 的前 n 项之和数列 $\{S_n\} = \{u_1 + u_2 + \cdots + u_n\}$ 是一个单调增加数列，$S_1 \leqslant S_2 \leqslant S_3 \leqslant \cdots$ 根据极限理论中单调有界数列必有极限的准则，可得到定理 11.2.1.

> **定理 11.2.1**　正项级数 $\sum\limits_{n=1}^{\infty} u_n$ 收敛的充分必要条件是它的部分和数列 $\{S_n\}$ 有界.

定理 11.2.1 用来直接说明正项级数收敛有时比较困难，但由此定理可以证明下面经常使用的正项级数的比较判别法.

> **定理 11.2.2**　设正项级数 $\sum\limits_{n=1}^{\infty} u_n, \sum\limits_{n=1}^{\infty} v_n$，且 $u_n \leqslant v_n. (n=1,2,\cdots)$
>
> (1) 若级数 $\sum\limits_{n=1}^{\infty} v_n$ 收敛，则级数 $\sum\limits_{n=1}^{\infty} u_n$ 也收敛；
>
> (2) 若级数 $\sum\limits_{n=1}^{\infty} u_n$ 发散，则级数 $\sum\limits_{n=1}^{\infty} v_n$ 也发散.

证明　(1) 记 $S_n = u_1 + u_2 \cdots + u_n, S_n'' = v_1 + v_2 \cdots + v_n$.

因为级数 $\sum\limits_{n=1}^{\infty} v_n$ 收敛，由定理 11.2.1 知 $\{S_n''\}$ 有界；又 $u_n \leqslant v_n (n=1,2,\cdots)$，所以 $S_n \leqslant S_n''$.

故正项级数 $\sum\limits_{n=1}^{\infty} u_n$ 部分和数列 $\{S_n\}$ 有界，根据定理 11.2.1 知正项级数 $\sum\limits_{n=1}^{\infty} u_n$ 收敛.

同理,根据结论(1)和反证法可证得(2).

定理 11.2.2 的结论表明,若"大"级数收敛,则"小"级数也收敛;若"小"级数发散,则"大"级数必定发散.

注意: 由级数的性质可知,将定理 11.2.2 中的条件放宽为 $u_n \leqslant k v_n$ $(k > 0, n \geqslant N, N$ 为任意给定正整数),结论仍成立。

例 11.2.1 讨论 p - 级数 $\sum\limits_{n=1}^{\infty} \dfrac{1}{n^p}$ ($p \geqslant 0$ 的常数)的敛散性.

解 (1)当 $0 < p \leqslant 1$ 时,因为 $\dfrac{1}{n^p} \geqslant \dfrac{1}{n} (n = 1, 2, \cdots)$,而已知调和级数 $\sum\limits_{n=1}^{\infty} \dfrac{1}{n}$ 发散,由比较判别法知此时级数也发散.

(2)当 $p > 1$ 时,设级数 $\sum\limits_{n=1}^{\infty} \dfrac{1}{n^p}$ 的部分和为 S_n,显然 $S_n < S_{2n+1}$,且

$$S_{2n+1} = 1 + \left[\frac{1}{2^p} + \frac{1}{4^p} + \cdots + \frac{1}{(2n)^p} \right] + \left[\frac{1}{3^p} + \frac{1}{5^p} + \cdots + \frac{1}{(2n+1)^p} \right]$$

$$< 1 + 2 \left[\frac{1}{2^p} + \frac{1}{4^p} + \cdots + \frac{1}{(2n)^p} \right]$$

$$= 1 + \frac{2}{2^p} \left[1 + \frac{1}{2^p} + \cdots + \frac{1}{n^p} \right],$$

即 $S_n < S_{2n+1} < 1 + 2^{1-p} S_n$,从而有 $S_n < \dfrac{1}{1 - 2^{1-p}} (n = 1, 2, \cdots)$.

即 p - 级数 $\sum\limits_{n=1}^{\infty} \dfrac{1}{n^p}$ 的部分和数列 $\{S_n\}$ 有界,由定理 11.2.1 知,此时 p - 级数收敛.

综上所述,p - 级数 $\sum\limits_{n=1}^{\infty} \dfrac{1}{n^p}$ 当 $0 < p \leqslant 1$ 时发散,当 $p > 1$ 时收敛.

应用比较判别法的关键,是要找到一个已知敛散性的比较级数,将其通项与要判别敛散性级数的通项进行比较后,能依据定理 11.2.2 明确后者的敛散性. 最常用的比较级数是几何级数 $\sum\limits_{n=1}^{\infty} aq^n$,$p$ - 级数 $\sum\limits_{n=1}^{\infty} \dfrac{1}{n^p}$.

例 11.2.2 讨论级数 $\sum\limits_{n=1}^{\infty} \dfrac{1}{3^n + 100}$ 的收敛性.

解 $3^n + 100 > 3^n > 0$,故可以认为是正项级数.

又 $0 < \dfrac{1}{3^n + 100} < \dfrac{1}{3^n} = \left(\dfrac{1}{3}\right)^n,$

而级数 $\displaystyle\sum_{n=1}^{\infty} \left(\dfrac{1}{3}\right)^n$ 是公比为 $\dfrac{1}{3}$ 的等比级数，是收敛的，由比较判别法知所给级数收敛.

例 11.2.3 判别下列级数的敛散性.

(1) $1 + \dfrac{1}{\sqrt{2}} + \dfrac{1}{\sqrt{3}} + \cdots + \dfrac{1}{\sqrt{n}} + \cdots$；　(2) $\displaystyle\sum_{n=1}^{\infty} \dfrac{n}{(n+1)^3}.$

解　(1) 改写级数为 $\displaystyle\sum_{n=1}^{\infty} \dfrac{1}{n^{\frac{1}{2}}}$，则它是 p—级数且 $p = \dfrac{1}{2} < 1$，所以级数发散.

(2) 因为 $\dfrac{n}{(n+1)^3} < \dfrac{n}{n^3} = \dfrac{1}{n^2}$，$\displaystyle\sum_{n=1}^{\infty} \dfrac{1}{n^2}$ 收敛，由比较判别法知所给级数收敛.

把比较判别法写成极限形式，可得到下面的推论.

推论　设 $\displaystyle\sum_{n=1}^{\infty} u_n$ 和 $\displaystyle\sum_{n=1}^{\infty} v_n$（$v_n \neq 0, n \geqslant N$）是两个正项级数，若极限 $\displaystyle\lim_{n \to \infty} \dfrac{u_n}{v_n} = k$，则

(1) $k > 0$，$\displaystyle\sum_{n=1}^{\infty} u_n$ 和 $\displaystyle\sum_{n=1}^{\infty} v_n$ 具有相同的敛散性；

(2) $k = 0$，则当 $\displaystyle\sum_{n=1}^{\infty} v_n$ 收敛时，$\displaystyle\sum_{n=1}^{\infty} u_n$ 必定收敛；

(3) $k = +\infty$，则当 $\displaystyle\sum_{n=1}^{\infty} v_n$ 发散时，$\displaystyle\sum_{n=1}^{\infty} u_n$ 必定发散.

例 11.2.4 判别下列级数的敛散性.

(1) $\displaystyle\sum_{n=1}^{\infty} \sin\dfrac{1}{n}$；　(2) $\displaystyle\sum_{n=1}^{\infty} \ln\left(1 + \dfrac{1}{n^2}\right)$；　(3) $\displaystyle\sum_{n=6}^{\infty} \dfrac{\sqrt{n}}{(n+1)(n+5)}.$

解　(1) 因为 $\displaystyle\lim_{n \to \infty} \dfrac{\sin\dfrac{1}{n}}{\dfrac{1}{n}} = 1 > 0$，而级数 $\displaystyle\sum_{n=1}^{\infty} \dfrac{1}{n}$ 发散，由推论知所给级数也发散.

(2) 因为 $\displaystyle\lim_{n \to \infty} \dfrac{\ln\left(1 + \dfrac{1}{n^2}\right)}{\dfrac{1}{n^2}} = 1 > 0$，而级数 $\displaystyle\sum_{n=1}^{\infty} \dfrac{1}{n^2}$ 收敛，由推论知所给

级数也收敛.

(3) $\lim\limits_{n\to\infty}\dfrac{\dfrac{\sqrt{n}}{(n+1)(2n-5)}}{\dfrac{1}{n^{\frac{3}{2}}}}=\lim\limits_{n\to\infty}\dfrac{1}{2-3\dfrac{1}{n}-5\dfrac{1}{n^2}}=\dfrac{1}{2}>0$，级数 $\sum\limits_{n=1}^{\infty}\dfrac{1}{n^{\frac{3}{2}}}$ 是

收敛的,由推论知所给级数收敛.

定理 11.2.3(达朗贝尔(d'Alembert)比值判别法)　设 $\sum\limits_{n=1}^{\infty}u_n$ 为正

项级数,通项相邻项之比的极限为 $\lim\limits_{n\to\infty}\dfrac{u_{n+1}}{u_n}=\rho$，则

(1)若 $\rho<1$ 时,则级数 $\sum\limits_{n=1}^{\infty}u_n$ 收敛;

(2)若 $\rho>1$ 时,则级数 $\sum\limits_{n=1}^{\infty}u_n$ 发散;

(3)若 $\rho=1$，则级数可能收敛,也可能发散.

比值判别法是以级数相邻通项之比的极限作为判断依据的,因此特别适用于通项以 $n!$ 或 a^n(a 是正常数)为因子的级数.

例 11.2.5 判别下列级数的敛散性.

(1) $\sum\limits_{n=1}^{\infty}\dfrac{n!}{10^n}$；(2) $\sum\limits_{n=1}^{\infty}\dfrac{n^k}{2^n}$（$k>0$ 为常数）；(3) $\sum\limits_{n=1}^{\infty}\dfrac{a^n}{n!}$（$a>0$ 为常数）.

解　(1) $\lim\limits_{n\to\infty}\dfrac{u_{n+1}}{u_n}=\lim\limits_{n\to\infty}\dfrac{(n+1)!}{10^{n+1}}\cdot\dfrac{10^n}{n!}=\lim\limits_{n\to\infty}\dfrac{n+1}{10}=\infty$，由比值判别法

知,所给级数发散.

(2) $\lim\limits_{n\to\infty}\dfrac{u_{n+1}}{u_n}=\lim\limits_{n\to\infty}\left[\dfrac{(n+1)^2}{2^{n+1}}\cdot\dfrac{2^n}{n^2}\right]=\lim\limits_{n\to\infty}\dfrac{1}{2}\left(1+\dfrac{1}{n}\right)^2=\dfrac{1}{2}<1$，由比值

判别法知,所给级数收敛.

(3) $\lim\limits_{n\to\infty}\dfrac{u_{n+1}}{u_n}=\lim\limits_{n\to\infty}\left[\dfrac{a^{n+1}}{(n+1)!}\cdot\dfrac{n!}{a^n}\right]=\lim\limits_{n\to\infty}\dfrac{a}{n+1}=0<1$，由比值判别法

知,所给级数收敛.

11.2.2　交错级数

> **定义 11.2.2**　如果级数的各项正负交错,则称为交错级数,即级数可以写成 $-u_1 + u_2 - u_3 + u_4 + \cdots = \sum_{n=1}^{\infty} (-1)^n u_n$ 或 $u_1 - u_2 + u_3 - u_4 + \cdots = \sum_{n=1}^{\infty} (-1)^{n+1} u_n$ 的形式,其中 $u_n > 0$.

交错级数有一个简便的审敛法.

> **定理 11.2.4(莱布尼茨判别法)**　如果交错级数 $\sum_{n=1}^{\infty} (-1)^n u_n$ 或 $\sum_{n=1}^{\infty} (-1)^{n-1} u_n$ ($u_n > 0$)满足条件:(1) $u_n \geqslant u_{n+1}$ ($n = 1,2,3,\cdots$);(2) $\lim_{n \to \infty} u_n = 0$. 则级数收敛,且其和 $S \leqslant u_1$.

证明　部分和 $S_{2n} = u_1 - u_2 + u_3 - u_4 + \cdots + u_{2n-1} - u_{2n} = (u_1 - u_2) + (u_3 - u_4) + \cdots + (u_{2n-1} - u_{2n})$,因通项的绝对值单调减少,所以 $\{S_{2n}\}$ 为单调增加数列. 又 $S_{2n} = u_1 - (u_2 - u_3) - (u_4 - u_5) + \cdots + (u_{2n-2} - u_{2n-1}) - u_{2n} \leqslant u_1$,所以 $\{S_{2n}\}$ 有界,根据极限理论,数列 $\{S_{2n}\}$ 存在极限 $\lim_{n \to \infty} S_{2n} \leqslant u_1$. $S_{2n+1} = S_{2n} + u_{2n+1}$,因为通项极限为 0,所以存在极限 $\lim_{n \to \infty} S_{2n+1} = \lim_{n \to \infty} S_{2n} \leqslant u_1$.

综上所述,交错级数的部分和数列 $\{S_n\}$ 存在极限 $\lim_{n \to \infty} S_n \leqslant u_1$,即级数收敛且和不超过首项.

例 11.2.6　判定交错级数 $\sum_{n+1}^{\infty} (-1)^n \frac{1}{n}$ 的敛散性.

解　因为 $u_n = \frac{1}{n} > \frac{1}{n+1} = u_{n+1}$,$\lim_{n \to \infty} u_n = \lim_{n \to \infty} \frac{1}{n} = 0$,由定理 11.2.4 知,级数收敛.

11.2.3　绝对收敛与条件收敛

下面,我们讨论一般的级数 $\sum_{n=1}^{\infty} u_n$ 的敛散性,它的各项 u_n ($n = 1,2,\cdots,n$)

为任意实数.

> **定义 11.2.3** 若由级数 $\sum\limits_{n=1}^{\infty} u_n$ 通项的绝对值构成的级数 $\sum\limits_{n=1}^{\infty} |u_n|$
>
> 收敛,则称级数 $\sum\limits_{n=1}^{\infty} u_n$ 为绝对收敛;若 $\sum\limits_{n=1}^{\infty} u_n$ 收敛而 $\sum\limits_{n=1}^{\infty} |u_n|$ 发散,则称
>
> $\sum\limits_{n=1}^{\infty} u_n$ 条件收敛.

例如,级数 $\sum\limits_{n=1}^{\infty} (-1)^n \dfrac{1}{n^2}$ 是绝对收敛,而级数 $\sum\limits_{n=1}^{\infty} (-1)^n \dfrac{1}{n}$ 是条件收敛.

> **定理 11.2.5** 绝对收敛级数必定收敛.

例如,级数 $\sum\limits_{n=1}^{\infty} \dfrac{\sin nx}{n^2}$ 收敛,因为 $\left| \dfrac{\sin nx}{n^2} \right| \leqslant \dfrac{1}{n^2}$,而级数 $\sum\limits_{n=1}^{\infty} \dfrac{1}{n^2}$ 收敛,由

正项级数的比较审敛法知 $\sum\limits_{n=1}^{\infty} \left| \dfrac{\sin nx}{n^2} \right|$ 收敛,即级数 $\sum\limits_{n=1}^{\infty} \dfrac{\sin nx}{n^2}$ 绝对收敛,

必收敛.

习题 11.2

1.用正项级数审敛法,判定下列级数的敛散性.

(1) $\sum\limits_{n=1}^{\infty} \dfrac{1}{\sqrt{n(n+1)}}$;

(2) $\sum\limits_{n=1}^{\infty} \sin \dfrac{1}{n^2+1}$;

(3) $\sum\limits_{n=1}^{\infty} \dfrac{n^2}{2^n+1}$;

(4) $\sum\limits_{n=1}^{\infty} \dfrac{1}{n^2-10}$;

(5) $\sum\limits_{n=1}^{\infty} \dfrac{n^{\frac{3}{2}}}{n^3+2n-1}$;

(6) $\sum\limits_{n=1}^{\infty} \dfrac{n!}{n^3}$;

(7) $\sum\limits_{n=1}^{\infty} \dfrac{2^n n!}{n^n}$;

(8) $\sum\limits_{n=1}^{\infty} \dfrac{2}{n+1}$.

(9) $\sum\limits_{n=1}^{\infty} n \left(\dfrac{3}{5} \right)^n$.

2.判断下列级数是否收敛.如果收敛,是绝对收敛还是条件收敛?

(1) $\sum\limits_{n=1}^{\infty} (-1)^n \dfrac{1}{\sqrt{n}}$;

(2) $\sum\limits_{n=1}^{\infty} (-1)^n \dfrac{2n-1}{3n+2}$;

(3) $\sum\limits_{n=1}^{\infty} (-1)^n \dfrac{2^n+1}{3^n-1}$;

(4) $\sum\limits_{n=1}^{\infty} \dfrac{\cos n}{n^2-1}$.

§11.3　幂级数

11.3.1　函数项级数的概念

> **定义 11.3.1**　设 $u_1(x), u_2(x), \cdots, u_n(x), \cdots$ 是定义在数集 E 上的一个函数列,则表达式
>
> $$u_1(x) + u_2(x) + \cdots + u_n(x) + \cdots = \sum_{n=1}^{\infty} u_n(x)$$
>
> 为数集 E 上的函数项级数.

若 $x = x_0 \in E$ 时,所得数项级数为 $\sum_{n=1}^{\infty} u_n(x_0)$,则称 x_0 为级数 $\sum_{n=1}^{\infty} u_n(x)$ 的一个收敛点,函数项级数 $\sum_{n=1}^{\infty} u_n(x)$ 的全体收敛点的集合 D 称为该级数的收敛域. 对于函数项级数 $\sum_{n=1}^{\infty} u_n(x)$ 收敛域 D 内每一点 x,都对应着一个收敛的数项级数,于是存在一个确定的和数 $S(x)$,称之为函数项级数的和函数,其定义域为 D,即

$$S(x) = \sum_{n=1}^{\infty} u_n(x), x \in D.$$

11.3.2　幂级数及其敛散性

> **定义 11.3.2**　形如
>
> $$\sum_{n=0}^{\infty} a_n (x-x_0)^n = a_0 + a_1(x-x_0) + a_2 (x-x_0)^2 + \cdots + a_n (x-x_0)^n + \cdots$$
>
> 的函数项级数,称为 $(x-x_0)$ 的**幂级数**,其中数 $a_0, a_1, a_2, \cdots, a_n, \cdots$ 称为**幂级数的系数**.

特别地,当 $x_0 = 0$ 时,幂级数变为

$$\sum_{n=0}^{\infty} a_n x^n = a_0 + a_1 x + a_2 x^2 + \cdots + a_n x^n + \cdots$$

幂级数 $\sum\limits_{n=0}^{\infty} x^n = 1 + x + x^2 + \cdots + x^n + \cdots$ 可以看作公比为 x 的等比级数,当 $|x| < 1$ 时,收敛;当 $|x| \geqslant 1$ 时,发散. 因此,它的收敛域为 $(-1, 1)$,在收敛域内求和得 $\dfrac{1}{1-x}$.

对于幂级数,首先要讨论的仍然是它的收敛与发散的问题,关于幂级数收敛有如下判定准则:

设有幂级数 $\sum\limits_{n=0}^{\infty} a_n x^n = a_0 + a_1 x + a_2 x^2 + \cdots + a_n x^n + \cdots$ 相邻系数比存在极限 $\lim\limits_{n \to \infty} \left| \dfrac{a_n}{a_{n+1}} \right| = R$,那么,当 $|x| < R$ 时,幂级数收敛且绝对收敛;当 $|x| > R$ 时,幂级数发散.

正数 R 称为幂级数 $\sum\limits_{n=0}^{\infty} a_n x^n$ 的收敛半径,可以是零,也可以为 $+\infty$,关于原点对称的开区间 $(-R, R)$ 叫作幂级数 $\sum\limits_{n=0}^{\infty} a_n x^n$ 的收敛区间;幂级数的收敛域由幂级数在 $x = \pm R$ 处的收敛性决定. 幂级数 $\sum\limits_{n=0}^{\infty} a_n x^n$ 为 $(-R, R)$,$(-R, R]$,$[-R, R)$,$[-R, R]$ 这四个区间里的一种.

例 11.3.1 求下列幂级数的收敛半径及收敛域.

(1) $\sum\limits_{n=1}^{\infty} \dfrac{x^n}{n!}$;　(2) $\sum\limits_{n=1}^{\infty} n^n x^n$;　(3) $\sum\limits_{n=1}^{\infty} (-1)^{n-1} \dfrac{x^n}{n}$;　(4) $\sum\limits_{n=1}^{\infty} (-1)^{n-1} \dfrac{(x+1)^n}{n}$.

解 (1) $R = \lim\limits_{n \to \infty} \left| \dfrac{a_n}{a_{n+1}} \right| = \lim\limits_{n \to \infty} \dfrac{\dfrac{1}{n!}}{\dfrac{1}{(n+1)!}} = \lim\limits_{n \to \infty} (n+1) = +\infty$,收敛半径 $R = +\infty$,收敛域为 $(-\infty, +\infty)$.

(2) $R = \lim\limits_{n \to \infty} \left| \dfrac{a_n}{a_{n+1}} \right| = \lim\limits_{n \to \infty} \dfrac{n^n}{(n+1)^{n+1}} = \lim\limits_{n \to \infty} \left[\dfrac{1}{n+1} \cdot \dfrac{1}{\left(1 + \dfrac{1}{n}\right)^n} \right] = 0$,收敛半径 $R = 0$,级数仅在 $x = 0$ 处收敛,收敛域为 $\{0\}$.

(3) $R = \lim\limits_{n \to \infty} \left| \dfrac{a_n}{a_{n+1}} \right| = \lim\limits_{n \to \infty} \dfrac{\dfrac{1}{n}}{\dfrac{1}{(n+1)}} = \lim\limits_{n \to \infty} \left(1 + \dfrac{1}{n}\right) = 1$,收敛半径 $R = 1$,

当 $x=1$ 时,幂级数为 $\sum\limits_{n=1}^{\infty}(-1)^{n-1}\dfrac{1}{n}$,是收敛的;当 $x=-1$ 时,幂级数为 $\sum\limits_{n=1}^{\infty}\left(-\dfrac{1}{n}\right)$,是发散的. 综上,收敛域为 $(-1,1]$.

(4)令 $t=x+1$,原级数变为 $\sum\limits_{n=1}^{\infty}(-1)^{n-1}\dfrac{t^n}{n}$,由(3)知,级数 $\sum\limits_{n=1}^{\infty}(-1)^{n-1}\dfrac{t^n}{n}$ 的收敛半径 $R=1$,收敛域为 $(-1,1]$,即 $-1<x+1\leqslant1,-2<x\leqslant0$,所以原级数的收敛半径 $R=1$,收敛域为 $(-2,0]$.

11.3.3 幂级数及其和函数的性质

性质 11.3.1 设幂级数 $\sum\limits_{n=0}^{\infty}a_nx^n$ 在收敛区间 $(-R_1,R_1)$ 内的和函数为 $S_1(x)$,幂级数 $\sum\limits_{n=0}^{\infty}b_nx^n$ 在收敛区间 $(-R_2,R_2)$ 内的和函数为 $S_2(x)$,取 $R=\min(R_1,R_2)$,则有

(1) $\sum\limits_{n=0}^{\infty}a_nx^n\pm\sum\limits_{n=0}^{\infty}b_nx^n=\sum\limits_{n=0}^{\infty}(a_n\pm b_n)x^n=S_1(x)\pm S_2(x)$,其收敛区间为 $(-R,R)$;

(2) $\left(\sum\limits_{n=0}^{\infty}a_nx^n\right)\left(\sum\limits_{n=0}^{\infty}b_nx^n\right)=a_0b_0+(a_0b_1+a_1b_0)x+(a_0b_2+a_1b_1+a_2b_0)x^2+\cdots=S_1(x)S_2(x)$,其收敛区间为 $(-R,R)$.

性质 11.3.2 设幂级数 $\sum\limits_{n=0}^{\infty}a_nx^n$ 在收敛区间 $(-R,R)$ 内的和函数为 $S(x)$,则

(1) $S(x)$ 在 $(-R,R)$ 内连续;

(2) $S(x)$ 在 $(-R,R)$ 内可导,且

$$S'(x)=\left(\sum\limits_{n=0}^{\infty}a_nx^n\right)'=\sum\limits_{n=0}^{\infty}(a_nx^n)'=\sum\limits_{n=1}^{\infty}na_nx^{n-1};$$

(3) $S(x)$ 在 $(-R,R)$ 内可积,

$$\int_0^x S(x)\mathrm{d}x=\int_0^x\left(\sum\limits_{n=0}^{\infty}a_nx^n\right)\mathrm{d}x=\sum\limits_{n=0}^{\infty}\int_0^x a_nx^n\mathrm{d}x=\sum\limits_{n=0}^{\infty}\dfrac{a_n}{n+1}x^{n+1}.$$

也就是说,幂级数在收敛区间内可以逐项求导或逐项积分,并且逐项求导或逐项积分后所得的幂级数收敛区间不变,但在收敛区间的端点处,级数的敛散性可能会改变.

例 11.3.2 求幂级数 $\displaystyle\sum_{n=1}^{\infty}\frac{(-1)^{n-1}}{n}x^{n}$ 的和函数.

解 易求得幂级数收敛域为 $(-1,1]$,记其和函数为 $S(x)$,即

$$S(x)=\sum_{n=1}^{\infty}\frac{(-1)^{n-1}}{n}x^{n}.$$

两边求导,对等号右边幂级数逐项求导,得

$$S'(x)=\Big[\sum_{n=1}^{\infty}\frac{(-1)^{n-1}}{n}x^{n}\Big]'=\sum_{n=1}^{\infty}\Big[\frac{(-1)^{n-1}}{n}x^{n}\Big]'$$

$$=\sum_{n=1}^{\infty}(-1)^{n-1}x^{n-1}=\frac{1}{1+x}.$$

两边积分,有

$$\int_{0}^{x}S'(t)\mathrm{d}t=S(t)\mid_{0}^{x}=S(x)-S(0)=\int_{0}^{x}\frac{1}{1+t}\mathrm{d}t$$

$$=\ln(1+x),x\in(-1,1),$$

因为 $S(0)=0$,所以 $S(x)=\ln(1+x),x\in(-1,1]$.

习题 11.3

1.求下列幂级数的收敛半径、收敛区间、收敛域.

(1) $\displaystyle\sum_{n=1}^{\infty}\frac{x^{n}}{2n+1}$;

(2) $\displaystyle\sum_{n=1}^{\infty}\frac{2^{n}}{2n+1}x^{n}$;

(3) $\displaystyle\sum_{n=1}^{\infty}\frac{x^{n}}{3^{n}\cdot n}$;

(4) $\displaystyle\sum_{n=1}^{\infty}\frac{(x-1)^{n}}{n\cdot 2^{n}}$.

2.求下列幂级数的和函数.

(1) $\displaystyle\sum_{n=1}^{\infty}nx^{n-1}$;

(2) $\displaystyle\sum_{n=1}^{\infty}\frac{x^{2n-1}}{2n-1}$;

(3) $\displaystyle\sum_{n=1}^{\infty}\frac{(x-1)^{n}}{n}$;

(4) $x+\dfrac{x^{3}}{3}+\dfrac{x^{5}}{5}+\dfrac{x^{7}}{7}+\cdots$.

§11.4　函数展开成幂级数

前面讨论了幂级数在其收敛域内收敛且收敛于它的和函数的问题. 与此相反,下面将要研究给定函数 $f(x)$,能否存在一个幂级数以 $f(x)$ 为它的和函数的问题. 如果这样的幂级数能找到,则称已知函数 $f(x)$ 能够展开成幂级数.

11.4.1　泰勒(Taylor)公式

> **定理 11.4.1(泰勒中值定理)**　如果函数 $f(x)$ 在含有 x_0 的某个开区间 (a,b) 内具有直到 $(n+1)$ 阶的导数,则对 $\forall x \in (a,b)$ 时,$f(x)$ 可以表示为 $(x-x_0)$ 的一个 n 次多项式与一个余项 $R_n(x)$ 之和,即
>
> $$f(x) = f(x_0) + f'(x_0)(x-x_0) + \frac{f''(x_0)}{2!}(x-x_0)^2 + \cdots$$
> $$+ \frac{f^{(n)}(x_0)}{n!}(x-x_0)^n + R_n(x) \qquad (11.4.1)$$
>
> 其中,$R_n(x) = \frac{f^{(n+1)}(\xi)}{(n+1)!}(x-x_0)^{n+1}$ (ξ 是 x_0 与 x 之间的某个值)称为
> **Lagrange 型余项**;$R_n(x) = o\left[(x-x_0)^n\right]$ 称为**皮亚诺(Peano)型余项**.
> 公式(11.4.1)称为 $f(x)$ 按 $(x-x_0)$ 的幂展开的 **n 阶泰勒公式**.

特别地,在泰勒中值定理中,取 $x_0 = 0$ 时,泰勒(Taylor)公式可称为麦克劳林(Maclaurin)公式,即

(1) 令 $\xi = \theta x (0 < \theta < 1)$,

$$f(x) = f(0) + f'(0) + \frac{f'(0)}{2!}x^2 + \cdots + \frac{f^{(n)}(0)}{n!}x^n + \frac{f^{(n+1)}(\theta x)}{(n+1)!}x^{n+1}$$

称为带有 **Lagrange 型余项的麦克劳林公式**;

(2) $f(x) = f(0) + f'(0)x + \cdots + \frac{f^{(n)}(0)}{n!}x^n + o(x^n)$ 称为带有 **Peano 型余项的麦克劳林公式**.

在 $f(x)$ 的 n 阶泰勒公式(11.4.1)中,若令

$$s_{n+1}(x) = f(x_0) + f'(x_0)(x-x_0) + \frac{f''(x_0)}{2!}(x-x_0)^2 + \cdots$$
$$+ \frac{f^{(n)}(x_0)}{n!}(x-x_0)^n,$$

则 $\qquad f(x) = s_{n+1}(x) + R_n(x).$ $\hfill (11.4.2)$

$s_{n+1}(x)$ 为一个 n 次的多项式.

如果用多项式 $s_{n+1}(x)$ 近似 $f(x)$,则误差为 $|R_n(x)|$. 随着 n 越来越大,当 $n \to \infty$ 时, n 次的多项式 $s_{n+1}(x)$ 就变成 $(x-x_0)$ 形式的幂级数.

11.4.2　泰勒(Taylor)级数

> **定义 11.4.1**　若函数 $f(x)$ 在点 x_0 的某邻域内有各阶导数,则称幂级数
>
> $$f(x_0) + \frac{f'(x_0)}{1}(x-x_0) + \frac{f''(x_0)}{2!}(x-x_0)^2 + \cdots + \frac{f^{(n)}(x_0)}{n!} \cdot$$
> $$(x-x_0)^n + \cdots \hfill (11.4.3)$$
>
> 为 $f(x)$ 的泰勒级数.
>
> 　　特别地,当 $x_0 = 0$,称幂级数
>
> $$f(0) + \frac{f'(0)}{1}x + \frac{f''(0)}{2!}x^2 + \frac{f^{(n)}(0)}{n!}x^n + \cdots \hfill (11.4.4)$$
>
> 为 $f(x)$ 的**麦克劳林(Maclaurin)级数**.

显然,当 $x = x_0$ 时,式(11.4.3)收敛,且收敛于 $f(x_0)$. 那么,除 x_0 外,对 x_0 邻域内的其他点 x, $f(x)$ 的泰勒级数(11.4.3)是否收敛于 $f(x)$ 呢?

> **定理 11.4.2**　设函数 $f(x)$ 在 x_0 的某邻域内有各阶导数,则该邻域内 $f(x)$ 的泰勒级数(11.4.3)收敛于 $f(x)$ 的充要条件是 $f(x)$ 的 n 阶泰勒公式(11.4.1)中余项的极限 $\lim\limits_{n \to \infty} R_n(x) = 0$.

证明　由式(11.4.2)知, $f(x) = s_{n+1}(x) + R_n(x)$, $s_{n+1}(x)$ 又是 $f(x)$ 泰勒级数(11.4.3)的部分和. $f(x)$ 泰勒级数(11.4.3)收敛于 $f(x)$ 的充要条件是

$$\lim_{n \to \infty} s_{n+1}(x) = f(x),$$

而 $\lim\limits_{n \to \infty} s_{n+1}(x) = f(x)$ 的充要条件是

$$\lim_{n \to \infty} R_n(x) = 0.$$

因此, $f(x)$ 泰勒级数(11.4.3)收敛于 $f(x)$ 的充要条件是 $\lim\limits_{n \to \infty} R_n(x) = 0$.

当 $x_0 = 0$ 时,上述结论就是 $f(x)$ 的麦克劳林级数收敛于 $f(x)$ 的充要条件.

11.4.3　将函数展开成幂级数的方法

下面重点介绍展开函数为麦克劳林级数的方法. 这与展开函数在 x_0 处泰勒级数的方法完全类似.

1. 直接展开法

用直接展开法把函数 $f(x)$ 展开成 x 幂级数, 也就是 $f(x)$ 的麦克劳林级数, 可按下列步骤进行.

第一步: 求出 $f(x)$ 在 $x=0$ 处的各阶导数 $f^{(k)}(0)$;

第二步: 写出 $f(x)$ 的麦克劳林级数 $\displaystyle\sum_{n=0}^{\infty}\frac{f^{(n)}(0)}{n!}x^n = f(0) + \frac{f'(0)}{1}x + \frac{f''(0)}{2!}x^2 + \cdots + \frac{f^{(k)}(0)}{k!}x^n + \cdots$ 并求其收敛半径 R;

第三步: 在 $(-R,R)$ 内求出使 $\displaystyle\lim_{n\to\infty}r_n(x) = \lim_{n\to\infty}\left\{\frac{f^{(n+1)}[\xi(x)]}{(n+1)!}x^n\right\} = 0$ 成立的 x 的集合 D;

第四步: 写出 $f(x)$ 的麦克劳林展开式 $f(x) = \displaystyle\sum_{n=0}^{\infty}\frac{f^{(n)}(0)}{n!}x^n, x\in D.$

注意: 称 $f(x) = \displaystyle\sum_{n=0}^{\infty}\frac{f^{(n)}(0)}{n!}x^n, x\in D$ 为 $f(x)$ 的**麦克劳林展开式**, D 为**可展域**.

$$f(x) = \sum_{k=0}^{\infty}\frac{f^{(k)}(x_0)}{k!}(x-x_0)^k, x\in D.$$ 为 $f(x)$ 在 x_0 处的**泰勒展开式**, D 为**可展域**.

因为绝大多数情况下 $D = \{x\,|\,-R<x<R\}$, 所以第三步一般是验证 $(-R,+R)$ 内 $\displaystyle\lim_{n\to\infty}r_n(x) = 0.$

例 11.4.1　求 $f(x) = e^x$ 的麦克劳林展开式.

解　$f^{(k)}(x) = e^x, f^{(k)}(0) = 1, (k = 0,1,2,\cdots)$, 于是 e^x 的麦克劳林级数为 $1 + x + \dfrac{1}{2!}x^2 + \cdots + \dfrac{1}{n!}x^n + \cdots$ 易求得其收敛半径为 $R = +\infty.$

对于任意取定的 $x\in(-\infty,+\infty)$, n 阶余项的绝对值

$$|r_n(x)| = \left|\frac{f^{(n+1)}(\xi)}{(n+1)!}\right|\cdot|x|^{n+1} = \frac{e^\xi}{(n+1)!}|x|^{n+1},$$

因为 ξ 在 $0, x$ 之间, 所以 $e^\xi \leqslant e^{|x|}$, 所以 $\displaystyle\lim_{n\to\infty}|r_n(x)| = 0.$

所以 e^x 在 $(-\infty, +\infty)$ 上的麦克劳林式为

$$e^x = 1 + x + \frac{1}{2!}x^2 + \cdots + \frac{1}{n!}x^n + \cdots = \sum_{k=0}^{\infty} \frac{1}{k!}x^k, \ x \in (-\infty, +\infty).$$

例 **11.4.2** 求 $f(x) = \sin x$ 的麦克劳林展开式.

解 $f^{(k)}(x) = \sin\left(x + \frac{k\pi}{2}\right)$,

$$f^{(k)}(0) = \sin\left(\frac{k\pi}{2}\right)\begin{cases} 0, k = 0, 2, 4, \cdots (k = 4m, 4m+2); \\ 1, k = 1, 5, 9, \cdots (k = 4m+1); \\ -1, k = 3, 7, 11, \cdots (k = 4m+3). \end{cases}$$

于是 $\sin x$ 的麦克劳林级数为

$$x - \frac{1}{3!}x^3 + \frac{1}{5!}x^5 - \frac{1}{7!}x^7 + \cdots = \sum_{k=0}^{\infty} \frac{(-1)^k}{(2k+1)!}x^{2k+1}.$$

易求得其收敛半径为 $R = +\infty$.

对于任意 $x \in (-\infty, +\infty)$, n 阶余项的绝对值

$$|r_n(x)| = \left| \frac{f^{(n+1)}(\xi)}{(n+1)!}x^{n+1} \right| = \frac{1}{(n+1)!} \left| \sin\left(\xi + \frac{n+1}{2}\pi\right)x^{n+1} \right|$$

$$\leqslant \frac{|x|^{n+1}}{(n+1)!},$$

$\lim\limits_{n \to \infty} |r_n(x)| = 0$, 所以 $\sin x$ 可在 $(-\infty, +\infty)$ 上的麦克劳林展开式为

$$\sin x = x - \frac{1}{3!}x^3 + \frac{1}{5!}x^5 - \frac{1}{7!}x^7 + \cdots$$

$$= \sum_{k=0}^{\infty} \frac{(-1)^k}{(2k+1)!}x^{2k+1}, \ x \in (-\infty, +\infty).$$

例 **11.4.3** 求 $f(x) = (1+x)^\alpha$ 的麦克劳林展开式(α 非整数).

解 $f(0) = 1$,

$$f^{(k)}(x) = \alpha(\alpha-1)(\alpha-2)\cdots(\alpha-k+1)(1+x)^{\alpha-k} \ (k = 1, 2, \cdots),$$

所以 $(1+x)^\alpha$ 的麦克劳林级数为

$$f^{(k)}(x) = 1 + \alpha x + \frac{\alpha(\alpha-1)}{2!}x^2 + \frac{\alpha(\alpha-1)(\alpha-2)}{3!}x^3 + \cdots +$$

$$\frac{\alpha(\alpha-1)(\alpha-2)(\alpha-k+1)}{k!}x^k + \cdots$$

$$= 1 + \sum_{k=1}^{\infty} \frac{\alpha(\alpha-1)(\alpha-2)\cdots(\alpha-k+1)}{k!}x^k.$$

其收敛半径 $R = \lim\limits_{k \to \infty} \left| \dfrac{a_k}{a_{k+1}} \right| = \lim\limits_{k \to \infty} \left| \dfrac{k+1}{\alpha - k} \right| = 1.$

对于任意 $x \in (-1,1)$，n 阶余项的绝对值

$$|r_n(x)| = \left| \frac{f^{(n+1)}(\xi)}{(n+1)!} x^{n+1} \right|$$

$$= \frac{|\alpha(\alpha-1)(\alpha-2)\cdots(\alpha-n)|}{(n+1)!}(1+\xi)^{n+1}|x|^{n+1},$$

经过推算可以证明 $\lim\limits_{n \to \infty} |r_n(x)| = 0.$

所以 $(1+x)^{\alpha}$ 可在 $(-1,1)$ 内展开为麦克劳林级数

$$(1+x)^{\alpha} = 1 + \alpha x + \frac{\alpha(\alpha-1)}{2!}x^2 + \frac{\alpha(\alpha-1)(\alpha-2)}{3!}x^3 + \cdots +$$

$$\frac{\alpha(\alpha-1)(\alpha-2)(\alpha-k+1)}{k!}x^k + \cdots$$

$$= 1 + \sum_{k=1}^{\infty} \frac{\alpha(\alpha-1)(\alpha-2)\cdots(\alpha-k+1)}{k!}x^k, \quad x \in (-1,1). \qquad (1)$$

例如，当 $\alpha = \dfrac{1}{2}$ 时，系数

$$\frac{\alpha(\alpha-1)(\alpha-2)\cdots(\alpha-k+1)}{k!} = \frac{1 \times (-1) \times (-3) \times (-5) \times \cdots \times (-2k+1)}{2^k k!}$$

$$= \frac{(-1)^{k-1}(2k-1)!!}{(2k)!!}.$$

其中双阶乘 $(2k-1)!! = 1 \times 3 \times 5 \times 7 \times \cdots \times (2k-1)$，$2k!! = 2 \times 4 \times 6 \times 8 \times \cdots \times 2k$，所以展开式为

$$\sqrt{1+x} = 1 + \frac{1}{2}x - \frac{1}{4!!}x^2 + \frac{3!!}{6!!}x^3 - \cdots + (-1)^{k-1}\frac{(2k-1)!!}{(2k)!!}x^k + \cdots$$

$$= 1 + \sum_{k=1}^{\infty} (-1)^{k-1}\frac{(2k-1)!!}{(2k)!!}x^k, \quad x \in (-1,1).$$

当 $\alpha = -1$ 时，系数 $\dfrac{\alpha(\alpha-1)(\alpha-2)\cdots(\alpha-k+1)}{k!} = (-1)^k$，所以

$$(1+x)^{-1} = \frac{1}{1+x} = 1 - x + x^2 - x^3 + \cdots = \sum_{k=0}^{\infty} (-1)^k x^k, \quad x \in (-1,1),$$

这正是无穷递减等比级数的求和公式.

当 $\alpha = m \in N$ 时，

$$f^{(k)}(0) = \begin{cases} m(m-1)(m-2)\cdots(m-k+1) = \dfrac{m!}{(m-k)!}, & m \leqslant k; \\ 0, & m > k. \end{cases}$$

所以

$$(1+x)^m = \sum_{k=0}^{m} \frac{m!}{(m-k)!k!}x^k = \sum_{k=0}^{m} C_m^k x^k, \ x \in (-1,1), \tag{2}$$

这正是在 $(-1,1)$ 中的二项式定理. 因此常称(1)式中的麦克劳林级数为二项式级数. 因为式(2)是从保证一般的二项式级数收敛而要求 $x \in (-1,1)$ 的, 当 α 是正整数时, 高于 m 阶的导数都为 0, 二项式级数已经成为多项式, 不存在收敛问题, 所以(2)式中对 x 的限制其实是多余的.

2. 间接展开法

应用直接法求一个函数 $f(x)$ 的幂级数展开式时, 必须求出展开点 x_0 处的各阶导数值, 在很多情况下这是很麻烦的. 从已知展开式出发, 利用函数间的关系、幂级数运算性质及变量代换等手段, 将函数展开成幂级数, 这就是间接展开法.

例 11.4.4　（利用函数关系）求 $f(x) = \cos x$ 的麦克劳林展开式.

解　利用函数关系 $(\sin x)' = \cos x$, 在已知 $\sin x$ 麦克劳林展开式的基础上, 应用幂级数在收敛区间逐项求导的性质, 可得

$$\cos x = (\sin x)' = \Big(\sum_{k=0}^{\infty} \frac{(-1)^k}{(2k+1)!}x^{2k+1} \Big)'$$

$$= \sum_{k=0}^{\infty} \Big[\frac{(-1)^k}{(2k+1)!}x^{2k+1} \Big]' = \sum_{k=0}^{\infty} \frac{(-1)^k}{(2k)!}x^{2k}, \ x \in (-\infty, +\infty),$$

即 $\cos x = 1 - \dfrac{1}{2!}x^2 + \dfrac{1}{4!}x^4 - \dfrac{1}{6!}x^6 + (-1)^k \dfrac{1}{(2k)!}x^{2k} + \cdots, x \in (-\infty, +\infty)$.

例 11.4.5　（利用变量代换）将下列函数展开为麦克劳林级数.

(1) e^{-x^2};　　(2) $\dfrac{1}{1+x^2}$.

解　(1)已知 $e^x = \sum_{k=0}^{\infty} \dfrac{1}{k!}x^k, \ x \in (-\infty, +\infty)$, 所以

$$e^{-x^2} = \sum_{k=0}^{\infty} \frac{1}{k!}(-x^2)^k = \sum_{k=0}^{\infty} \frac{(-1)^k}{k!}x^{2k}, \ x \in (-\infty, +\infty).$$

（2）已知 $\dfrac{1}{1+x} = \sum\limits_{k=0}^{\infty} (-1)^k x^k$，$x \in (-1,1)$，所以

$$\frac{1}{1+x^2} = \sum_{k=0}^{\infty} (-1)^k (x^2)^k = \sum_{k=0}^{\infty} (-1)^k x^{2k}, x \in (-1,1).$$

例 11.4.6（利用函数关系及变量代换）求下列函数的麦克劳林展开式.

（1）$\arctan x$；　　（2）$\arcsin x$.

解（1）$(\arctan x)' = \dfrac{1}{1+x^2} = \sum\limits_{k=0}^{\infty} (-1)^k (x^2)^k$

$$= \sum_{k=0}^{\infty} (-1)^k x^{2k}, x \in (-1,1),$$

$$\arctan x = \int_0^x [\arctan t]' \mathrm{d}t = \int_0^x \Big[\sum_{k=0}^{\infty} (-1)^k t^{2k} \Big] \mathrm{d}t$$

$$= \sum_{k=0}^{\infty} \int_0^x (-1)^k t^{2k} \mathrm{d}t$$

$$= \sum_{k=0}^{\infty} \frac{(-1)^k}{2k+1} x^{2k+1}, x \in (-1,1).$$

（2）$(\arcsin x)' = (1-x^2)^{-\frac{1}{2}}$

$$= 1 + \sum_{k=1}^{\infty} \Big[\frac{\alpha(\alpha-1)(\alpha-2)\cdots(\alpha-k+1)}{k!} \Big] \Big|_{\alpha=-\frac{1}{2}} (-x^2)^k$$

$$= 1 + \sum_{k=1}^{\infty} \frac{(2k-1)!!}{(2k)!!} x^{2k}, x \in (-1,1),$$

$$\arcsin x = \int_0^x [\arcsin t]' \mathrm{d}t = \int_0^x [1 + \sum_{k=1}^{\infty} \frac{(2k-1)!!}{(2k)!!} t^{2k}] \mathrm{d}t$$

$$= x + \sum_{k=1}^{\infty} \frac{(2k-1)!!}{(2k)!!} \int_0^x t^{2k} \mathrm{d}t$$

$$= x + \sum_{k=1}^{\infty} \frac{(2k-1)!!}{(2k+1)(2k)!!} x^{2k+1}, x \in (-1,1).$$

在上述函数的麦克劳林展开式中，有部分基本初等函数的展开式. 这部分展开式是求其他函数展开式的基础，必须牢记其形式和相应的可展域. 其中特别重要的是以下 6 个展开式：

（1）$\dfrac{1}{1-x} = 1 + x + x^2 + \cdots x^n + \cdots = \sum\limits_{k=0}^{\infty} x^k, x \in (-1,1)$；

(2) $e^x = 1 + x + \dfrac{1}{2!}x^2 + \cdots + \dfrac{1}{n!}x^n + \cdots = \displaystyle\sum_{k=0}^{\infty} \dfrac{1}{k!}x^k,\ x \in (-\infty, +\infty)$;

(3) $\sin x = x - \dfrac{1}{3!}x^3 + \dfrac{1}{5!}x^5 - \dfrac{1}{7!}x^7 + \cdots$

$\qquad = \displaystyle\sum_{k=0}^{\infty} \dfrac{(-1)^k}{(2k+1)!}x^{2k+1},\ x \in (-\infty, +\infty)$;

(4) $\cos x = 1 - \dfrac{1}{2!}x^2 + \dfrac{1}{4!}x^4 - \dfrac{1}{6!}x^6 + \cdots$

$\qquad = \displaystyle\sum_{k=0}^{\infty} \dfrac{(-1)^k}{(2k)!}x^{2k},\ x \in (-\infty, +\infty)$;

(5) $\ln(1+x) = x - \dfrac{1}{2}x^2 + \dfrac{1}{3}x^3 + \cdots + \dfrac{(-1)^{n-1}}{n}x^n + \cdots$

$\qquad = \displaystyle\sum_{k=1}^{\infty} \dfrac{(-1)^{k-1}}{k}x^k,\ x \in (-1, 1]$;

(6) $(1+x)^\alpha = 1 + \alpha x + \dfrac{\alpha(\alpha-1)}{2!}x^2 + \dfrac{\alpha(\alpha-1)(\alpha-2)}{3!}x^3 + \cdots +$

$\qquad \dfrac{\alpha(\alpha-1)(\alpha-2)\cdots(\alpha-k+1)}{k!}x^k + \cdots$

$\qquad = 1 + \displaystyle\sum_{k=1}^{\infty} \dfrac{\alpha(\alpha-1)(\alpha-2)\cdots(\alpha-k+1)}{k!}x^k,\ x \in (-1, 1).$

习题 11.4

1. 利用间接展开法,求下列函数的麦克劳林展开式.

(1) e^{2x};　(2) $\sin\dfrac{x}{2}$;　(3) $\ln(x+2)$;　(4) $\dfrac{1}{3+x}$;　(5) $\dfrac{1}{\sqrt{1+x}}$.

2. 把 $\sin x$ 展开为 $\left(x - \dfrac{\pi}{4}\right)$ 的幂级数.

3. 把 $\dfrac{1}{x}$ 展开为在 $(x-2)$ 的幂级数,并求其收敛区间.

4. 把 $\dfrac{1}{x^2-3x+2}$ 展开为在 $x=3$ 处的幂级数.

§11.5* 傅里叶级数

幂级数是函数项级数 $\sum\limits_{n=0}^{\infty} u_n(x)$ 中，$u_n(x)$ 为 x 的幂函数 $a_n x^n$ 的特例. 在本节中，将学习另一种有着广泛应用的特殊类型，其中的 $u_n(x)$ 是三角函数的组合，即 $u_n(x) = a_n \cos n\omega x + b_n \sin n\omega x\,(\omega$ 为常数)，级数的一般形式是

$$\sum_{n=0}^{\infty} u_n(x) = \sum_{n=0}^{\infty} (a_n \cos n\omega x + b_n \sin n\omega x) = a_0 + (a_1 \cos \omega x + b_1 \sin \omega x) +$$

$$(a_2 \cos 2\omega x + b_2 \sin 2\omega x) + \cdots + (a_n \cos n\omega x + b_n \sin n\omega x) + \cdots \quad (11.5.1)$$

称具有这种形式的函数项级数为**三角级数**. 我们并不准备深究这类级数理论，只要知道如何把一个已知函数 $f(x)$ 展开成三角级数，三角级数在什么条件下收敛，且收敛于 $f(x)$.

11.5.1　三角函数系

为了把已知函数展开成三角级数，首先证明几个基本等式.

由三角函数的和角公式

$$\sin(mx + nx) = \sin mx \cos nx + \sin nx \cos mx,$$

$$\sin(mx - nx) = \sin mx \cos nx - \sin nx \cos mx,$$

得

$$\sin mx \cos nx = \frac{1}{2} \big[\sin(m+n)x + \sin(m-n)x \big].$$

因为 $\int_{-\pi}^{\pi} \sin kx\, \mathrm{d}x = 0\,(k \in \mathbf{Z})$，所以对任何 $m, n \in \mathbf{N}, m \neq n, m$，有

$$\int_{-\pi}^{\pi} \sin mx \cos nx\, \mathrm{d}x = 0.$$

同理

$$\int_{-\pi}^{\pi} \sin mx \sin nx\, \mathrm{d}x = \int_{-\pi}^{\pi} \cos mx \cos nx\, \mathrm{d}x = 0. \quad (11.5.2)$$

称三角函数集合

$$\{1, \sin x, \cos x, \sin 2x, \cos 2x, \cdots, \sin nx, \cos nx, \cdots\}$$

为**三角函数系**，式(11.5.2)表明，**三角函数系中任意两个不同函数的乘积在区间 $[-\pi, \pi]$ 上的积分都等于零**. 在解析几何中定义了向量的数量积，当两

个向量的数量积为 0 时,这两个向量垂直,垂直又称正交. 借用这种说法,式 (11.5.2)表示了三角函数系的一个重要特性:三角函数系是在 $[-\pi,\pi]$ 的 **正交函数系**.

解析几何中非零向量自身的数量积等于向量的模的平方,结果总是一个正数. 三角函数系中函数的自身乘积在 $[-\pi,\pi]$ 上的积分即自身的数量积也有此特性:三角函数系中除 1 外的任何一个函数的自乘在区间 $[-\pi,\pi]$ 上的积分都等于 π,即

$$\int_{-\pi}^{\pi} \cos^2 nx \, \mathrm{d}x = \int_{-\pi}^{\pi} \sin^2 nx \, \mathrm{d}x = \pi (n = 1, 2, 3, \cdots). \quad (11.5.3)$$

由于三角函数系有这些特性,因此首先考虑把一个已知函数 $f(x)$ 展开成为三角函数系组成的三角级:

$$f(x) = \frac{1}{2} a_0 + \sum_{n=1}^{\infty} (a_n \cos nx + b_n \sin nx). \quad (11.5.4)$$

11.5.2　周期为 2π 的函数的傅里叶级数

$\sin nx, \cos nx \, (n \in \mathbf{N}, n \neq 0)$ 是以 2π 为周期的周期函数,如果函数 $f(x)$ 能展开成三角级数,则 $f(x)$ 一定也是以 2π 为周期的周期函数,所以下面先对以 2π 为周期的周期函数 $f(x)$ 考察展开式的形式,即要解决式(11.5.4)中系数 $a_0, a_n, b_n \, (n = 1, 2, \cdots)$ 等于什么的问题.

1. 傅里叶系数和傅里叶级数

式(11.5.4)两端在 $[-\pi,\pi]$ 积分,并假定允许可逐项积分,则由三角函数系的正交性,得

$$\int_{-\pi}^{\pi} f(x) \mathrm{d}x = a_0 \int_{-\pi}^{\pi} \frac{1}{2} \mathrm{d}x + \sum_{n=1}^{\infty} \left[a_n \int_{-\pi}^{\pi} \cos nx \, \mathrm{d}x + b_n \int_{-\pi}^{\pi} \sin nx \, \mathrm{d}x \right] = a_0 \pi,$$

$$a_0 = \frac{1}{\pi} \int_{-\pi}^{\pi} f(x) \mathrm{d}x.$$

以 $\cos mx$ 分别乘以式(11.5.4)的两端,并在 $[-\pi,\pi]$ 上积分,即得

$$\int_{-\pi}^{\pi} f(x) \cos nx \, \mathrm{d}x = a_0 \int_{-\pi}^{\pi} \cos nx \, \mathrm{d}x + \sum_{n=1}^{\infty} \left[a_n \int_{-\pi}^{\pi} \cos nx \cos nx \, \mathrm{d}x + \right.$$

$$\left. b_n \int_{-\pi}^{\pi} \sin nx \cos nx \, \mathrm{d}x \right],$$

由三角函数系的正交性可知,上式等号右端中除 $\int_{-\pi}^{\pi} \cos nx \cos nx \, \mathrm{d}x = \pi$ 外,

其他各项的积分值均等于零,故

$$\int_{-\pi}^{\pi} f(x)\cos nx\,\mathrm{d}x = a_n\pi, a_n = \frac{1}{\pi}\int_{-\pi}^{\pi} f(x)\cos nx\,\mathrm{d}x(n=1,2,3,\cdots).$$

同理,以 $\sin nx$ 分别乘以式(11.5.4)的两端,并在 $[-\pi,\pi]$ 积分,可得

$$b_n = \frac{1}{\pi}\int_{-\pi}^{\pi} f(x)\sin nx\,\mathrm{d}x(n=1,2,3,\cdots).$$

这样从形式上我们得到,如果式(11.5.4)成立且可逐项积分,那么其中的系数为

$$a_n = \frac{1}{\pi}\int_{-\pi}^{\pi} f(x)\cos nx\,\mathrm{d}x(n=1,2,3,\cdots) \tag{11.5.5}$$

$$b_n = \frac{1}{\pi}\int_{-\pi}^{\pi} f(x)\sin nx\,\mathrm{d}x(n=1,2,3,\cdots) \tag{11.5.6}$$

式(11.5.5)和(11.5.6)所确定的系数 a_n,b_n 称为 $f(x)$（关于三角函数系）的**傅里叶系数**,以傅里叶系数为系数构成的三角级数称为 $f(x)$ 的**傅里叶级数**.这里,不讨论这个傅里叶级数是否收敛,也不讨论是否收敛于 $f(x)$.

但函数 $f(x)$ 满足什么条件时,$\frac{1}{2}a_0 + \sum_{n=1}^{\infty}(a_n\cos nx + b_n\sin nx)$ 的傅里叶级数收敛于 $f(x)$,或者说 $f(x)$ 可以展开成傅里叶级数?下面不加证明地给出定理.

> **定理 11.5.1**（狄利克雷充分条件）　设 $f(x)$ 是周期为 2π 的周期函数,若在一个周期 $[-\pi,\pi]$ 上满足条件:
>
> （1）$f(x)$ 是连续的或只有有限个第一类间断点;
>
> （2）在一周期内至多只有有限个极值点.
>
> 则 $f(x)$ 的傅里叶级数在 $(-\infty,+\infty)$ 收敛,且当 x 是 $f(x)$ 的连续点时,傅里叶级数收敛于 $f(x)$;当 x 是 $f(x)$ 的间断点时,傅里叶级数收敛于 $\dfrac{f(x^-) + f(x^+)}{2}$.

◆ **例 11.5.1**　设 $f(x)$ 是周期为 2π 的函数,它在 $[-\pi,\pi]$ 上的表达式为 $f(x) = x^2$,将 $f(x)$ 展开成傅里叶级数.

解　所给函数满足收敛定理条件,它在 $(-\infty,+\infty)$ 内处处连续,所以对应的傅里叶级数处处收敛于 $f(x)$,和函数图像如图 11.5.1 所示.

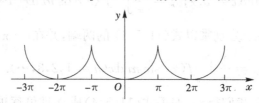

图 11.5.1　例 11.5.1 图

傅里叶系数为

$$a_0 = \frac{1}{\pi}\int_{-\pi}^{\pi} f(x)\mathrm{d}x = \frac{1}{\pi}\int_{-\pi}^{\pi} x^2 \mathrm{d}x = \frac{2}{3}\pi^2,$$

$$a_n = \frac{1}{\pi}\int_{-\pi}^{\pi} f(x)\cos nx\,\mathrm{d}x = \frac{1}{\pi}\int_{-\pi}^{\pi} x^2\cos nx\,\mathrm{d}x = (-1)^n \frac{4}{n^2},$$

$$b_n = \frac{1}{\pi}\int_{-\pi}^{\pi} f(x)\sin nx\,\mathrm{d}x = \frac{1}{\pi}\int_{-\pi}^{\pi} x^2\sin nx\,\mathrm{d}x = 0(n=1,2,\cdots).$$

所以有 $f(x) = \dfrac{\pi^2}{3} + 4\displaystyle\sum_{n=1}^{\infty} \dfrac{(-1)^n}{n^2}\cos nx(-\infty < x < +\infty).$

例 11.5.2　周期为 2π 的函数 $f(x)$ 在 $[-\pi,\pi)$ 上的表达式为

$$f(x) = \begin{cases} -1, & -\pi \leqslant x < 0, \\ 1, & 0 \leqslant x < \pi, \end{cases}$$

将 $f(x)$ 展开成傅里叶级数.

解　所给函数满足收敛定理条件,但它在 $x=k\pi(k=0,\pm1,\pm2,\cdots)$ 处不连续,由收敛定理知对应的傅里叶级数收敛.

当 $x=k\pi$ 时,级数收敛于 $\dfrac{-1+1}{2}=0$;当 $x\neq k\pi$ 时,级数收敛于 $f(x)$. 和函数的图像如图 11.5.2 所示.

$f(x)$ 的傅里叶系数为

$$a_0 = \frac{1}{\pi}\int_{-\pi}^{\pi} f(x)\mathrm{d}x = 0,$$

$$a_n = \frac{1}{\pi}\int_{-\pi}^{\pi} f(x)\cos nx\,\mathrm{d}x = \frac{1}{\pi}\left[\int_{-\pi}^{0}(-1)\cos nx\,\mathrm{d}x + \int_{0}^{\pi} 1\cdot\cos nx\,\mathrm{d}x\right]$$

$$= 0(n=0,1,2,\cdots),$$

$$b_n = \frac{1}{\pi} \int_{-\pi}^{\pi} f(x) \sin nx \, dx = \frac{1}{\pi} \left[\int_{-\pi}^{0} - \sin nx \, dx + \int_{0}^{\pi} \sin nx \, dx \right]$$

$$= \frac{2}{n\pi}(1 - \cos n\pi) = \frac{2}{n\pi}[1 - (-1)^n] = \begin{cases} \dfrac{4}{n\pi}, n = 2k-1, \\ 0, n = 2k \end{cases} (k = 1, 2, \cdots).$$

傅里叶级数 $f(x) = \dfrac{4}{\pi} \sum_{n=1}^{\infty} \dfrac{1}{2k-1} \sin(2k-1)x (-\infty < x < +\infty; x \neq k\pi,$

$k = 0, \pm 1, \pm 2, \cdots).$

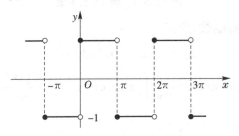

图 11.5.2　例 11.5.2 图

2. 定义在 $[-\pi, \pi]$ 或 $[0, \pi]$ 上的函数展开成傅里叶级数

如果 $f(x)$ 只在 $[-\pi, \pi]$ 上有定义且满足狄利克雷充分条件,则在 $[-\pi, \pi)$ 或 $(-\pi, \pi]$ 外补充 $f(x)$ 的定义,使 $f(x)$ 延拓成以 2π 为周期的函数 $F(x)$. 当 $x \in (-\pi, \pi)$ 时, $F(x) = f(x)$,这个过程称为 $f(x)$ 的周期延拓. 然后将 $F(x)$ 展开成傅里叶级数,当 $x \in (-\pi, \pi)$ 时,就得到 $f(x)$ 的傅里叶展开式. 当 $x = \pm \pi$ 时,傅里叶级数收敛于 $\dfrac{f(-\pi^+) + f(\pi^-)}{2}$.

类似地,如果 $f(x)$ 只在 $[0, \pi]$ 上有定义且满足狄利克雷充分条件,则补充 $f(x)$ 在 $(-\pi, 0)$ 内的定义,使 $f(x)$ 延拓成以定义在 $(-\pi, \pi]$ 的函数 $F(x)$. 当 $x \in (0, \pi)$ 时, $F(x) = f(x)$,常见的是使 $f(x)$ 延拓后的函数 $F(x)$ 为奇函数或偶函数,这种延拓方法称为奇延拓或偶延拓. 然后按上述定义在 $[-\pi, \pi]$ 上函数的延拓方法,将 $F(x)$ 展开成傅里叶级数(可能是正弦级数或余弦级数),当 $x \in (0, \pi)$ 时,就得到 $f(x)$ 的傅里叶展开式.

例 11.5.3 将函数 $f(x) = x (0 \leqslant x \leqslant \pi)$ 展开为正弦级数、余弦级数.

解　(1)将函数 $f(x)$ 展开成正弦级数.

将 $f(x)$ 进行奇延拓成 $F(x) = x, x \in [-\pi, \pi)$ 并进行周期延拓,如图

11.5.3 所示,当 $x \in [0,\pi)$ 时, $F(x) = f(x)$.

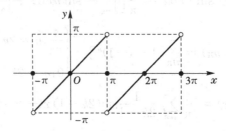

图 11.5.3　例 11.5.3 图

由于 $F(x)$ 是奇函数,所以

$$a_n = 0 (n = 0,1,2,\cdots),$$

$$b_n = \frac{1}{\pi} \int_{-\pi}^{\pi} g(x) \sin nx \, dx = \frac{2}{\pi} \int_0^{\pi} x \sin nx \, dx = \frac{(-1)^{n+1} 2}{n} (n = 1,2,\cdots).$$

于是

$$f(x) = 2 \sum_{n=1}^{\infty} \frac{(-1)^{n+1}}{n} \sin nx, x \in [0,\pi).$$

(2)将函数 $f(x)$ 展开成余弦级数.

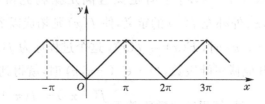

图 11.5.4

将 $f(x)$ 进行偶延拓成为 $F(x) = |x|, x \in [-\pi,\pi)$ 并进行周期延拓,如图 11.5.4 所示,由于 $F(x)$ 是偶函数,所以

$$b_n = 0 (n = 0,1,2,\cdots),$$

$$a_0 = \frac{1}{\pi} \int_{-\pi}^{\pi} g(x) dx = \frac{1}{\pi} \left[\int_{-\pi}^0 -x dx + \int_0^{\pi} x dx \right] = \pi,$$

$$a_n = \frac{1}{\pi} \int_{-\pi}^{\pi} g(x) \cos nx \, dx = \frac{1}{\pi} \int_0^{\pi} x \cos nx \, dx + \frac{1}{\pi} \int_{-\pi}^0 -x \cos nx \, dx$$

$$= \begin{cases} -\frac{4}{n^2 \pi}, n = 2m-1, \\ 0, n = 2m \end{cases} (m = 1,2,3,\cdots).$$

于是

$$f(x) = \frac{\pi}{2} - \frac{4}{\pi} \sum_{m=0}^{\infty} \frac{1}{(2m-1)^2} \cos(2m-1)x, x \in [0, \pi].$$

11.5.3　周期为 $2l$ 函数的傅里叶级数

若函数 $f(x)$ 是以 2π 为周期的周期函数,或者定义域长度不足 2π、π 的非周期函数,只要事先通过延拓、周期延拓等,在满足数理定理的前提下,最终总可以求出它的傅里叶展开式、正弦展开式或余弦展开式. 如果函数 $f(x)$ 本身已经是周期函数,但周期不是 2π,或者定义域的长度已经超过了 2π,能不能展开成三角级数? 或者问题本身要求展开成形如式(11.5.1)那样的一般的三角级数(其中 ω 不是自然数),该如何处理? 本部分要研究的就是这类问题.

设 $f(x)$ 是周期为 $2l$ 的周期函数,在一个周期 $[-l, l]$ 上除有限个第一类间断点外连续,且仅有有限个极值点. 作代换 $u = \dfrac{\pi x}{l}$, 则

$$x = \frac{lu}{\pi}, -l \leqslant x \leqslant l \Leftrightarrow -\pi \leqslant u \leqslant \pi, \mathrm{d}u = \frac{\pi}{l}\mathrm{d}x.$$

记 $F(u) = f\left(\dfrac{lu}{\pi}\right)$,易知 $F(u)$ 是周期为 2π 的周期函数,且满足收敛定理的条件. 求 $F(u)$ 的傅里叶系数,并在各积分中作变量代换,得

$$a_0 = \frac{1}{\pi} \int_{-\pi}^{\pi} F(u)\mathrm{d}u = \frac{1}{l} \int_{-1}^{1} f(x)\mathrm{d}x,$$

$$a_n = \frac{1}{\pi} \int_{-\pi}^{\pi} F(u)\cos nu\,\mathrm{d}u = \frac{1}{l} \int_{-1}^{1} f(x)\cos \frac{n\pi}{l}x\,\mathrm{d}x,$$

$$b_n = \frac{1}{\pi} \int_{-\pi}^{\pi} F(u)\sin nu\,\mathrm{d}u = \frac{1}{l} \int_{-1}^{1} f(x)\sin \frac{n\pi}{l}x\,\mathrm{d}x. \tag{11.5.7}$$

于是 $F(u) = \dfrac{a_0}{2} + \displaystyle\sum_{n=1}^{\infty} (a_n \cos nu + b_n \sin nu)$,在级数中以 $u = \dfrac{\pi x}{l}$ 代回,得到以 x 为变量的三角级数

$$f(x) = \frac{a_0}{2} + \sum_{n=1}^{\infty} \left(a_n \cos \frac{\pi n}{l}x + b_n \sin \frac{\pi n}{l}x\right). \tag{11.5.8}$$

式(11.5.7)定义的系数称为周期为 $2l$ 的周期函数 $f(x)$ 的傅里叶系数,

式(11.5.8)表示的三角级数称为周期 $2l$ 的周期函数 $f(x)$ 的傅里叶级数.

例 11.5.4 设 $f(x)$ 是周期为 4 的周期函数,在一个周期上,

$$f(x)=\begin{cases}0,-2\leqslant x<0,\\ 2,0\leqslant x<2,\end{cases}$$ 试将其展开为傅里叶级数.

解 半周期 $l=2$. 先按公式(11.5.7)计算 $f(x)$ 的傅里叶系数,即

$$a_0=\frac{1}{l}\int_{-l}^{l}f(x)\mathrm{d}x=\frac{1}{2}\int_0^2 2\mathrm{d}x=2,$$

$$a_n=\frac{1}{l}\int_{-l}^{l}f(x)\cos\frac{n\pi}{l}x\mathrm{d}x=\frac{1}{2}\int_0^2 2\cos\frac{n\pi}{2}x\mathrm{d}x=0(n=1,2,\cdots),$$

$$b_n=\frac{1}{l}\int_{-l}^{l}f(x)\sin\frac{n\pi}{l}x\mathrm{d}x=\frac{1}{2}\int_0^2 2\sin\frac{n\pi}{2}x\mathrm{d}x=\frac{2}{n\pi}(1-\cos n\pi)$$

$$=\begin{cases}\dfrac{4}{n\pi},n=2m-1,\\ 0,n=2m\end{cases}(m=1,2,3,\cdots).$$

$f(x)$ 的傅里叶级数为

$$f(x)=1+\frac{4}{\pi}\sum_{m=1}^{\infty}\frac{1}{2m-1}\sin\frac{(2m-1)\pi}{2}x.$$

据连续点可展的结论,$f(x)$ 的傅里叶展开式为

$$f(x)=1+\frac{4}{\pi}\sum_{m=1}^{\infty}\frac{1}{2m-1}\sin\frac{(2m-1)\pi}{2}x(x\neq 2m,m\in\mathbf{Z}).$$

例 11.5.5 展开函数 $f(x)=3,x\in(-2,-1)$ 为形如 $\sum_{n=1}^{\infty}b_n\sin\frac{1}{4}n\pi x$ 的三角级数.

解 要将 $f(x)$ 展开三角级数 $\sum_{n=1}^{\infty}b_n\sin\frac{n\pi}{l}x$,则 $l=4$,周期 $T=2l=8$. 又因为展开式是正弦级数,所以必须把 $f(x)$ 延拓成为周期为 8 的奇函数. 为了计算方便,不妨作常数延拓,即定义周期为 8 的函数 $g(x)$ 在一个周期内有

$$g(x)=\begin{cases}3,-4<x<0,\\ -3,0<x<4,\\ 0,x=0,\pm 4.\end{cases}$$ 因为 $g(x)$ 是奇函数,所以

$$a_n=0,n=0,1,2,\cdots$$

$$b_n = \frac{1}{l} \int_{-l}^{l} g(x) \cdot \sin\frac{n\pi}{l} x\,\mathrm{d}x = -\frac{2}{4} \int_{0}^{4} 3\sin\frac{n\pi}{4} x\,\mathrm{d}x = \frac{6}{n\pi}\left[(-1)^n - 1\right].$$

在 $(-2, -1]$ 中，$g(x)$ 连续且与 $f(x)$ 相等，所以

$$f(x) = \frac{6}{\pi} \sum_{n=1}^{\infty} \frac{1}{n}\left[(-1)^n - 1\right]\sin\frac{n\pi}{4} x$$

$$= -\frac{12}{\pi} \sum_{m=1}^{\infty} \frac{1}{2m-1} \sin\frac{(2m-1)\pi}{4} x, x \in (-2, -1].$$

习题 11.5

1. 将以 2π 为周期的周期函数 $f(x)$ 展开成它的傅里叶级数，在一个周期内 $f(x) = x$，$x \in (-\pi, \pi]$.

2. 将 $f(x) = x + 1, x \in [0, \pi]$ 分别展开成正弦级数和余弦级数.

3. 将函数 $f(x) = \cos x, x \in (0, \pi)$ 展开成正弦级数.

4. 设 $f(x)$ 是周期为 6 的函数，且 $f(x) = \begin{cases} 2x + 1, & -3 \leqslant x < 0, \\ 1, & 0 \leqslant x < 3, \end{cases}$ 将 $f(x)$ 展开成傅里叶级数.

相关阅读

数学家泰勒

泰勒，英国数学家，1685 年 8 月 18 日生于埃德蒙顿，1731 年 11 月 29 日卒于伦敦. 泰勒出生在富裕的家庭，常与艺术家来往，自幼便受到了良好的艺术熏陶. 泰勒于 1705 年进入剑桥大学圣约翰学院学习，1709 年毕业，获得法学学士学位，随后移居伦敦，因在英国《皇家学会会报》发表一系列高水平的论文而崭露头角，27 岁时当选为英国皇家学会会员，1714 年获法学博士学位，1714 至 1718 年任皇家学会秘书. 这也是他的科研成果最多产的时期. 为解决牛顿与莱布尼茨关于微积分发明权之争的问题，他被任命为仲裁委员会委员.

泰勒和牛顿、哈雷都是亲密的朋友，也是牛顿流数法的一位拥护者和推广者.

泰勒以微积分学中将函数展开成幂级数的定理著称于世. 这条定理大致可以叙述为：函数在一个点的邻域内的值可以用函数在该点的值及各阶导数

值组成的幂级数表示出来. 泰勒于 1715 年出版了《增量法及其逆》. 这本书发展了牛顿的方法,奠定了有限差分法的基础. 这本书中载有现代微积分教程中以他的姓氏命名的单元函数的幂级数展开公式,这个公式是他通过对格雷戈里-牛顿插值公式求极限而得到的. 用现代的标准衡量,证明有失严格,和他同时代人一样,他没有认识到处理无穷级数时,必须先考虑它的收敛性. 对此,德国著名数学家克莱因(Klein)曾评注道,这是"无先例的大胆地通过极限","泰勒实际上是用无穷小(微分)进行运算,同莱布尼茨一样认为其中没有什么问题. 有意思的是,一个 20 多岁的年轻人,在牛顿的眼皮底下,却离开了他的极限方法". 泰勒定理的重要性最初并未引起人们的注意,直到 1755 年欧拉把泰勒定理用于他的微分学时才认识到其价值;稍后拉格朗日用带余项的级数作为其函数理论的基础,从而进一步确认泰勒级数的重要地位. 泰勒定理的严格证明是在定理诞生一个世纪之后,由柯西给出的. "泰勒级数"这个名词大概是由瑞士数学家吕利埃(L'Huillier)在 1786 年首先使用的. 1880 年,魏尔斯特拉斯又把泰勒级数引进为一个基本概念.

用现代术语来讲,泰勒级数是"解析函数". 泰勒也以函数的泰勒展开式而闻名于后世.《增量法及其逆》一书不仅是微积分发展史上重要著作,而且还开创了一门新的数学分支,现在称为"有限差分". 虽然有限差分法在 17 世纪时已广泛用于插值问题,但正是泰勒的工作才使之成为一个数学分支. 书中还讨论了微积分在物理上的许多应用(例如弦的振动)、微分方程奇解的认识和确定、变量替换及反函数的导数公式,以及振动中心、曲率及振动弦问题.

泰勒在《皇家学会会报》上也发表过关于物理学、动力学、流体动力学、磁学和热学方面的论文,其中包括对磁引力定律的实验说明. 泰勒还是一位富有才华的音乐家和画家. 他曾将几何方法应用于绘画中的透视,并于 1715 年、1719 年先后编写出版了《直线透视》《直线透视的新原理》两本论著. 这两本论著是关于透视画法的权威性著作,包含了对"没影点"原理最早的一般论述,受到了后人的高度赞扬. 库利奇(Coolidge)在 1940 年称泰勒的工作是透视学"整个大建筑的拱顶石".

泰勒对数学发展的贡献,本质上要比那个以他的姓氏命名的级数大得多,他涉及的、创造的但未能进一步发展的主要概念之多非常惊人. 然而泰勒的写作风格过于简洁,常令人费解. 这也是他的许多创见未能获得更高声誉的一个原因.

由于工作及健康上的原因,泰勒曾几次访问法国并和法国数学家蒙莫尔多次通信,讨论级数问题和概率论的问题.1708 年,23 岁的泰勒得到了"振动中心问题"的解,引起了人们的注意,在这个工作中他用了牛顿的瞬的记号. 1714 年至 1719 年是泰勒在数学界多产的时期.他的两本著作《正和反的增量法》及《直线透视》都出版于 1715 年,它们的第二版分别出版于 1717 和 1719.1711 至 1724 年,他在《哲学会报》上共发表了 13 篇文章,其中有些文章还包含毛细管现象、磁学及温度计的实验记录.

在生命的后期,泰勒转向宗教和哲学的写作,他的第三本著作《哲学的沉思》在他死后由外孙 W. 杨于 1793 年出版.

复习题 11

1.填空题.

(1)若级数 $\sum\limits_{n=1}^{\infty} u_n$ 收敛,则 $\lim\limits_{n\to\infty} u_n =$ _____ .

(2) $p -$ 级数 $\sum\limits_{n=1}^{\infty} \dfrac{1}{n^p}$ 当 _____ 时发散;当 _____ 时收敛.

(3)已知级数 $1 + \dfrac{1}{2} + \dfrac{1}{4} + \cdots + \dfrac{1}{2^{n-1}} + \cdots$ 的前 n 项和为 S_n,则 $\lim\limits_{n\to\infty} S_n =$ _____ .

(4)若级数 $\sum\limits_{n=1}^{\infty} u_n$ 收敛,而 $\sum\limits_{n=1}^{\infty} |u_n|$ 发散,则称 $\sum\limits_{n=1}^{\infty} u_n$ 是 _____ 收敛.

(5)幂级数 $\sum\limits_{n=1}^{\infty} n! x^n$ 的收敛半径是 _____ .

2.选择题.

(1)下列级数中,收敛的是( ).

A. $\sum\limits_{n=1}^{\infty} n$;   B. $\sum\limits_{n=1}^{\infty} \dfrac{1}{n(n+1)}$;   C. $\sum\limits_{n=1}^{\infty} \dfrac{5}{n+1}$;   D. $\sum\limits_{n=1}^{\infty} \dfrac{n+1}{3n-2}$.

(2)下列级数中,发散的级数是( ).

A. $\sum\limits_{n=1}^{\infty} \dfrac{(-1)^n}{n}$;   B. $\sum\limits_{n=1}^{\infty} \left(\dfrac{1}{2}\right)^n$;

C. $\sum\limits_{n=1}^{\infty} (-1)^{n-1} \left(\dfrac{2}{3}\right)^n$;   D. $\sum\limits_{n=1}^{\infty} \ln\left(1 + \dfrac{1}{n}\right)$.

(3)幂级数 $\sum\limits_{n=1}^{\infty} \dfrac{x^n}{n}$ 的收敛区间是( ).

A. $[-1, 1]$;   B. $[-1, 1)$;   C. $(-1, 1]$;   D. $(-1, 1)$.

(4)若常数项级数 $\sum\limits_{n=1}^{\infty} u_n$ 收敛,则(　　).

A. $S_n = u_1 + u_2 + \cdots + u_n, \lim\limits_{n\to\infty} S_n = 0$; 　　B. $\lim\limits_{n\to\infty} \sum\limits_{k=1}^{n} u_k = 0$;

C. $S_n = u_1 + u_2 + \cdots + u_n, \lim\limits_{n\to\infty} S_n$ 存在; 　　D. $\lim\limits_{n\to\infty} u_n$ 存在,且不等于零.

(5)若两正项级数 $\sum\limits_{n=1}^{\infty} u_n$ 与 $\sum\limits_{n=1}^{\infty} v_n$ 满足关系式 $u_n \leqslant v_n (n=1,2,3,\cdots)$,则下列结论中成立的是(　　).

①当 $\sum\limits_{n=1}^{\infty} u_n$ 收敛时,$\sum\limits_{n=1}^{\infty} v_n$ 也收敛; 　　②当 $\sum\limits_{n=1}^{\infty} v_n$ 收敛时,$\sum\limits_{n=1}^{\infty} u_n$ 也收敛;

③当 $\sum\limits_{n=1}^{\infty} v_n$ 发散时,$\sum\limits_{n=1}^{\infty} u_n$ 也发散; 　　④当 $\sum\limits_{n=1}^{\infty} u_n$ 发散时,$\sum\limits_{n=1}^{\infty} v_n$ 也发散.

A. ①与③; 　　B. ①与④; 　　C. ②与③; 　　D. ②与④.

(6)函数 $f(x) = e^{-x^2}$ 展开式 x 的幂级数是(　　).

A. $\sum\limits_{n=0}^{\infty} \dfrac{x^{2n}}{n!}$; 　　B. $\sum\limits_{n=0}^{\infty} \dfrac{(-1)^n x^{2n}}{n!}$;

C. $\sum\limits_{n=0}^{\infty} \dfrac{x^n}{n!}$; 　　D. $\sum\limits_{n=0}^{\infty} \dfrac{(-1)^{n-1} x^n}{n!}$.

(7)对于正项级数 $\sum\limits_{n=1}^{\infty} u_n$,下列命题成立的是(　　).

A. 若 $\lim\limits_{n\to\infty} \dfrac{u_{n+1}}{u_n} = \rho < 1$,则 $\sum\limits_{n=1}^{\infty} u_n$ 收敛; 　　B. 若 $\lim\limits_{n\to\infty} \dfrac{u_n}{u_{n+1}} = \rho \leqslant 1$,则 $\sum\limits_{n=1}^{\infty} u_n$ 收敛;

C. 若 $\lim\limits_{n\to\infty} \dfrac{u_{n+1}}{u_n} = \rho \leqslant 1$,则 $\sum\limits_{n=1}^{\infty} u_n$ 收敛; 　　D. 若 $\lim\limits_{n\to\infty} \dfrac{u_n}{u_{n+1}} = \rho < 1$,则 $\sum\limits_{n=1}^{\infty} u_n$ 收敛.

3.判别下列各级数的敛散性.

(1) $\sum\limits_{n=1}^{\infty} \dfrac{\sin^2 n}{n^2}$; 　　(2) $\sum\limits_{n=1}^{\infty} \dfrac{n^2}{2^n + 1}$; 　　(3) $\sum\limits_{n=1}^{\infty} \dfrac{n^2}{2n^2 + 1}$;

(4) $\sum\limits_{n=1}^{\infty} \dfrac{n+1}{2^n}$; 　　(5) $\sum\limits_{n=1}^{\infty} (-1)^n \pi^{-n}$.

4.求下列幂级数的收敛半径和收敛域.

(1) $\sum\limits_{n=1}^{\infty} \dfrac{n+1}{2^n} x^n$; 　　(2) $\sum\limits_{n=1}^{\infty} \dfrac{(x-1)^n}{n \cdot 2^n}$.

5.求下列幂级数的和函数.

(1) $\sum\limits_{n=1}^{\infty} n(x-1)^n$; 　　(2) $\sum\limits_{n=1}^{\infty} \dfrac{1}{n(n+1)} x^n$.

6.将函数 $f(x) = \dfrac{1}{x}$ 展开为 $(x-3)$ 的幂级数.

7.将函数 $f(x) = x+1$ 在区间 $[0, \pi]$ 上展开为正弦级数.

扫一扫,获取参考答案

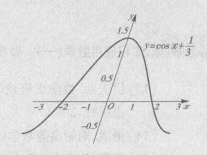

参考文献

[1] 巢湖学院应用数学学院. 应用高等数学(上下册)[M]. 合肥：中国科学技术大学出版社,2016.

[2] 皖西学院金融与数学学院. 高等数学(生化类)[M]. 合肥：中国科学技术大学出版社,2013.

[3] 龚和林. 高等数学(上册)[M]. 杭州：浙江大学出版社,2016.

[4] 朱永银,孙旭东. 高等数学(上下册)[M]. 武汉：武汉大学出版社,2006.

[5] 阎章杭,刘青桂,张卫华. 高等数学与工程数学[M]. 北京：化学工业出版社,2003.

[6] 王海舟,郭君. 高等数学[M]. 北京：人民邮电出版社,2010.

[7] 李永琪. 高等数学(专升本)(第二版)[M]. 杭州：浙江大学出版社,2008.

[8] 同济大学应用数学系. 高等数学(本科少学时类型)(第三版)(上册)[M]. 北京：高等教育出版社,2006.

[9] 姚孟臣. 大学文科高等数学(第二版)[M]. 北京：高等教育出版社,2007.

[10] 唐瑞娜,姜成建. 高等数学(经管类)(上册)[M]. 北京：清华大学出版社,北京交通大学出版社,2004.

[11] 高华. 高等数学练习册(上下册)[M]. 杭州：浙江大学出版社,2016.

[12] 沙萍等. 高等数学(第二版)[M]. 沈阳：东北大学出版社,2006.

[13] 伊夫斯. 数学史概论(第六版)[M]. 欧阳绛,译. 哈尔滨:哈尔滨工业大学出版社,2009.

[14] 潘凯. 简明高等数学(基础篇)[M]. 合肥:中国科学技术大学出版社,2007.

[15] 潘凯. 简明高等数学(应用篇)[M]. 合肥:中国科学技术大学出版社,2007.

[16] 光峰. 高等数学简明教程[M]. 北京:北京邮电大学出版社,2012.

[17] 李光华. 高等数学习题集[M]. 杭州:浙江大学出版社,2012.

[18] 余英,李坤琼. 应用高等数学(工科类)[M]. 重庆:重庆大学出版社,2012.

[19] 陈海波,严希文. 高等数学(下)[M]. 北京:对外经贸大学出版社,2013.

[20] 林益. 李伶. 高等数学[M]. 北京:北京大学出版社,2005.

[21] 赵利彬,刘国清. 高等数学(理工类)(上下册)[M]. 上海:同济大学出版社,2017.

[22] 冯兰军,赵国瑞. 应用高等数学[M]. 北京:北京邮电大学出版社,2013.

[23] 石山平,大上丈彦. 七天搞定微积分[M]. 李巧丽,译. 海口:南海出版社,2014.

[24] 朱来义. 微积分(第二版)[M]. 北京:高等教育出版社,2004.

[25] 集美大学理学院数学系. 高等数学[M]. 北京:科学出版社,2014.